GUIDE

DE LA

FABRICATION ÉCONOMIQUE

DES

ENGRAIS

PARIS. — IMPRIMERIE DE P.-A. BOURDIER ET Cie,
30, rue Mazarine.

GUIDE

DE LA

FABRICATION ÉCONOMIQUE

DES ENGRAIS

AU MOYEN DE TOUS LES ÉLÉMENTS

Qui peuvent être avantageusement employés en Agriculture

RENSEIGNEMENTS PRATIQUES

SUR L'ASSAINISSEMENT DES OPÉRATIONS ET DES ÉTABLISSEMENTS INSALUBRES,

SUR L'EMPLOI DU GUANO, DES PHOSPHATES FOSSILES, ETC.

Précédé d'un aperçu statistique

SUR LA PRODUCTION GÉNÉRALE DES SUBSISTANCES

PAR F. ROHART

Chimiste-manufacturier

Des chiffres et des faits.

PUBLICATION

DE

M. CH. LABOULAYE

PARIS

LIBRAIRIE SCIENTIFIQUE-INDUSTRIELLE DE LACROIX ET BAUDRY

(ANCIENNE MAISON MATHIAS)

15, QUAI MALAQUAIS, 15

1858

A M. J. GIRARDIN,

OFFICIER DE LA LÉGION D'HONNEUR, MEMBRE CORRESPONDANT DE L'INSTITUT, DOYEN DE LA FACULTÉ DES SCIENCES DE LILLE, ANCIEN PROFESSEUR DE CHIMIE A L'ÉCOLE MUNICIPALE DE ROUEN, A L'ÉCOLE D'AGRICULTURE DE LA SEINE-INFÉRIEURE, ET DIRECTEUR DE L'ÉCOLE PRÉPARATOIRE A L'ENSEIGNEMENT SUPÉRIEUR DES SCIENCES ET DES LETTRES, ETC.

Deus et veritas.

Veuillez, cher et honoré Monsieur, agréer l'hommage de ce livre, puisque c'est à vous que je dois de m'être occupé spécialement de la question des engrais dans trois entreprises où votre confiance m'a valu l'honneur d'être désigné au choix de quelques personnes venant réclamer l'appui de vos lumières et la sagesse de vos conseils.

Le travail que je vous offre aujourd'hui vous dira si j'ai dignement justifié votre bienveillant appui et la sympathie que vous avez bien voulu me témoigner. Puisse-t-il me mériter votre approbation dans le présent, et me valoir, pour l'avenir, la continuation des sentiments d'estime et de considération dont vous m'avez honoré jusqu'ici !

Laissez-moi le dire bien haut, ce n'est pas seulement à l'homme privé que j'adresse cet hommage, mais au vulgarisateur infatigable qui a beaucoup fait pour répandre autour de lui les lumières de la science ; au professeur dévoué qui a si puissamment contribué au développement des connaissances chimiques chez ses concitoyens, et à la prospérité agricole et industrielle de son pays.

A ce double titre, Monsieur, la reconnaissance publique vous est acquise depuis longtemps, mais l'avenir dira, avec une bien touchante sollicitude, que, semblable aux apôtres dont les hommes de science devraient être tous les dignes continuateurs, vous êtes allé porter jusque sous le chaume du laboureur les grandes vérités et les utiles enseignements ; que vous l'avez fait avec un dévouement et une persévérance sans exemple jusqu'ici, qui vous méritent déjà la plus haute place dans l'estime générale, et qui assureront à votre mémoire un souvenir impérissable.

F. Rohart.

Paris, 17 février 1858.

AVERTISSEMENT.

Je n'ai pas cru devoir suivre, à l'égard de ce travail, les méthodes ordinairement usitées dans les ouvrages scientifiques, où le système général d'exposition, le plan, la charpente si l'on veut, est toujours soumis à des règles invariables. Je n'en conteste pas l'utilité; je la reconnais, mais seulement pour les ouvrages classiques destinés à des hommes que des études préalables ont mis à même de suivre utilement tous les développements que prend rapidement sous leurs yeux la marche de la science qu'ils étudient.

Ici la position est différente. L'auteur s'adresse à toutes les classes de la société, et sans exiger d'elles de certificats d'étude. Donc le système général d'exposition a besoin d'être singulièrement modifié. La forme peut prendre une allure plus vive; mais la charpente, pour être moins savante, n'en doit pas moins réunir toutes les conditions de solidité. C'est à quoi je me suis attaché avec le plus grand soin.

Si, à l'égard de l'exposition générale, j'ai posé d'abord les principes fondamentaux, et si je les ai quelquefois abandonnés dans la seconde partie, pour y revenir ensuite dans la troisième, c'est que j'ai voulu éviter de fatiguer l'esprit des lecteurs qui ne possèdent pas suffisamment les connaissances nécessaires, et auxquels il convient de ne les inculquer que petit à petit, et à mesure que l'on pénètre au fond de la question. Améliorer le travail et augmenter la production générale des richesses par la diffusion des connaissances humaines, en vue du bien-être de chacun, voilà le but. L'essentiel est de se faire comprendre, et surtout de se faire comprendre par tout le monde indistinctement.

C'est par les mêmes raisons que, suivant l'ordre tracé naturellement par une fabrication normale, je n'ai abordé l'étude de certaines matières premières qu'au moment où il s'agit de les employer; et qu'au contraire, à l'égard de celles qui ont une très-grande importance, comme l'humus et le terreau, l'azote, l'ammoniaque et le phosphate de chaux, il m'a paru nécessaire de faire l'histoire particulière de chacun d'eux avant de parler spécialement de leurs emplois, et d'expliquer en même temps, mais progressivement, les principales lois physiologiques qui président à l'organisation végétale et aux transformations que subit la matière en se décomposant, pour donner naissance à des produits nouveaux.

J'ai dû nécessairement emprunter quelques citations aux princes de la science et aux hommes les plus versés dans la pratique de l'agriculture, mais chacun pourra remarquer que je ne l'ai fait qu'afin de poser les principes généraux de la science des engrais, ou pour confirmer, par des faits, les opinions que j'ai émises à l'occasion d'applications utiles ou de différentes méthodes que je mettais en évidence; toutefois, j'ai eu à honneur d'éviter de faire un livre avec d'autres livres, comme cela se pratique un peu trop aujourd'hui, ou de présenter simplement un résumé de ce qui a été dit jusqu'ici, par les principaux auteurs, sur chacun des points relatifs à la question des matières fertilisantes.

C'est en agissant contrairement à ces principes que quelques auteurs arrivent à se donner le mérite *facile* d'une compilation générale sans utilité, faite aux dépens de tout le monde, et n'apprenant rien de plus que ce que l'on savait déjà. Les chefs-d'œuvre de ce genre ne répondent à aucun besoin, et ne constituent, au fond, qu'un véritable pillage organisé aux dépens des travaux des grands maîtres. Rester dans l'ornière des vieilles descriptions et des redites surannées, c'est perdre son temps et le faire perdre aux autres.

Il y a un quart de siècle que les principes sont formulés, il est temps de songer sérieusement à l'application, sans laquelle les principes n'auraient aucune raison d'être. Il y a des heures pour tout, et le moment est venu de songer à l'exécution. Aujourd'hui, il faut *agir*, non plus dans la chaire du savant et dans le laboratoire du chimiste seulement, mais dans les champs et dans la fabrique. « A de nouvelles nécessités il faut « de nouveaux moyens. » L'agriculture a le sentiment de ses besoins; ce qu'elle demande, ce sont des faits bien constatés, des méthodes certaines qui lui permettent d'améliorer sérieusement sa position, et non pas de scandaleuses compilations; ce qu'elle veut, ce sont des prix de revient et non pas des formules algébriques dont elle n'a que faire, au moins quant à présent, et qui d'ailleurs ne peuvent être comprises que par des savants qui n'en ont pas besoin.

Produire davantage et plus économiquement, satisfaire des besoins nouveaux en créant des utilités nouvelles, aider le travail afin de contribuer à ses succès, voilà où est l'urgence, et c'est particulièrement à ce point de vue que je me suis placé.

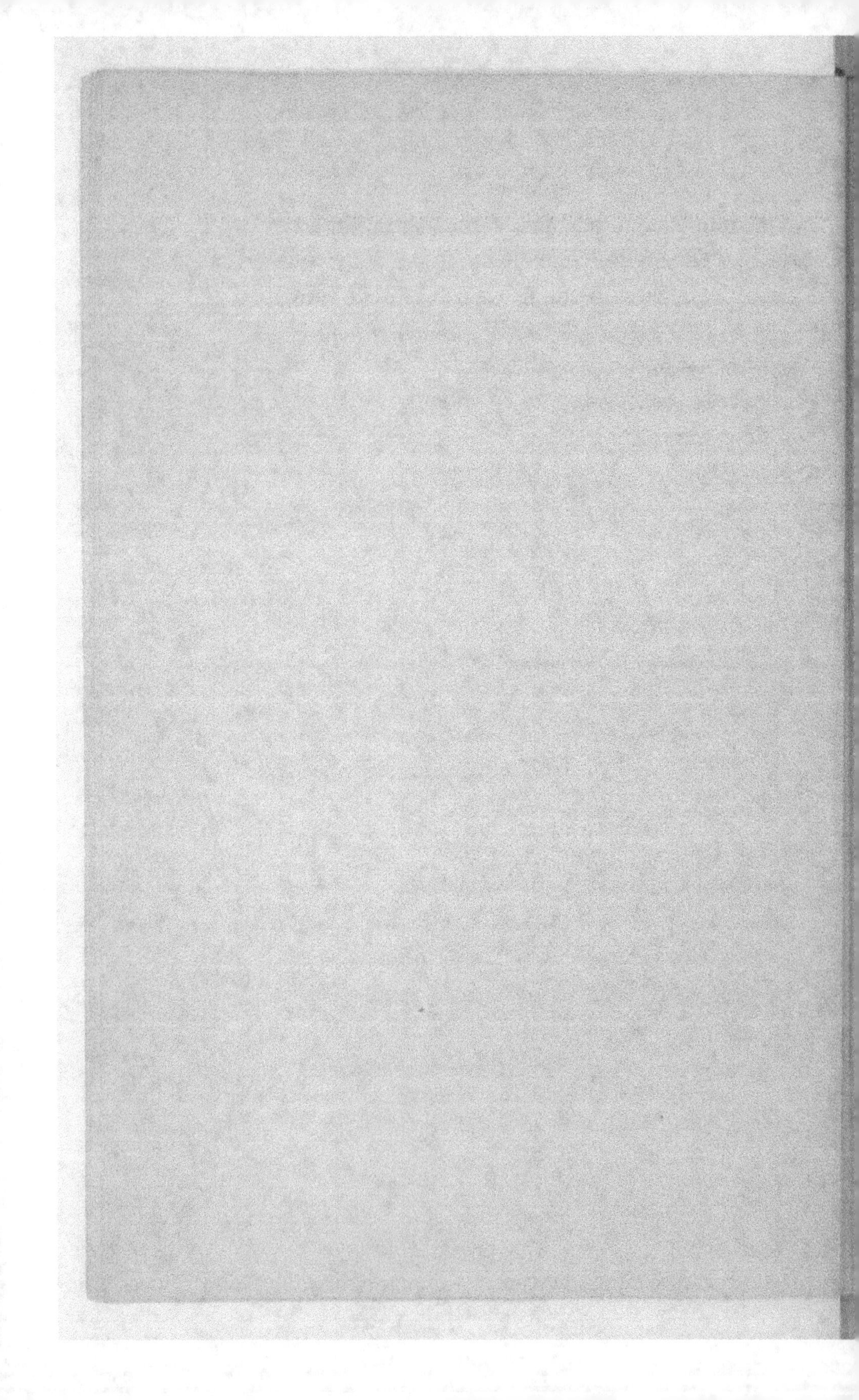

INTRODUCTION

> « On a dit que les chiffres gouvernent le monde : « quand donc comprendra-t-on plus généralement que « le monde agricole doit prendre cette devise au « sérieux, et que, désormais, avant de se lancer dans « les grandes réformes, il a besoin de baser ses con- « victions sur des chiffres, portant avec eux leur « moyen de contrôle ? »
>
> E. Lecouteux,
>
> Directeur des cultures de l'ancien institut agronomique de Versailles.

> « Avoir des chiffres certains, c'est un des premiers, « des plus grands besoins de l'agriculture. »
>
> J. Barral,
>
> Directeur du *Journal d'Agriculture pratique*, professeur de chimie au lycée de Sainte-Barbe.

La première épigraphe qu'on vient de lire est toute la pensée de ce livre, et la seconde épigraphe en est la conclusion.

Il est temps que tous les agriculteurs sachent ce qu'ont de réalisable dans l'application journalière les théories émises sur l'alimentation végétale, et quels avantages économiques ils pourront y trouver dans l'avenir. Or, pour cela il faut des chiffres certains, portant avec eux leurs moyens de contrôle, car c'est seulement à cette condition que les principes formulés par la science peuvent se vulgariser utilement et passer ainsi dans le domaine des faits pratiques.

Tel est le but que je me suis proposé.

D'excellents livres, écrits par des hommes éminents et d'un mérite incontestable, ont déjà traité la question des engrais, mais dans des limites trop resserrées, à des points de vue trop scientifiques pour la majorité des cultivateurs, d'une manière trop spéciale à tels ou tels engrais, et sans jamais traduire en chiffres la valeur économique de leurs conseils. Voilà du moins l'opinion assez générale qu'on s'en est faite, et sans se rendre suffisamment compte qu'il ne pouvait en être autrement. L'industrie des engrais est née d'hier, industriellement et économiquement tout est à créer pour elle, et la partie technologique de cet art n'existe pas, aussi est-il certain que tout ce qui a été fait touchant la question des engrais ne se rattache ni à un ensemble de faits basés sur des principes fondamentaux d'économie industrielle, ni à aucun mode de fabrication déduit d'applications pratiques, mais seulement de faits généraux, comprenant bien plus l'étude scientifique de quelques engrais particuliers que leur traitement industriel comme matière première. Voilà où en est cette question, et cela n'a rien d'étrange ni d'anormal.

La mission des grands maîtres est de tracer les sillons de l'avenir; celle des pionniers de la science et de l'industrie est de creuser et de féconder ces sillons, et eux seuls peuvent mettre en évidence le mérite des conceptions, c'est-à-dire les réaliser pratiquement et montrer par des chiffres des résultats certains.

D'ailleurs, avant de conclure avec des chiffres, il fallait déterminer des lois générales certaines et des règles précises, fondées elles-mêmes sur la connaissance des lois naturelles, auxquelles est spécialement soumis le travail agricole par la culture des terres, et en raison des aptitudes de celles-ci et de leur fécondité plus ou moins grande. Or, l'étude de ces lois naturelles, de l'aptitude des terres et des différents systèmes de culture, ne constitue rien moins que la science agricole tout entière, et les travaux des Pline, des Caton, des Virgile, des Palladius, des Varron, des Columelle, témoignent assez que la pratique de l'agriculture n'a jamais été un art purement empirique, car elle a toujours exigé des connaissances étendues qui, au temps des auteurs que je viens de citer, n'étaient, malheureusement pour tous, que le privilége d'un très-petit nombre.

Mais l'agriculture a grandi à mesure que la lumière s'est faite et que s'est élargi le cercle des connaissances humaines. C'est ainsi que les Olivier de Serres, les J. Sinclair, les Schwertz, les Thaër, les Bürger, les Young, les Rozier, les de Vallemont, les Duhamel du Monceau et les Lullin de Chateauvieux ont pu continuer l'œuvre initiatrice de leurs devanciers. Alors la science agricole s'est constituée, le plan était tracé.

Plus tard et plus près de nous, les Matthieu de Dombasle et les Bella en ont posé les fondations avec le concours des de Saussure, des Berthier, des Springel, des Schübler, des Polstorf et des Wiegmann, dont les travaux partiels ont puissamment contribué à mettre en relief des parties très-importantes, et à éclairer chacun des points si nombreux où la lumière n'avait pas suffisamment pénétré.

Après chacune de ces illustrations, et de nos jours, toute une phalange d'hommes éminents qui cultivent les sciences exactes, et dont il ne m'appartient pas de citer les noms, mais qui viendront tout à l'heure se placer sous ma plume, ont tenu à honneur d'apporter leur part de travaux, d'enrichir la science agricole d'observations et d'études du plus haut intérêt, d'élargir ainsi les proportions de l'édifice, tout en reprenant un à un et tour à tour les travaux de leurs devanciers, afin d'en garantir le contrôle avant d'en doter définitivement la science et l'humanité.

Parmi eux encore, des apôtres infatigables vont porter aujourd'hui, jusque sous le chaume du laboureur, les vérités enseignées partout au sein des villes, ou répandues à profusion dans des écrits périodiques, où chaque praticien apporte avec le plus louable désintéressement le tribut de son expérience; où tout se discute et s'éclaire, où toutes les questions d'agriculture s'élaborent, où chacun s'instruit en exprimant ses doutes, ses espérances, et consigne ses observations tout en apportant à l'œuvre commune des faits nouveaux, des vues nouvelles et des applications pratiques du plus haut intérêt.

C'est ainsi que, sous l'effort continu et incessant du progrès, c'est-à-dire de cette autre loi naturelle qui pousse chaque génération à augmenter, au profit de son bien-être, la somme des connaissances acquises par les générations qui l'ont précédée nous en sommes enfin arrivés à faire des chiffres, à compter; et, à ce point de vue, on pourrait presque dire que c'est de notre époque que date l'agriculture raisonnée, ou plutôt l'économie agricole proprement dite.

Mais si le monde agricole qui a eu l'immense avantage de pouvoir jouir des bienfaits d'une instruction spéciale, en est là : en est-il bien de même à l'égard de la majorité de nos cultivateurs? La réponse, hélas! ne saurait être douteuse, et c'est par cette raison seule que les travaux des grands maîtres ont paru trop scientifiques aux masses, qui ne jugent mal que parce qu'elles ne savent pas assez.

Mais, abstraction faite de toute culture intellectuelle, le bon sens et la raison n'indiquent-ils pas clairement à tout homme qui a la faculté de penser et de juger que tout travail humain ou tout effort de l'activité humaine doit s'opérer dans des conditions déterminées, et qu'aucun effort ne saurait s'exercer avec fruit que dans les limites de la sphère d'action qui lui est propre; que nul effort, par conséquent, ne peut aboutir à la fin, en vue de laquelle il est exercé, s'il n'est soumis à des règles précises et à des lois certaines; que, pour agir sûrement, efficacement, il ne suffit pas de connaître le but que l'on veut atteindre, mais qu'il faut surtout savoir quel chemin on prendra pour y arriver. Or, l'ensemble de ces lois, de ces règles, c'est la science, c'est-à-dire le moyen de mettre le travail des hommes en harmonie avec les lois naturelles, c'est par suite la certitude au lieu du hasard, la vérité au lieu de l'erreur, le connu au lieu de l'inconnu, l'abondance au lieu de la disette, l'harmonie générale enfin au lieu du chaos universel.

J'ai quelquefois entendu dire que l'agriculture avait marché avant que la science l'eût éclairée de son flambeau et lui eût offert son appui; c'est vrai, et un homme qui marche seul dans l'obscurité n'en marche pas moins pour cela; seulement, comment marche-t-il? C'est une simple question que je pose à mon tour.

Voilà, pour être juste, quel a été le rôle éminemment civilisateur de la science à l'égard de l'agriculture naissante ; elle l'a tirée des limbes où la tenait l'ignorance des temps, elle l'a prise au berceau, elle a guidé ses premiers pas, elle a aidé son émancipation, elle la fera grande et forte dans l'avenir, et ce sera justice, car l'agriculture est la science mère appliquée à tous les besoins réels de la vie.

Un jour viendra, et ce jour n'est pas très-éloigné peut-être, où l'agriculture devra aux sciences exactes sa plus grande gloire et ses plus beaux succès ; car, à en juger par le mutuel appui que se prêtent la chimie et la mécanique, par les progrès que chaque jour elles réalisent, et en considérant surtout l'étendue des connaissances qu'embrasse l'éducation actuelle, il est hors de doute que l'agriculture est appelée, dans un avenir prochain, à prendre un essor rapide et des développements inconnus jusqu'ici. Tout l'avenir est incontestablement de ce côté, non-seulement parce qu'il est absolument impossible que l'agriculture vive plus longtemps de sa vie passée, c'est-à-dire en dehors du mouvement général des idées qui emportent la société actuelle, mais encore parce que des raisons de nécessité, nées principalement de la question des subsistances et de l'encombrement des professions industrielles et commerciales, la pousseront chaque jour et sans cesse à ce développement, si désirable au point de vue du bien-être général et de la sécurité publique.

Avant que la science se fût occupée des questions d'agriculture, tout était incertitude dans la pratique agricole ; on n'avait aucune base pour déterminer la valeur réelle des agents de fertilisation ; les mots eux-mêmes n'avaient qu'une valeur mal définie et n'exprimaient aucune des qualités respectives des choses qu'ils désignaient. C'est ainsi que les mots : Fumier, — Engrais, — Guano, — Poudrette, — Noir de raffinerie, n'étaient que de simples dénominations dont le langage avait besoin, mais qui ne rappelaient en aucune façon à l'esprit du cultivateur la valeur propre de chacun des agents qu'il employait.

Aujourd'hui, au contraire, on détermine mathématiquement la

valeur agricole de tous les engrais, comme on le fait pour les matières d'or et d'argent, et pour toutes les matières qu'emploie l'industrie. Les mots ont acquis ainsi une valeur spéciale, certaine et parfaitement déterminée, qui met les transactions du cultivateur sous l'égide de la justice et sous la protection de la loi. Et cela est si vrai, et l'autorité de la science est si grande, que dans toutes les questions litigieuses relatives au commerce des engrais, c'est la science qui décide aujourd'hui, et c'est la justice qui prononce. C'est que la science a déterminé des unités de valeur qu'elle *seule* pouvait réellement apprécier. Et si demain la fabrication et le raffinage des sucres trouvaient à remplacer le noir d'os, par exemple, par une autre matière également noire, mais n'ayant aucune valeur agricole, l'agriculteur, auquel ces matières seraient vendues sous la dénomination *vraie* de résidus de raffinerie, serait fondé à réclamer la nullité de l'achat, parce qu'en fait, les mots n'ont de valeur que par l'idée qu'ils expriment, parce que ce n'est pas le nom qui est vendu, mais la chose, et qu'au point de vue agricole, les mots noirs de raffinerie, ou résidus de raffinerie, expriment très-nettement l'idée d'une matière dosant de 1.50 à 2 pour cent d'azote, et 60 à 70 pour cent de phosphate de chaux.

C'est là encore un très-grand bienfait pour l'agriculture, et qui nous montre également que même dans la simple appellation des choses, il faudra tôt ou tard et forcément en venir aux dénominations scientifiques, qui ont l'avantage d'exprimer tout à la fois et la nature des choses, et leur utilité réelle, et leur valeur propre.

« Privés du secours des sciences accessoires, les faits agricoles « ne parlent qu'un langage équivoque et ne constituent plus « qu'un empirisme trompeur, que l'on décore faussement du nom « de pratique. » (De Gasparin, *Principes d'agronomie.*) La science, c'est l'expérience accumulée de toutes les générations qui nous ont précédés, et dont les hommes ont religieusement conservé le dépôt, parce que l'expérience est pour chacun de nous un capital précieux et éminemment productif.

La science a donc fait la lumière partout où elle a pénétré, jamais elle n'a dédaigné, dans un but d'utilité et de bien-être général, de descendre au fond de toutes ces questions, de toucher, de manier et de remanier chacune de ces choses immondes, de ces déjections impures, dont le nom seul inspire tant de dégoût; c'est que pour elle rien n'est petit de tout ce qui peut intéresser l'humanité ou ajouter une vérité utile à celles qui ont été si laborieusement accumulées par la succession des siècles et dont nous recueillons tous le glorieux héritage.

Aujourd'hui donc que la théorie a passé dans les faits, que les principes posés par la science sont admis dans la pratique journalière, il devient impossible de méconnaître la nécessité du langage et des définitions scientifiques les plus rigoureusement indispensables à un simple manuel. Toutefois, je me suis attaché à débarrasser ce langage de tout ce qui pouvait paraître trop abstrait, ainsi que des formules qui gênent souvent l'intelligence d'un livre, quand ce livre s'adresse surtout à des praticiens, et malheureusement on n'écrit pas assez, au point de vue de ceux qui ont besoin de savoir.

La science des engrais constitue l'une des branches les plus importantes de l'agriculture, et pour être bien comprise, elle exige un fonds de connaissances spéciales en minéralogie, en physique, en chimie, en physiologie végétale et en botanique, indispensables pour se rendre un compte parfaitement exact de la théorie de la végétation, de la nutrition des végétaux, et du mode d'action que divers agents naturels exercent les uns sur les autres. Or, chacun doit comprendre qu'embrasser ainsi, dans un ouvrage purement technologique, des connaissances aussi étendues et des théories aussi variées, ce serait certainement embarrasser l'esprit des praticiens, et les jeter dans un dédale de mots auxquels ils finiraient par ne rien comprendre. Ramener tout à l'intelligence, ou plutôt au degré d'instruction des masses, c'est faire beaucoup pour la vulgarisation de la science et pour la propagation des vérités qu'elle enseigne, et je me suis spécialement attaché à ce but. « La science ne devient véritablement « utile qu'en devenant vulgaire. »

La production économique des céréales ne dépend pas seulement des bons systèmes de culture et de l'aménagement raisonné du sol, mais encore et surtout de l'abondance des fumures et de la possibilité de se procurer de bons engrais au plus bas prix possible. Toute l'économie agricole est là, et c'est principalement sur ce point que j'ai concentré tous mes efforts, parce que, comme je vais le prouver, personne, que je sache, n'est encore parvenu à produire les engrais aussi économiquement que je vais l'indiquer, et surtout dans des conditions qui permettent de placer leur composition au même rang que la composition chimique et agricole du fumier de ferme, et de les appliquer, comme celui-ci, à tous les systèmes de culture et à toutes les terres.

La question de l'aménagement des engrais a toujours été d'utilité générale, aujourd'hui elle est d'urgence; la nécessité l'a mise à l'ordre du jour, parce que les déficits dans la production des céréales amènent des disettes qui, à un jour donné, peuvent devenir éminemment dangereuses pour la sécurité du pays, et que dans le présent elles causent un malaise général et profond qui engendre la misère, et conduit à des conséquences déplorables, dont nous allons pouvoir bientôt apprécier l'étendue et la gravité.

Il y a urgence, parce que les engrais manquent partout, et qu'à défaut de savoir tout le parti que nous pourrions tirer de ceux dont la Providence nous a si libéralement dotés, à défaut de connaître de bonnes méthodes pour les utiliser avantageusement, et les principes qui doivent régir une fabrication sérieuse, nous sommes forcément tributaires de l'étranger, et surtout de puissantes compagnies financières qui nous vendent à poids d'or des résidus exotiques que nous leur payons le double de ce qu'ils valent réellement, alors que nous pourrions nous procurer chez nous des résidus de même nature, des choses perdues, des non-valeurs commerciales qui ont une grande valeur agricole, et qui, convenablement aménagées, nous rendraient au centuple ce que nous donnons au commerce des guanos, sur lesquels nous aurons à appeler très-souvent l'attention de tous ceux que cette question intéresse.

Il y a urgence, parce que l'ignorance est la principale cause de nos disettes, et parce que cette ignorance est à peu près générale, à l'égard des chefs d'industrie, pour les différents résidus de leurs fabrications, aussi bien qu'en ce qui concerne les cultivateurs, pour la valeur agricole réelle de ces mélanges sans nom, et de ces trafics infâmes qu'un dol éhonté exploite au détriment des intérêts généraux de notre agriculture.

Parmi les résidus de toute nature que l'industrie produit aujourd'hui en masses considérables, les uns ne valent absolument rien et sont vendus à des spéculateurs de bas étage pour lesquels, comme pour tant d'autres, hélas! le succès justifie tout. Au contraire, d'autres résidus ayant une grande valeur agricole sont jetés. En un mot, on ne sait pas, on ignore presque complètement; et si l'on fait des engrais, ce n'est pas parce que l'on possède les connaissances nécessaires, et parce que l'on dispose de matières utiles à cet usage, mais uniquement parce que l'on a sous la main des choses dont on ne sait que faire, et auxquelles on a la prétention de donner une valeur agricole sérieuse; et puis (je demande la permission de rappeler ici une expression que j'ai entendue), parce qu'on espère bien « trouver des imbéciles pour les acheter. » Je n'invente pas le mot, il est historique.

De là, des déceptions nombreuses, pour les uns comme pour les autres, mais depuis que le besoin de savoir et de se rendre compte a pénétré dans l'esprit des cultivateurs, les imbéciles sont plus circonspects et moins nombreux; aussi, les non-valeurs agricoles et les mélanges frauduleux commencent-ils à se résumer d'une part, pour les industriels en pertes de temps, de main-d'œuvre et de transports dépensés à rien et pour rien, de même qu'ils se sont toujours traduits en perte d'argent pour le cultivateur trop confiant qui a acheté ce qu'il ne connaissait pas. L'ignorance est la mère de toutes les déceptions.

Je sais, à ce propos, des faits incroyables, et je considère comme un devoir d'en consigner ici quelques-uns qui sont à ma connaissance personnelle. Il est temps de mettre un terme aux déprédations et aux gaspillages dont nous sommes tous les victimes.

J'ai connu dans la Normandie un établissement de quelque importance, avec succursale de même nature, créés presque exclusivement en vue de fabriquer des engrais soi-disant phosphatés au moyen de l'argile siliceuse employée à relier les briques dans la construction des fourneaux, et qu'on allait chercher par tombereaux, à six kilomètres de là. C'était, sous une autre forme, un atelier de faux monnayeurs, un tripot clandestin décoré du nom de fabrique de produits chimiques, où l'on déshonorait tout à la fois la science et l'art, et où l'on avait la prétention de faire, pour l'usage de l'agriculture, des pièces de 5 fr. en plomb, et des pièces de 20 fr. en cuivre; quant à côté, dans un établissement voisin, on payait annuellement une redevance de 1,200 fr. pour aller faire porter à la Seine, et tous les jours, 100 hectolitres de liquides contenant de 800 à 1,000 kil. de phosphate de chaux des os, que j'ai obtenus à l'état sec pour 8 à 10 fr., c'est-à-dire à raison de 1 fr. les 100 kilog. quand le prix commercial est de 15 fr.

Un peu plus loin, les oxi-sulfures de calcium des fabriques de soude, plus généralement désignés sous le nom de *charrées de soude*, et ayant à peu près la même valeur agricole que l'argile siliceuse, dont je viens de parler, étaient très-sérieusement exploités à l'égal d'un gisement de guano, c'est-à-dire transportés à plusieurs kilomètres afin d'être manipulés secrètement, puis livrés à l'agriculture de la basse Normandie et de la basse Bretagne où ils arrivaient, sous je ne sais plus quel nom, grevés de 2 fr. par 100 kil. à raison des frais de main-d'œuvre et des transports à 100 et 120 kilomètres, alors que les fabricants qui les produisent sont obligés de payer pour les jeter à l'eau ou les faire engloutir dans des fondrières.

Ailleurs, mais dans la même contrée, on exploite très-sérieusement encore, sous le nom fort prétentieux et très-mensonger de *guano artificiel*, des mélanges obtenus avec différentes matières salines qui sont à la vérité d'un prix assez élevé, mais dont l'utilité n'est rien moins que contestable.

A Paris, je connais très-particulièrement un établissement important dans lequel on paye, depuis dix ans, une somme de 3,000 fr. par an pour faire enlever des résidus de fabrication que l'on croit inutiles, des matières animales ayant éprouvé une sorte de digestion artificielle, avec lesquelles j'ai pu produire également une espèce de guano indigène, tout aussi riche que celui du Pérou, et revenant à 15 fr. les 100 kilog., quand ce dernier coûte aujourd'hui 40 fr.

A une époque peu éloignée, un heureux inventeur de Paris a trouvé le moyen économique de conserver un hectolitre de vidange, dont la valeur agricole est d'environ 25 cent., en ne dépensant que pour 2 fr. de silicate de soude, valant juste, au point de vue agricole, autant qu'un kilog. de sable.

Il est inutile de multiplier de pareilles citations, et nous avons hâte d'ailleurs, d'en finir avec ce triste sujet.

Au point de vue de l'application pratique, de tels faits sont une honte, et au point de vue de l'économie pratique les résultats qu'ils produisent ne sont guère plus satisfaisants; aussi, les chiffres que nous publierons à l'appui de ces opinions, ne nous donneront-ils que trop évidemment gain de cause.

Voilà malheureusement, sauf quelques rares exceptions que nous ne manquerons pas de mentionner dans le cours de cet ouvrage, à quel point nous en sommes encore à l'égard de la question de l'aménagement des engrais, l'une des plus importantes entre toutes celles que l'urgence réclame, comme moyen d'arriver, aussi promptement que possible, à l'abaissement du prix des subsistances.

Nous allons bientôt voir, en effet, que là est également l'un des premiers éléments de la vie à bon marché, et que si ce n'est pas encore la solution intégrale, absolue du problème — l'absolu n'est pas de ce monde — c'est assurément l'un des termes principaux de la question. Question grave, qui a vivement préoccupé les savants et les publicistes depuis 1848, et dont la solution ne saurait résider plutôt dans tel système que dans tel autre, mais bien dans l'ensemble des connaissances acquises dans chacune des branches se rattachant à cette question, dans la réunion des faits nouveaux que l'enfantement de ces systèmes a mis en évidence, et surtout dans l'expérience acquise par les enseignements du passé, et par les résultats qu'amènent les progrès de chaque jour.

Qu'on ne se méprenne donc pas sur le sens vrai de ces mots : *La vie à bon marché*, car, que n'a-t-on pas dit, écrit, proposé, préconisé, discuté, toujours au nom du progrès, au sujet de la question des subsistances et du prix élevé des denrées alimentaires? Que de systèmes avortés, que de solutions qui n'en étaient pas, que de panacées impuissantes, que de remèdes stériles! Tout le monde a fait les plus louables efforts, et chacun a apporté sa pierre et ses matériaux à l'édifice, qui un bloc de granit, qui un pauvre petit grain de sable; mais on n'improvise pas de pareilles solutions, et l'expérience du passé nous interdit de croire aux transformations immédiates et à l'efficacité des systèmes nés d'efforts purement individuels, à peine d'encourir ces chutes terribles qui ne sont que la juste expiation de notre orgueil.

Le progrès est quelque chose de plus que les systèmes les mieux conçus, c'est l'image morale de l'humanité, c'est ce travail latent de tous les jours et de toutes les heures, dont Dieu seul peut régler le cours, et qui nous pousse instinctivement et sans cesse au perfectionnement des idées et des mœurs, à la vulgarisation des sciences et à la pratique journalière de tous les devoirs et de toutes les vertus.

L'histoire du passé nous montre assez clairement en effet que le progrès véritable, considéré dans son acception légitime, naturelle, *réalisable*, ne peut être que la résultante d'une somme d'efforts considérables et de travaux continuels, péniblement accumulés par la succession des temps et jour par jour, par tous et par chacun, au profit de tous et de chacun, car il a été écrit : *Tu mangeras à la sueur de ton visage le pain que je t'enverrai.*

F. B.

GUIDE
DE LA FABRICATION ÉCONOMIQUE
DES ENGRAIS

Des chiffres et des faits.

PREMIÈRE PARTIE

UTILITÉ DE LA QUESTION
ET
PRODUCTION GÉNÉRALE DES SUBSISTANCES

---

§ 1.

Opinions des principaux agronomes et agriculteurs.

« La question des engrais est toujours la question capitale de « l'agriculture pratique.... »

« Faire de riches engrais, découvrir de nouveaux gisements « d'engrais dans la nature, c'est rendre un service signalé à l'a- « griculture d'abord, et, comme conséquence, à l'humanité tout « entière, intéressée à voir augmenter la masse des subsis- « tances.... »

« Tout moyen qui peut tendre à augmenter nos ressources en « engrais doit recevoir l'approbation des agriculteurs.... »

« La question de la production et de l'aménagement des en- « grais est une de celles qui méritent le plus d'appeler l'atten- « tion des Sociétés d'agriculture et des Comices.... »

« Faire de bons engrais, à bon marché, reste toujours le prin- « cipal problème agricole.... »

« Comment faut-il traiter les déjections des hommes et des « animaux pour les utiliser de la manière la plus profitable? « C'est une question que nous avons bien souvent traitée, mais « sur laquelle il restera, longtemps encore, beaucoup de choses « à dire. »

J. Barral,
Directeur du Journal d'Agriculture pratique.

« Cherchons à multiplier les engrais organiques, et soyons « plus industrieux à les recueillir et à les employer : l'agricul- « ture s'améliorera. »

Em. Baudement,
Ancien professeur de l'Institut agronomique
de Versailles.

« Matthieu de Dombasle a dit, quelque part, qu'en France, la « production de 1 kilogram. de pain représente la dépense de « 8 centimes d'engrais; or, si ce chiffre était réduit de moitié, « la France ferait annuellement un bénéfice d'environ 300 mil- « lions; ces chiffres, dans leur naïve brutalité, résument bien « des plaidoyers. »

A. Bobierre,
Professeur de chimie à Nantes, président de la Société
académique de cette ville, chimiste-vérificateur des
engrais dans la Loire-Inférieure.

« C'est une chose déplorable de voir avec quelle négligence « on laisse perdre les engrais dans une grande partie de la « France... Les Sociétés d'agriculture, aujourd'hui si multi- « pliées, rendraient un véritable service, si elles encourageaient,

« par tous les moyens dont elles disposent, l'économie des en-
« grais. »

BOUSSINGAULT,
Membre de l'Académie des Sciences.

« Nous ne pouvons diminuer nos prix de revient qu'au moyen « des engrais à bas prix. »

J. BISSON,
Fermier à la Brunerie (Indre).

« La question des engrais prend une importance d'autant plus « grande que *la fécondité naturelle du sol s'épuise*, et que les « besoins sociaux s'accroissent.... »

« Tant que la culture haletante pourra vous suivre, vous bril- « lerez d'un éclat factice ; le jour où elle s'arrêtera épuisée, le « jour où le pain manquera, vos capitaux n'auront crée que des « haillons et des ruines, vos intelligences n'auront produit que « le vide, et il ne vous restera de réels que la faim et ses déses- « poirs. »

BRIAUNE,
Cultivateur à Ecueillé (Indre).

« Toute l'agriculture anglaise repose sur le drainage, les en- « grais industriels et le choix d'animaux précoces et perfec- « tionnés. »

CHOMEL-ADAM,
Agriculteur à Saint-Josse.

« Presque partout les engrais sont en partie perdus. »

CHRÉTIEN (de Roville).

« Produire 70 millions de quintaux métriques de fumier, ou « leur équivalent, c'est assurer une augmentation dans la pro- « duction du blé et de la viande, équivalente à 10 millions d'hec- « tolitres de blé. »

CONGRÈS CENTRAL D'AGRICULTURE,
Pétition à la Chambre des députés, mars 1847.

« Nous l'avons vingt fois démontré... le mal c'est l'insuffi-
« sance des engrais... N'aurons-nous donc jamais un homme
« d'État qui ait appris, en cultivant son champ, que c'est avec
« du fumier et non avec de l'or qu'on l'améliore. »

« Favorisez, développez l'industrie des prêteurs d'argent, et
« bientôt les propriétaires du sol ne seront plus que leurs es-
« claves. »

DEZEIMERIS.
Agriculteur, membre du Conseil général de la Dordogne.

« Pour le cultivateur qui connaît la valeur des engrais, au-
« cune dépense ne peut être mieux placée, car les engrais doi-
« vent être considérés comme la base de la culture des terres. »

MATTHIEU DE DOMBASLE.

« La ferme, en dépit de tous les efforts du cultivateur, ne pro-
« duit jamais qu'une partie des engrais que le sol réclame. »

DU JONCHAY,
Cultivateur à Moulins (Allier).

« L'un des plus beaux problèmes de l'agriculture réside dans
« l'art de se procurer de l'azote à bon marché. »

DUMAS (de l'Institut).
Ancien ministre de l'agriculture et du commerce.

« Parcourez les campagnes, et vous entendrez partout la
« même plainte : Nous manquons de fumier... Aussi, pauvre
« bétail, pauvre agriculture, pauvre cultivateur, tout se tient, et
« le mal vient du manque d'engrais. »

A. DUPEYRAT,
Directeur de la ferme-école de Beyrie (Landes).

« Si l'on pouvait obtenir les éléments des engrais plus facile-
« ment et à meilleur compte, non-seulement la culture annuelle,
« mais le capital primitif à exposer sur le sol, pourraient être
« fort allégés... De nouvelles tentatives de la science peuvent

« rapprocher l'époque de ces perfectionnements de l'agriculture « et de la vie de l'homme....

« L'introduction d'un nouvel engrais, aussi riche que le guano « et en quantité très-considérable, serait une circonstance heu- « reuse pour notre agriculture, qui réclame des moyens d'ac- « croître notre production... Nous devons faire des vœux pour « que nous soyons bientôt dotés de ressources aussi impor- « tantes... »

« On frémit en pensant à la possibilité de voir cette population, « dont les rangs se pressent tous les jours, livrée aux horreurs « de la faim. »

comte DE GASPARIN, M. de l'Institut.
Ancien pair de France.

« La base de l'agriculture, c'est l'engrais.... »

« A peine applique-t-on à l'agriculture, en France, l'engrais « d'un cinquième de la population. Eh bien ! tout ce qu'on perd « pourrait faire produire au sol le quart des grains et denrées « nécessaires à la nourriture de la population tout entière... « Pourquoi, lorsque partout on manque de fumier d'animaux, « négliger l'engrais le plus actif et qui coûte si peu à recueillir « et à conserver? Déplorable insouciance qui fait crier misère au « sein de l'abondance.... »

« A toutes les époques et dans toutes les régions, la prospérité « de l'agriculture a toujours été proportionnée à l'importance « attachée aux engrais.... »

« La disette des engrais est la seule cause de la stérilité d'un « pays; c'est en vain qu'on perfectionne les méthodes de culture « si l'on néglige les sources de la fécondité du sol.... »

« Un fait malheureusement vrai, c'est que la production des « céréales, malgré les améliorations obtenues depuis un demi- « siècle, n'a pas marché aussi vite que l'accroissement de la po- « pulation; mais la France, à des époques très-rapprochées, a « été obligée de recourir à l'étranger pour combler le déficit de « ses récoltes. »

J. GIRARDIN, de Rouen.
C. de l'Institut.

« Les engrais véritables sont le *principium et fons* de l'agri-« culture, et leur augmentation par de bonnes méthodes doit « être encouragée. »

C. GIRAUD,
Agriculteur à Corse.

« L'industrie agricole produit à plus grands frais que l'indus-« trie manufacturière, parce qu'elle ne tend pas, comme celle-« ci, au perfectionnement de ses moyens de production. »

E. JAMET,
Président du comice agricole de Craon.

« Que deviennent les chairs des animaux morts? On les aban-« donne le long des chemins à la voracité des chiens et des « oiseaux de proie, ou, si on les enfouit, c'est uniquement afin « de prévenir les émanations pestilentielles. Ce sont là pourtant « des pertes beaucoup plus considérables qu'on ne se l'imagine, « et il faudrait les éviter avec d'autant plus de soin que là où les « bénéfices sont à peine sensibles, les plus petites économies ont « de l'importance.

« Tous les efforts du cultivateur doivent tendre à se procurer « la plus grande quantité possible d'engrais, et au meilleur « marché possible. »

JOIGNEAUX,
Agriculteur.

« Ce ne sont pas les bons terrains qui manquent en France, « ce sont les engrais... Au lieu d'éparpiller nos chétives res-« sources sur des acquisitions qui augmenteraient notre domaine « et non pas notre fortune, efforçons-nous sans cesse d'accroître « la masse de nos engrais pour les concentrer sur le sol actuel-« lement cultivé, afin d'en élever la puissance...

« Il ne s'agit donc pas maintenant, selon nous, d'augmenter « l'étendue, mais la fertilité de notre sol arable... Et nous sommes « bien convaincu que, pour élever rapidement à sa plus haute « puissance de production la petite propriété, qui seule serait

« plus que suffisante pour nourrir la nation entière, il ne s'agirait « que de lui procurer les engrais dont elle a besoin. »

G. de Labaume,
Président de la Société d'Agriculture du Gard.

« La grande difficulté en agriculture, c'est la production des « engrais. Produire une grande masse de fumier à bas prix, c'est « là le problème fondamental que tend à résoudre l'agriculture « rationnelle.... »

« Il est notoire que notre agriculture souffre avant tout de « l'insuffisance des engrais. »

Moll,
Professeur d'agriculture au Conservatoire,
cultivateur à Lespinasse (Vienne).

« La fabrication de bons engrais composés ne saurait donc être « trop encouragée : elle permettra de défricher et d'enrichir des « localités complétement arriérées, sous le rapport des bonnes « habitudes agronomiques ; elle arrachera au dol éhonté des agio- « teurs cette pauvre population de travailleurs ruraux à laquelle « une féodalité de gros sous enlève chaque année le fruit des « plus rudes labeurs ; elle apportera enfin sa pierre à l'œuvre « civilisatrice qui progresse toujours en raison directe des trans- « formations de l'agriculture. »

E. Moride et A. Bobierre,
(Technologie des engrais de l'Ouest).

« La préparation, l'aménagement et le bon emploi des engrais « sont les bases fondamentales sur lesquelles l'agriculture re- « pose. »

A. Payen, M. de l'Institut.
Professeur de chimie au Conservatoire
et à l'École centrale.

« La question des engrais est tellement vaste, difficile, com- « plexe ; elle est si souvent appréciée de travers par certaines « personnes, qu'il est nécessaire d'attirer l'attention des cultiva- « teurs sur cette importante matière, afin de les éclairer sur

« leurs propres intérêts et de les mettre à l'abri de la spécula-
« tion et de la mauvaise foi. »

PHOCAS LEJEUNE,
Cultivateur, professeur d'agriculture à Verviers (Belgique).

« La vie des peuples, comme celle des gouvernements, n'est
« qu'une longue suite d'expériences; tout ce qui peut les hâ-
« ter, les développer, rentre dans les conditions mêmes de notre
« existence, et quand ces expériences ont pour but l'augmenta-
« tion de nos richesses végétales et animales, elles deviennent
« de véritables bienfaits. »

A. POMMIER,
Membre de la Société centrale d'agriculture
de Paris, directeur de l'*Écho agricole*.

« L'engrais est l'instrument le plus puissant de la production
« abondante et à bon marché.... »

« Telles provinces entières de la France ne tirent qu'à grand'-
« peine, de leur sol fertile, de quoi empêcher de mourir de
« faim et de vêtir de haillons des êtres abrutis par l'excès de la
« misère et de l'ignorance, serfs de notre civilisation moderne,
« qui, sous un hideux semblant de liberté, portent le nom de
« métayers, et ne sont que les garde-bêtes, esclaves sans salaires
« d'une bourgeoisie plus paresseuse et presque aussi ignorante
« qu'eux-mêmes, qui consomme misérablement dans l'ennui
« d'un désœuvrement perpétuel les revenus donnés par le bé-
« tail, unique produit de ces contrées!

« On voit, sans être un profond observateur, que le vice radi-
« cal de notre économie sociale, c'est la cherté des subsis-
« tances; le remède unique, l'excitation rationnelle des progrès
« de l'agriculture. »

E. ROYER,
Inspecteur de l'agriculture, ancien élève de Grignon.

« En utilisant tous les excréments humains et toutes les ma-
« tières animales, on pourrait se passer en grande partie des
« fumiers de bestiaux, ou au moins suppléer à leur insuffisance.

« Ce résultat serait fort important, car il résoudrait l'une des « questions les plus difficiles, en dispensant le cultivateur de « l'entretien d'un bétail nombreux, dans les localités où les « fourrages sont rares, et où les terres peuvent être employées « plus utilement à produire les aliments nécessaires à une po- « pulation agglomérée. »

SCHATTENMANN,
Agriculteur et manufacturier à Bouxwiller.

« La *Société d'encouragement* verra certainement avec plaisir « tous les travaux qui, ayant pour but d'éclairer les agriculteurs « sur l'usage des engrais, ont pour résultat d'accroître la ri- « chesse publique en aidant à augmenter la fertilité du sol na- « tional. »

SOCIÉTÉ D'ENCOURAGEMENT,
Séance du 23 janvier 1857.

« L'industrie ne saurait trop fournir d'engrais pour subvenir « à l'impuissance actuelle de l'agriculture, et la mettre à même « d'en créer beaucoup à son tour. »

DE SAINT-PRIEST,
Agriculteur à Tournon-sur-Rhône.

« Vingt-cinq mille francs et la médaille d'or de la Société « seront décernés pour la découverte d'un engrais ayant des « propriétés fertilisantes égales à celles du guano péruvien, et « dont une quantité illimitée puisse être fournie à l'agriculture « anglaise, pour un prix qui n'excède pas 7 fr. 50 les 100 kilog. »

SOCIÉTÉ ROYALE D'AGRICULTURE
D'ANGLETERRE (1852).

« Un bon assolement est une excellente chose, de bons in- « struments aratoires sont précieux; mais tout cela n'est rien « sans les engrais.... »

« Le plus grand de tous les maux pour l'agriculture, c'est la « perte d'engrais qui a lieu partout ... »

« La génération qui nous succédera ne verra plus ces pertes « d'engrais précieux.... »

« Sans engrais on n'a rien ; avec abondance d'engrais on a « tout ce qu'on veut... Cette amélioration en apparence si sim- « ple — ne pas perdre d'engrais, en produire le plus possible, « les bien soigner, les employer judicieusement ; — cette amé- « lioration est la plus importante qu'on puisse introduire dans « l'agriculture. »

VILLEROY,
Cultivateur à Rittershoff (Bavière rhénane).

« La Normandie n'aurait à envier à la Flandre aucune de ses « riches productions, sans la négligence avec laquelle on laisse « perdre une foule de substances et de résidus qui pourraient « doubler et tripler la fécondité du sol. »

ARTHUR YOUNG,
Agronome anglais.

Voilà certes des autorités assez considérables et des opinions assez sérieuses pour justifier l'utilité et surtout l'opportunité de la question qui nous occupe, et pour établir toute l'importance que chacun doit y attacher ; car c'est là, au premier chef, une véritable question d'utilité publique. Mais avant de résumer en chiffres l'insuffisance manifeste de nos moyens de production, et de passer en revue les détestables errements dans lesquels nous sommes entrés pour combler un déficit immense, un dernier mot sur les conséquences de l'état de choses actuel, au point de vue de la cherté des subsistances.

Avant de remédier au mal, il faut d'abord en sonder toutes les profondeurs. « Ce n'est pas en cachant une plaie sous des fleurs qu'on la guérit. »

Toutes les années de troubles et de désordres coïncident avec des années calamiteuses, ainsi qu'en témoigne le relevé suivant :

	Prix de l'hect. de froment.	
1587 à 1588. .	25f 10c	Barricades de la Ligue, 12 mai 1588.
Juillet 1648. .	18 00	Barricades de la Fronde, 25 août 1648.
1650 à 1651. .	25 00	Guerre de la Fronde, 1651.
1713 à 1714. .	20 00	Insultes au convoi de Louis XIV, 1715.
1788 à 1789. .	22 00	Prise de la Bastille, 14 juillet 1789.
1828 à 1830. .	22f 50c	Révolution de 1830.
1847.	38 00	Révolution de 1848.

Voyons le tableau déchirant des misères muettes.

Durant l'hiver de 1854-55, la ville de Saint-Quentin, qui compte 25,000 habitants, s'est vue forcée d'accorder des secours à 12,000 indigents.

A Cholet, 5,300 indigents ont été assistés, pendant la même période, par 10,500 habitants.

A Rouen, plusieurs malheureux sont littéralement morts de faim et de froid durant l'hiver 1853-54.

A Chartres, un homme est mort de faim sur l'une des places publiques.

On peut objecter sans doute que les crises commerciales et industrielles sont pour beaucoup dans ces malheurs à jamais regrettables, surtout à l'époque à laquelle nous vivons ; mais allons jusqu'au bout, et reprenons les mêmes faits à un point de vue plus général.

L'*Annuaire du bureau des longitudes*, année 1853, a publié le tableau des naissances et des décès ainsi que l'augmentation de la population française pendant la période décennale de 1842 à 1852. Or, il résulte de ces chiffres que, par suite de la cherté des grains en 1846-47, il y a eu tout à la fois diminution dans le chiffre des naissances et augmentation considérable dans le chiffre des décès.

La *diminution des naissances* a été de 73,252 têtes, et *l'augmentation des décès* de 91,325!!!

Quelle affreuse conclusion, et que n'y a-t-il pas dans ces chiffres? Que de tortures physiques et morales! que d'agonies terribles, que d'angoisses causées par la faim!...

§ 11.

Statistique des fumiers. — Insuffisance de la production.

> « Rien ne saurait être plus salutaire pour la « société française que le mouvement des idées « qui porte en ce moment toutes les forces et « toutes les espérances vers les travaux agricoles. »
>
> J. GIRARDIN, *Mélang. d'agricult.*

La superficie territoriale de la France est de.	52,768,618[h]	88[a]
En déduisant les surfaces non cultivées comprenant :		
1° Les villes, villages, bourgs, hameaux, routes, canaux, rivières, lacs, étangs, ruisseaux, etc. Soit.	2,153,646[h]	23[a]
2° Les communaux, landes, pâtis et bruyères.	9,191,076	10
3° Les prairies naturelles.	4,198,197	88
4° Les bois et forêts et le sol forestier. . .	8,804,550	97
Ensemble pour les surfaces non cultivées.	24,347,471[h]	18[a]
Il reste pour la superficie agricole du territoire français.	28,421,147	70
Total égal à la superficie territoriale. .	52,768,618[h]	88[a]

Les 28,421,147 hect. 70 ares composant le sol agricole cultivable se subdivisent ainsi :

1° Céréales d'automne ou cultures annuelles.	13,900,262[h]	04[a]
2° Jachères annuelles.	6,763,281	34
3° Prairies artificielles.	1,576,547	19
4° Vignes.	1,972,340	21
5° Cultures industrielles et commerciales.	3,442,139	01
6° Vergers, pépinières et oseraies.	766,577	91
Surface cultivable.	28,421,147[h]	70[a]
Surface non cultivée	24,347,471	18
Total égal à la superficie territoriale. .	52,768,618	88[a]

La France possède 51,568,845 têtes de bestiaux de toute nature, ou l'équivalent de 14,318,604 têtes de gros bétail. La pratique agricole admet, avec la majorité des agronomes, que chaque tête de gros bétail produit 64 quintaux métriques de fumier par an, ou 6,400 kilog. D'où il suit que la production totale du fumier en France est représentée par 14,318,604 fois 64, ou 916,390,656 quintaux métriques de fumier.

La production en froment se calculant assez exactement à raison de 10 pour 100 du fumier employé, on aurait par conséquent 9,163,906,560 kilog. de froment, ou 122,185,421 hect. (du poids de 75 kilogr.), en admettant l'entière conversion de nos récoltes en froment; or ce chiffre représente en effet, à très-peu près la moyenne totale de notre production en céréales, d'après la statistique de 1836[1].

[1] Ce travail a été publié en 1837 par le gouvernement, et fourmille d'erreurs matérielles dont l'administration doit être seule responsable. Pour n'en citer que quelques exemples, afin de prouver qu'il est absolument impossible d'obtenir, avec de pareilles données, des chiffres d'une exactitude rigoureuse, le département de la Haute-Saône présente une différence de *soixante-dix communes*; et trente-cinq autres départements, sur quatre-vingt-six, offrent des erreurs analogues, quoique moins importantes, et signalées précédemment dans les *Notes économiques sur la statistique agricole de la France*, par M. Royer.

C'est ainsi que le revenu immobilier de la Corrèze figure dans le travail officiel de l'administration pour... 600 francs.

Le Nord et le Pas-de-Calais ne consommeraient ni vin, ni eau-de-vie.

Il en serait encore de même de la consommation du cidre dans la Corrèze.

Nous ne disposions, au total, que de 2,066,849 veaux en 1836, et nous en avons abattu 2,487,362. D'où cette petite différence de 420,513 têtes?

Les statisticiens chargés de ce travail ont trouvé que 57,621,213 hectol. de froment, à 15 fr. 85 c. l'un, formaient un chiffre de 933,386,920 fr., au lieu de 913,296,226. D'où cette autre petite erreur de 20,090,694 fr. dans le total affecté à la consommation en froment?

L'épeautre n'est cultivée, toujours d'après la statistique, que dans le Nord, le Bas-Rhin et la Drôme. Les quatre-vingt-trois autres départements n'en produisent pas un seul hectolitre.

Le département de la Drôme, indiqué comme produisant 2,712 hectol. d'huile d'olive, n'en consommerait pas un seul litre.

Aucune indication sur les cultures d'amandiers, ni sur l'huile de faîne,

Tenons néanmoins pour bien certain, qu'avec les 14,318,604 de têtes de gros bétail que représente la totalité des animaux fournissant le fumier proprement dit, l'agriculture française ne peut en obtenir plus de 916,390,656 quintaux métriques par an.

Voyons quelles sont les quantités réellement employées.

Les 28,421,147 hectares actuellement en culture [1] exigent, au début de la rotation de trois ans et au minimum, 30,000 kil. de fumier de ferme chacun, ou 10,000 kil. par an, ou plus simplement 100 quintaux métriques. Donc les 28,421,147 hectares réclament annuellement 2,842,114,700 quintaux, et l'agriculture n'en produit que 916,390,656. D'où un déficit de 1,925,724,044 quintaux métriques représentant la fumure de 19,257,240 hectares, c'est-à-dire près de trois fois et demie la surface consacrée annuellement à la culture du froment, dont le chiffre n'est que de 5,586,787 hectares.

Allons plus loin, et admettons que l'agriculture soit assez riche en bestiaux pour pouvoir leur faire consommer la totalité des fourrages et employer la totalité des litières qu'elle produit.

La production en paille de froment est évaluée à raison de

ni sur les huiles de ricin, de sésame et d'arachide, ni sur les chicorées à café, ni sur le carthame, ni sur l'anis, etc., etc.

On ne peut donc, avec de tels éléments, coordonner aucun travail de statistique agricole ayant une valeur certaine. Aussi, ce que nous pourrons donner sur ce sujet n'aura-t-il qu'une valeur fort relative, et nous le regrettons infiniment. Toutefois, ces réflexions ne modifient en aucune façon ce qui se rapporte aux procédés technologiques qui constituent le fond essentiel de cet ouvrage.

[1] Nous devrions, à la rigueur, supprimer de ce nombre les 6,763,281 hectares de jachères, et ne compter par conséquent que 21,657,866 hectares; mais d'une part le chiffre des jachères a singulièrement diminué depuis la statistique de 1836; et d'une autre part encore, il existe dans les cultures industrielles et commerciales, ainsi que nous le verrons plus loin, des plantes beaucoup plus épuisantes que le froment, exigeant des fumures plus abondantes que les céréales, mais que nous compterons sur le taux des céréales seulement, comme compensation au chiffre des jachères, beaucoup trop audessus du chiffre actuel.

En procédant ainsi, nous éviterons les subdivisions de nombres, pour conserver intacts ceux des chiffres déjà indiqués dans ce travail.

164 kil., par hectolitre de grain. Soit, pour toute la France, et pour les 69,558,062 hectolitres produits, 11,407,522,168 kil. par an. Or, il entre 200 kil. de litières dans 1,000 kil. de fumier, en y comprenant le fourrage et l'avoine. Si donc la totalité de la paille de froment était convertie en fumier, elle en donnerait. . . . . 570,376,108 k°

L'épeautre produit 2,000 kil. de paille à l'hectare et donne, pour les 4,734 hect. en culture 9,468,000 kil. représentant en fumier. 473,400

Le méteil produit 1,900 kil. de paille à l'hectare. Les 910,932 hectares actuellement en culture peuvent donc produire 1,730,770,800 kil. représentant en fumier. 86,538,540

Le seigle produit 1,892 kil. de paille à l'hectare. Les 2,582,254 hectares en culture fournissent donc 4,885,624,568 kil. représentant en fumier. 244,281,228

Le maïs produisant 3,000 kil. de paille à l'hectare, les 631,731 hectares fournissent 1,895,193,000 de paille dont la conversion totale en fumier serait de. 94,759,650

L'orge produit 1,400 kil. de paille à l'hectare; par conséquent, les 1,188,189 hectares en culture fournissent 1,663,464,600 kil. de paille, représentant en fumier. 83,173,230

Le sarrazin produit 800 kil. de paille à l'hectare, et les 251,241 hectares actuellement en culture donnent annuellement un total de 200,992,800 kil. représentant en fumier. 10,049,640

Les 3,000,633 hectares d'avoine produisant, à raison de 1,164 kil. de paille, 3,492,736,812 kil. par an, ceux-ci représentant en fumier. 174,636,840

A reporter. 1,264,288,636

Report.	1,264,288,636$^{q.m.}$
Les oléagineux produisent 3,000 kil. de paille à l'hectare. Par conséquent, les 173,506 hectares cultivés représentent annuellement 5,205,180 kil. de paille, dont le produit en fumier est de.	260,259
En ajoutant à ces derniers les 90,380,160 k. de tourteaux en provenant, et les comptant pour quatre fois leur poids de fumier, on trouve encore.	3,615,200
Enfin les 40,000,000 d'hectolitres de pommes de terre consommés annuellement par le bétail étant également convertis en fumier, celui-ci équivaut encore à 1,500,000 voitures de 1,000 kil. ou.	15,000,000
Total.	1,283,164,115$^{q.m.}$

Or, nous venons de voir que le minimum d'engrais de toute nature nécessaire chaque année à l'exploitation des 28,421,147 hectares, correspondait à 2,842,114,700 quintaux métriques de fumier. Si donc l'agriculture ne peut dépasser, même dans les conditions les plus larges, le chiffre de 1,283,164,115, établi ici d'une manière certaine, il restera toujours, en admettant les circonstances les plus favorables à la production des fumiers, un *déficit réel d'au moins* 1,558,950,585 *quintaux métriques de fumier par an*, ou plus de la moitié de ce qui est absolument indispensable à la production agricole.

On peut donc dire que ce déficit est l'équivalent des produits, denrées et consommations de toute nature nécessaires à l'existence de 20,000,000 d'habitants, à la subsistance desquels il est pourvu plus ou moins complétement, par la fabrication industrielle des engrais.

La production générale et annuelle des engrais en France se résume donc ainsi :

Par l'agriculture, directement et en fumier, 1,283,164,115 fr.
Par l'industrie des engrais (en équivalents de fumier). 1,558,950,585

Ensemble. . . . . . . 2,842,114,700 fr.

La somme totale des valeurs de toute nature, créées annuellement par la production agricole, s'élevant à 7,543,023,298 fr., il est certain, d'après ces résultats, que l'industrie des engrais et les non-valeurs commerciales recueillies partout au sein des villes, au profit de la fécondité du sol, concourent pour moitié dans ce chiffre, soit 3,771,511,649 fr., puisqu'en effet elles fournissent la moitié, au moins, des matières premières indispensables à cette production.

Si donc, comme on l'a dit avec raison, chaque industrie particulière tire toute son importance sociale du nombre d'hommes qu'elle fait vivre et de la somme de bien-être qu'elle leur procure, il est certain qu'après l'agriculture, l'industrie des engrais doit être mise au premier rang, bien qu'elle occupe, en fait, l'un des derniers dans l'échelle sociale et dans l'esprit de tous les gens que l'ignorance rend aveugles.

Les chiffres, ou plutôt l'inventaire que nous venons de dresser, nous montrent que la question de l'élève de bétail, défendue par tant d'agriculteurs capables, comme moyen d'augmenter la masse des engrais, ne remédierait que bien incomplétement au malaise résultant de l'insuffisance des fumiers, puisque même, en admettant la consommation totale par les bestiaux, de tout ce que la France peut produire en paille et fourrages de toute nature, l'agriculture ne disposerait encore que de la moitié du fumier dont elle a réellement besoin.

Sans doute, l'élève du bétail peut créer d'importantes ressources de toute nature, mais on ne le fera véritablement avec profit, au point de vue des intérêts généraux du pays, qu'avec l'excédant de la production agricole, qu'avec le trop plein des granges et des greniers d'abondance; nous n'en sommes malheureusement pas là, et c'est vers ce but que doivent d'abord converger tous les efforts de chacun, afin de conjurer les dangers d'une situation tout à fait anormale.

La question n'est donc pas de faire consommer ce que nous produisons, mais de produire davantage; car ce ne sont pas les consommateurs qui manquent, mais bien les consommations qui font défaut; et que, produire plus de bétail, c'est diminuer d'autant le chiffre des surfaces réservées à l'alimentation générale.

Tels sont les différents motifs qui nous ont déterminé à nous livrer à l'étude de ces questions, avec tous les soins et tous les développements qu'elles doivent nécessairement comporter.

§ III.

Résultats de l'insuffisance des fumiers. — Importations annuelles en denrées alimentaires, en engrais et en guanos. — Consommation et prix du pain.

> « La nature met à notre disposition des matériaux et des forces infinies. Or, par le progrès incessant, ce ne sont plus seulement les matières brutes que nous fournit la nature, mais la matière élaborée et disposée pour nos besoins, par l'action des forces naturelles convenablement dirigées. »
>
> « Pour accomplir ce grand progrès, que faut-il? Connaître, découvrir les lois naturelles.
> « En combiner l'application. »
>
> CH. LABOULAYE, *Dictionnaire des arts et manufactures.*

Les faits qui précèdent ne font que trop pressentir les conséquences qui doivent en résulter pour les intérêts généraux du pays.

Allons jusqu'au bout, car il existe de très-fausses idées et des croyances dangereuses à l'égard du prix élevé des denrées alimentaires. J'ai souvent entendu et combattu, à ce sujet, des opinions bien étranges. Voyons au moins ce qu'il y a de réel dans l'importance de nos déficit annuels, et voyons aussi si la cherté des subsistances ne tient pas bien plus à l'insuffisance de nos moyens de production qu'à toute autre cause.

En effet, il suffit de jeter les yeux sur nos différentes importations pour se convaincre que depuis dix ans nous avons été obligés d'acheter à l'étranger, pour près d'un milliard (96,307,998 fr. par an), tant en grains, farineux et denrées alimentaires, qu'en guanos, résidus des raffineries et engrais divers !

Les chiffres résultant du tableau synoptique que nous donnons aux pages suivantes, ont été relevés par nous, article par article et année par année, depuis 1836 jusqu'à 1855 inclusivement, sur le *Tableau du commerce général de la France avec ses colonies et les puissances étrangères*, ouvrage publié tous les ans par l'administration des douanes, et duquel nous extrayons le résumé suivant :

ANNÉES.	DENRÉES ALIMENTAIRES (valeurs officielles).	GUANOS (mises en consommation).	RÉSIDUS DE RAFFINERIES (mises en consommation).	ENGRAIS DIVERS (consommation et commerce extérieur).
1846	155,007,877f	5,120,990k	7,936,641k	6,202,503k
1847	220,900,526	4,565,471	11,214,802	8,171,294
1848	34,340,096	5,382,965	7,802,497	5,186,199
1849	17,028,364	5,522,701	8,540,020	4,870,602
1850	26,298,915	1,428,893	7,131,859	4,971,817
1851	20,021,338	3,801,185	7,047,998	5,760,629
1852	39,268,571	9,245,568	7,980,429	6,105,626
1853	150,704,226	12,404,550	7,452,012	6,067,909
1854	157,935,986	12,448,879	6,757,164	5,308,150
1855	119,507,081	10,191,226	5,231,314	5,976,269
	925,005,402f	72,059,488k	77,104,716k	56,620,958k

Ce résumé nous donne donc, en moyennes annuelles :

Pour les denrées alimentaires.	92,500,540 fr.
Pour les guanos, 7,205,948 kil. à 30 fr. les 100 kilog., soit.	2,161,784
Pour les résidus des raffineries, 7,710,471 kil. à 14 fr. les 100 kilog.	1,079,465
Pour tous autres engrais, 5,662,093 kil. à 10 fr. les 100 kilog.	566,209
Ensemble.	96,307,998 fr.

TABLEA[U]

DES IMPORTATIONS FRANÇAISES EN GRAINS, FARINE[S]

Pendant la péri[ode]

	FROMENT, ÉPEAUTRE ET MÉTEIL.		SEIGLE.		MAÏS.	ORGE.	FARINES de Maïs et d'Orge	AVOINE.		SARRAZIN.	
	Grains en litres.	Farines en kilog.	Grains en litres.	Farines en kilog.	Grains en litres.	Grains en litres.	en kilog.	Grains en litres.	Farines en kilog.	Grains en litres.	Far[ines] en k[ilog.]
1836	[illegible]	[illegible]	[illegible]	[illegible]	[illegible]	[illegible]	[illegible]	[illegible]	»	[illegible]	[illegible]
Valeurs en fr.	[illegible]	[illegible]	[illegible]	[illegible]	[illegible]	[illegible]	[illegible]	[illegible]	»	[illegible]	[illegible]
1837	[illegible]	[illegible]	[illegible]	[illegible]	[illegible]	[illegible]	[illegible]	[illegible]	[illegible]	[illegible]	[illegible]
Valeurs en fr.	[illegible]	[illegible]	[illegible]	[illegible]	[illegible]	[illegible]	[illegible]	[illegible]	[illegible]	[illegible]	[illegible]
1838	[illegible]	[illegible]	[illegible]	[illegible]	[illegible]	[illegible]	[illegible]	[illegible]	[illegible]	[illegible]	[illegible]
Valeurs en fr.	[illegible]	[illegible]	[illegible]	[illegible]	[illegible]	[illegible]	[illegible]	[illegible]	[illegible]	[illegible]	[illegible]
1839	[illegible]	[illegible]	[illegible]	[illegible]	[illegible]	[illegible]	[illegible]	[illegible]	[illegible]	[illegible]	[illegible]
Valeurs en fr.	[illegible]	[illegible]	[illegible]	[illegible]	[illegible]	[illegible]	[illegible]	[illegible]	[illegible]	[illegible]	[illegible]
1840	[illegible]	[illegible]	[illegible]	[illegible]	[illegible]	[illegible]	[illegible]	[illegible]	[illegible]	[illegible]	[illegible]
Valeurs en fr.	[illegible]	[illegible]	[illegible]	[illegible]	[illegible]	[illegible]	[illegible]	[illegible]	[illegible]	[illegible]	[illegible]
1841	[illegible]	[illegible]	[illegible]	[illegible]	[illegible]	[illegible]	[illegible]	[illegible]	[illegible]	[illegible]	[illegible]
Valeurs en fr.	[illegible]	[illegible]	[illegible]	[illegible]	[illegible]	[illegible]	[illegible]	[illegible]	[illegible]	[illegible]	[illegible]
1842	[illegible]	[illegible]	[illegible]	[illegible]	[illegible]	[illegible]	[illegible]	[illegible]	[illegible]	[illegible]	[illegible]
Valeurs en fr.	[illegible]	[illegible]	[illegible]	[illegible]	[illegible]	[illegible]	[illegible]	[illegible]	[illegible]	[illegible]	[illegible]
1843	[illegible]	[illegible]	[illegible]	[illegible]	[illegible]	[illegible]	[illegible]	[illegible]	[illegible]	[illegible]	[illegible]
Valeurs en fr.	[illegible]	[illegible]	[illegible]	[illegible]	[illegible]	[illegible]	[illegible]	[illegible]	[illegible]	[illegible]	[illegible]
1844	[illegible]	[illegible]	[illegible]	[illegible]	[illegible]	[illegible]	[illegible]	[illegible]	[illegible]	[illegible]	[illegible]
Valeurs en fr.	[illegible]	[illegible]	[illegible]	[illegible]	[illegible]	[illegible]	[illegible]	[illegible]	[illegible]	[illegible]	[illegible]
1845	[illegible]	[illegible]	[illegible]	[illegible]	[illegible]	[illegible]	[illegible]	[illegible]	[illegible]	[illegible]	[illegible]
Valeurs en fr.	[illegible]	[illegible]	[illegible]	[illegible]	[illegible]	[illegible]	[illegible]	[illegible]	[illegible]	[illegible]	[illegible]
1846	[illegible]	[illegible]	[illegible]	[illegible]	[illegible]	[illegible]	[illegible]	[illegible]	[illegible]	[illegible]	[illegible]
Valeurs en fr.	[illegible]	[illegible]	[illegible]	[illegible]	[illegible]	[illegible]	[illegible]	[illegible]	[illegible]	[illegible]	[illegible]
1847	[illegible]	[illegible]	[illegible]	[illegible]	[illegible]	[illegible]	[illegible]	[illegible]	»	»	[illegible]
Valeurs en fr.	[illegible]	[illegible]	[illegible]	[illegible]	[illegible]	[illegible]	[illegible]	[illegible]	»	»	[illegible]
1848	[illegible]	[illegible]	[illegible]	[illegible]	[illegible]	[illegible]	[illegible]	[illegible]	»	»	[illegible]
Valeurs en fr.	[illegible]	[illegible]	[illegible]	[illegible]	[illegible]	[illegible]	[illegible]	[illegible]	»	»	[illegible]
1849	[illegible]	[illegible]	[illegible]	»	[illegible]	[illegible]	»	[illegible]	»	»	[illegible]
Valeurs en fr.	[illegible]	[illegible]	[illegible]	»	[illegible]	[illegible]	»	[illegible]	»	»	[illegible]
1850	[illegible]	[illegible]	[illegible]	»	[illegible]	[illegible]	»	[illegible]	»	»	[illegible]
Valeurs en fr.	[illegible]	[illegible]	[illegible]	»	[illegible]	[illegible]	»	[illegible]	»	»	[illegible]
1851	[illegible]	[illegible]	[illegible]	»	[illegible]	[illegible]	»	[illegible]	»	»	[illegible]
Valeurs en fr.	[illegible]	[illegible]	[illegible]	»	[illegible]	[illegible]	»	[illegible]	»	»	[illegible]
1852	[illegible]	[illegible]	[illegible]	»	[illegible]	[illegible]	»	[illegible]	»	»	[illegible]
Valeurs en fr.	[illegible]	[illegible]	[illegible]	»	[illegible]	[illegible]	»	[illegible]	»	»	[illegible]
1853	[illegible]	[illegible]	[illegible]	»	[illegible]	[illegible]	»	[illegible]	»	»	[illegible]
Valeurs en fr.	[illegible]	[illegible]	[illegible]	»	[illegible]	[illegible]	»	[illegible]	»	»	[illegible]
1854	[illegible]	[illegible]	[illegible]	»	[illegible]	[illegible]	»	[illegible]	»	»	[illegible]
Valeurs en fr.	[illegible]	[illegible]	[illegible]	»	[illegible]	[illegible]	»	[illegible]	»	»	[illegible]
1855	[illegible]	[illegible]	[illegible]	»	[illegible]	[illegible]	»	[illegible]	»	»	[illegible]
Valeurs en fr.	[illegible]	[illegible]	[illegible]	»	[illegible]	[illegible]	»	[illegible]	»	»	[illegible]

[...]YNOPTIQUE

[...] DENRÉES ALIMENTAIRES DE TOUTE NATURE

[...] *décennale de* 1836 à 1856.

POMMES de TERRE en kilog.	LÉGUMES secs et leurs farines en kilog.	GRUAUX et FÉCULES en kilog.	VESCE en grain, en [illegible] en litres.	RIZ en kilog.	PAIN d'épice en kilog.	PAIN et BISCUIT de mer en kilog.	Marrons, châtaig., et leurs farines en kilog.	GRAINS perlés ou mondés en kilog.	PÂTES d'Italie et pâtes granul. en kilog.	SAGOU et ARROW-ROOT en kilog.	MALT en kilog.	ALPISTE et MILLET en kilog.	SEMOULE en pâte en kilog.	SEMOULE en gruau en kilog.
[illegible]	[illegible]	[illegible]	[illegible]	[illegible]	[illegible]	[illegible]	[illegible]	[illegible]	[illegible]	[illegible]	[illegible]	[illegible]	[illegible]	[illegible]

Le résumé du tableau synoptique qui précède conduit à des résultats non moins significatifs qu'affligeants.

RELEVÉ GÉNÉRAL DES IMPORTATIONS FRANÇAISES EN GRAINS, FARINEUX ET DENRÉES ALIMENTAIRES DE TOUTE NATURE PENDANT LA PÉRIODE BI-DÉCENNALE DE 1836 A 1856.

Par nature de marchandises.		Par années.	
Froment (grains).	1,093,999,260f	1836	38,412,039f
Riz (grains).	153,006,172	1837	22,255,840
Froment (farines).	81,909,627	1838	21,362,130
Lég. secs et lent. (farines).	18,362,197	1839	54,989,005
Orge (grains).	14,013,512	1840	61,352,895
Avoine (grains).	11,960,014	1841	32,894,776
Maïs (grains).	10,708,692	1842	37,888,745
Seigle (grains).	7,043,378	1843	69,061,657
Pâtes d'Italie.	3,290,439	1844	85,188,889
Sagou et Arrow-root. . .	1,610,869	1845	57,525,645
Pommes de terre.	1,160,488	1836 à 1846	481,611,211f
Grains perlés.	1,037,588		
Marrons, châtaig. et farin.	910,034	1846	155,007,877f
Alpiste et millet.	475,242	1847	220,900,320
Gruaux et fécules. . . .	455,210	1848	34,540,096
Pain et biscuit de mer. .	430,303	1849	17,020,364
Semoule.	265,598	1850	26,298,045
Salep.	238,702	1851	20,021,538
Seigle (farines).	126,933	1852	30,268,371
Pain d'épice.	102,360	1853	150,704,226
Orge et maïs (farines). .	48,035	1854	157,935,986
Sarrasin (farines).	16,030	1855	119,307,081
— (grains).	4,067	1846 à 1856	925,805,402f
Vesce.	2,208	Report ci-dessus	481,611,211f
Avoine (farines).	627		
Ensemble. . . .	1,406,616,613f	Ensemble.	1,406,816,613f

1836 à 1846. Moyenne annuelle de 48,161,121 fr.

1846 à 1856. Moyenne annuelle de 92,580,540 fr.

Un milliard passé à l'étranger, en dix ans, pour nous procurer le nécessaire, voilà la première conclusion à tirer de tous les chiffres que nous venons de passer en revue.

Et qu'on veuille bien le remarquer, le déficit va sans cesse en augmentant, car la deuxième période décennale de 1846 à 1856 donne, sur la période précédente, une augmentation de 44,339,419 fr., ou plus de 92 pour cent.

Poursuivons, et voyons ce que la statistique pourra nous révéler encore.

La moyenne de la consommation générale en France est de 316 lit. de farineux de toute nature, ramenés à la valeur nutritive du froment, et correspondant à 405 k. 500 de ce dernier, par individu et par an.

Le prix moyen de l'hectolitre de froment, du poids de 75 kil., est de 15 fr. 85 c., ou 21 fr. 14 c. les 100 kil. Par conséquent, la valeur des farineux de toute espèce, consommés par individu et par an, est de 85 f. 72 c., et les 100 millions de denrées alimentaires achetées à l'étranger représentent la nourriture première de 1,166,589 individus.

Voyons la conséquence de ces faits, au point de vue de la taxe périodique du pain, et posons des chiffres.

La moyenne du prix du pain blanc a été, pour la première moitié de ce siècle (1800 à 1850) de 34 cent. 16 le kilog.

De 1846 à 1856, le prix moyen s'est élevé à 36 cent. 847, ainsi qu'il résulte des documents suivants que nous avons relevés sur le *Compte moral et financier des opérations de la caisse de service de la boulangerie*, publié en 1856 par les soins et sous le contrôle de l'administration supérieure.

Années.	Moyenne du prix du kilog. de pain blanc.
1846.	30c 37
1847.	40 87
1848.	29 29
1849.	28 37
1850.	26 87
1851.	26 96
1852.	31 08
1853.	38 37
1854.	48 50
1855.	49 79
Total.	368c 47

Ou moyenne de 36 cent. 847. D'où, différence en plus, sur la moyenne du demi-siècle écoulé, 2 cent. 687 par kil. de pain, ou 7,87 pour 100.

La consommation du pain est de 18 millions de kilog. par jour, ou 6 milliards 578 millions par an.

L'alimentation publique, en pain, a donc coûté 6,148,800 fr. par jour, pendant le demi-siècle qui vient de s'écouler, tandis que de 1846 à 1856 ce chiffre s'est élevé à 6,632,460; soit en plus, pour chaque jour 493,660 fr.; pour chaque année 180,185,900 fr.; et enfin pour la période des dix années que nous venons de traverser, *un milliard, huit cent un millions, huit cent cinquante-neuf mille francs.*

Ajoutons à ce chiffre le milliard dépensé dans le cours de la même période en approvisionnements à l'étranger, et nous saurons assez exactement ce que nous coûtent les années de disette, en même temps que nous apprécierons un peu mieux ce que peut la science pour les intérêts du pays en traitant des questions de fumier.

Après avoir parcouru ces chiffres, on est forcé de se demander où est cette France agricole de laquelle on parle si souvent.

La France agricole existera véritablement le jour où elle saura produire assez pour nourrir 100 millions d'habitants, comme le lui permet son étendue territoriale et la riche fertilité naturelle de son sol, mais on ne peut pas dire qu'elle existe, quand pour nourrir 40 millions d'habitants seulement, elle est annuellement tributaire de l'étranger pour 100 millions de francs. Point d'illusions, mais gardons-nous aussi d'accuser l'agriculture proprement dite, car elle n'est pour rien dans ces déplorables résultats, elle n'a réellement contre elle que la détestable situation que lui crée la force des choses, et l'impossibilité matérielle de produire plus, ainsi que nous le verrons bientôt.

On peut opposer aux chiffres que nous venons de présenter, et surtout à nos conclusions les deux objections suivantes : Les 100 millions d'importations annuelles en grains, farineux, denrées alimentaires, etc., ne sont pas exclusivement affectés à la consommation intérieure du pays, puisqu'une partie sert au commerce extérieur, et est réexportée sur d'autres points.

A ceci nous répondons : que les besoins soient directs, c'est-à-dire destinés à la consommation intérieure, ou qu'ils ne soient que commerciaux, c'est-à-dire qu'ils n'existent qu'à raison d'un simple motif d'échange, c'est absolument la même chose. Une nation ne vit pas, économiquement parlant, de ce qu'elle mange, mais de ce qu'elle gagne. On ne s'enrichit pas par ce que l'on absorbe, mais par ce que l'on produit; or, le trafic et l'échange sont des moyens de production, en tant qu'accroissement de la richesse publique, sans la prospérité de laquelle la vie matérielle des citoyens, réduite même au plus strict nécessaire, deviendrait bientôt impossible pour tout le monde.

Le besoin d'accroître la richesse publique par le trafic et l'échange est donc, économiquement, le premier, le plus grand, le plus réel, le plus impérieux des besoins d'une société ; et si elle ne peut y satisfaire sans recourir à l'étranger, c'est qu'évidemment ses moyens de production sont insuffisants[1]. Et en tout cas, on nous accordera bien qu'il y a là, pour le travail national, une occasion, une source de légitimes bénéfices, dont nous devons nous empresser de profiter.

La deuxième objection peut être tirée de l'inclémence des saisons. Nous reconnaissons qu'il y a là une de ces influences réelles, immenses, contre lesquelles nous ne pouvons directement rien, et où, chaque jour, vient se briser l'orgueil des hommes; mais comme tout est relatif à l'égard des conséquences, il est certain que si nous produisions le double, comme cela est possible, nous aurions encore, comme nous avons toujours eu, des années plus ou moins productives, mais à coup sûr nous ne compterions pas cinq années de disette sur vingt, comme cela vient de nous arriver.

On a invoqué à ce sujet l'influence exercée par le déboisement des montagnes de la Suède et de la Norwége, mais cette objec-

[1] Nous n'avons pas parlé de la production forestière, mais nous dirons en passant qu'elle est aujourd'hui de *onze cent mille stères* au-dessous de la consommation. Voir plus loin le chiffre des importations pour l'année 1853 seulement.

tion ne supporte pas l'examen, ou bien alors les États voisins devraient être frappés comme nous ; or nous allons voir que chacun d'eux produit beaucoup plus que nous ne pouvons le faire, *uniquement* parce que les agents de fécondité nous font défaut. Si nous produisons à peine 13 hectolitres de froment par hectare, quand l'Angleterre en produit près de 20, dira-t-on par exemple que notre climat est moins propice que le sien à la culture des céréales. Non, la cause n'est pas ailleurs que dans l'insuffisance des fumures, car le sol ne produit jamais qu'en raison de ce qu'il reçoit. D'ailleurs, si le chiffre de la consommation générale égale 100, par exemple, et que l'inclémence des saisons fasse descendre le chiffre de la production à 60, incontestablement il y aura disette ; mais si la consommation étant égale à 100, on élève le chiffre de la production à 200, et cela est possible nous le répétons, le déficit des années calamiteuses à raison de 40 pour 100 nous laissera encore un produit net de 120, c'est-à-dire plus que nous n'aurons réellement besoin pour assurer la subsistance générale.

Donc, la cause de nos déficit tient surtout à l'insuffisance de nos moyens de production.

Avec les connaissances que nous possédons aujourd'hui, avec les moyens d'exécution dont nous disposons, avec les ressources immenses que Dieu nous a données pour produire, c'est une honte de songer que nous en sommes encore à ne pas savoir suffire à nos premiers besoins, et il n'est pas un homme de cœur, aimant sincèrement son pays, qui puisse rester impassible et froid en présence de ces faits.

Une telle situation accuse un mal grave et profond, et qui appelle une prompte solution. Tout doit s'effacer devant une question de subsistances ; les autres ne sauraient être que secondaires, car celle-ci est la plus impérieuse, la plus urgente, celle dont la solution intéresse le plus grand nombre et touche aux besoins les plus réels, les plus directs, aux intérêts les plus considérables ; en un mot celle à laquelle est le plus étroitement liée la sécurité générale, car si on frémit en songeant à la possibi-

« lité de voir cette population dont les rangs se pressent tous « les jours, livrée aux horreurs de la faim. »

Ne considérons un instant que les faits en eux-mêmes.

Si l'on remonte le tableau général des mercuriales, on trouve que dans l'espace de cinq siècles nous n'avons eu que 32 années de cherté, ainsi qu'il résulte du tableau suivant :

Années.	Prix de l'hectol. de froment.	Années.	Prix de l'hectol. de froment.
1534.	25f	1592.	31f
1652.	25	1573.	32
1663.	25	1651.	32
1700.	25	1661.	33
1715.	25	1812.	34
1714.	26	1795.	35
1726.	26	1817.	36
1811.	26	1741.	38
1628.	27	1439.	39
1740.	27	1710.	40
1597.	28	1595.	42
1699.	28	1662.	42
1816.	28	1694.	43
1498.	30	1709.	44
1574.	30	1591.	52
1596.	30	1587.	64

C'est une année de cherté sur 15, tandis que nous venons d'en avoir 6 sur 20, c'est-à-dire qu'elles se multiplient à mesure que la population est devenue plus compacte et plus dense.

Tous ces faits sont graves, et appellent une prompte solution que la vigilance du gouvernement actuel aidera sans aucun doute par tous les moyens en son pouvoir, mais il faut que chacun y coopère dans la mesure de ses forces.

La France peut le constater avec joie ; De tous les côtés les hommes d'initiative qui aiment sincèrement leur pays, ont indiqué les moyens qui leur paraissaient les plus propres à conjurer le danger, et nous en citerons bientôt de nombreux exemples, parmi les agriculteurs praticiens les plus éclairés.

Maintenant que nous croyons avoir suffisamment établi que la cause principale des années calamiteuses que nous venons de traverser tient à l'insuffisance de nos moyens de production, voyons comment il serait possible d'y apporter, pour l'avenir, un remède efficace.

§ IV.

Conséquence des faits qui précèdent, au point de vue de la production générale.

« Les fortes fumures peuvent seules faire
» de l'agriculture une industrie profitable. »

JAMET,
Président de la Société agricole de l'Ouest.

Produire plus ; tel est aujourd'hui le problème économique posé à l'agriculture, par la nécessité et la rigueur des temps.

Déjà, des hommes spéciaux, dévoués aux intérêts agricoles, ont tracé la voie et frayé le chemin en apportant à tous le tribut de leur expérience personnelle, et en prouvant par des chiffres, la possibilité d'augmenter notablement, et avec grand profit, le rendement moyen de toutes les cultures.

Ici, nous devons suivre un instant les agriculteurs dans cette voie, nous ne devons pas seulement résumer des faits, nous devons surtout produire des chiffres. Montrons d'abord que les produits du sol peuvent être abondants, laissons aux hommes spéciaux le soin de le prouver, nous verrons ensuite ce qu'il y a de réel dans les besoins, et comment il peut devenir possible de les satisfaire.

Voici dans quels termes M. E. Lecouteux, directeur des cultures à l'ancien institut agronomique de Versailles, après avoir établi l'insuffisance manifeste des engrais de toute nature, démontre victorieusement, dans un excellent travail (*Influence des engrais sur le prix des récoltes*), la possibilité de produire le double et avec plus de profit, à la seule condition de fournir aux surfaces cultivées, des fumures plus abondantes.

« L'impuissance, c'est un argument; c'est surtout, en pareil cas, une calamité. Qu'on en juge, du reste, par les conséquences qui en résultent sur le renchérissement de notre principale denrée alimentaire, le blé.

« Prenons deux hectares de terre fumés de manière à ce que le blé, plus ou moins éloigné de la fumure mise en terre pour plusieurs récoltes, puisse absorber, sur l'un de ces hectares, une fumure de 12,000 kilog., et sur l'autre, une fumure de 20,000 kil. Admettons avec nos meilleurs expérimentateurs que chaque quintal (100 kilog.) de *fumier normal*[1] rapporte 10 kilog. de blé dans les terres de fertilité moyenne, notre fumure de 12,000 kilog. nous donnera une récolte de 1,200 kilog. de blé (15 hectol. à 80 kilog.), et celle de 20,000 kilog., une récolte de 2,000 kilog. (25 hectol.)

« Or, si nous comptons le fumier à 8 fr. les 1,000 kilog., la fumure de 12,000 kilog. nous coûtera 96 fr. l'hectare, et celle de 20,000 kilog., 160 fr. Reste à savoir si l'excédant des frais de la forte fumure est couvert avec bénéfice par les 10 hectol. de blé que nous obtiendrons en plus. Tout est là, car l'agriculture la mieux entendue n'est pas celle qui, traitant le sol en mauvais débiteur, lui fait le moins d'avances possibles; c'est, au contraire, celle qui, dominant sa situation, n'embrassant que ce qu'elle peut étreindre, sait faire toutes les avances nécessaires pour que les capitaux engagés lui reviennent avec leurs plus hauts intérêts. Donc, nous sommes en présence de deux systèmes de culture : l'un qui pratique la parcimonie, l'autre qui agit avec confiance dans ses fortes avances. Voyons d'abord le prix de revient de l'hectolitre de blé dans chacune de ces deux situations.

[1] On appelle fumier normal un mélange de fumiers des divers bestiaux. A demi consommé par la fermentation, ce fumier contient 75 à 80 pour 100 de son poids d'eau, et sous cet état d'humidité dose 0k,40 d'azote. Poids du mètre cube, 700 à 800 kilog.

PRIX DE REVIENT DE L'HECTOLITRE DE BLÉ SUR DES TERRES INÉGALEMENT FUMÉES.

Détail des frais par hectare.			Doses des fumures absorbées.		
			12,000 kil.		20,000 kil.
			fr.		fr.
Fumure.			96		160
Semence (210 litres par hectare).			42		42
Loyer et frais généraux.			90		140
Travaux.	Labours et hersages.	30	87	45	116
	Échardonnage.	5		5	
	Fauchage, liage, endizelage.	20		25	
	Rentrée.	7		11	
	Mise en meules ou en granges.	6		7	
	Battage, soins au grenier.	15		25	
Total des frais par hectare.			315		458
Prix brut de revient de l'hectolitre.			21 00		18 32
A chaque hectolitre se rattachent 180 kil. de paille valant 20 fr. le 1,000 ; soit à déduire.			3 60		3 60
Prix de revient net de l'hectolitre.			17 40		14 72

« Ainsi, premier fait à constater : la faible fumure produit le blé à raison de 17 fr. 40 l'hectol., tandis que la forte fumure le produit à raison de 14 fr. 72 seulement[1]. Dès lors, si le blé se vend 18 fr., chacun de nos deux hectares nous présentera les résultats financiers que voici :

Compte à l'hectare, l'un produisant 15 hectolitres, et l'autre 25.			Doses des fumures absorbées.		
			12,000 kil.		20,000 kil.
			fr.		fr.
Recettes.	Grain.	270	324	450	540
	Paille.	54		90	
Dépenses.			315		458
Bénéfice par hectare.			9		82
Intérêt réalisé sur les capitaux pour 100.			2 85		17 90

[1] Il faut ajouter à cela que l'engrais, semblable à cet égard au charbon placé dans le foyer d'une bonne machine à vapeur, produit d'autant plus d'effet utile, d'autant plus de récolte, qu'il fait partie d'une terre plus fertile. Alors il peut produire, dans les bonnes années, jusqu'à 12 et 15 kilog. de blé par chaque quintal de son poids. Ainsi s'obtiennent, avec une fumure absorbée de 20,000 kilog., des récoltes de 30 et 40 hectol. à l'hectare. Admettons seulement une récolte de 20 hectol., le prix de revient du blé sera de 12 fr. environ. Certes, voilà un chiffre à méditer !...

« Voilà, certes, deux agricultures bien distinctes : l'une qui, plaçant 315 fr. par hectare, réalise à peine 3 pour 100 de son capital engagé dans la production du blé ; l'autre qui, ne craignant pas de dépenser 458 fr. par hectare, parvient à obtenir près de 18 pour 100.

« En présence de ces deux résultats financiers, qui donc n'embrasserait pas d'un coup d'œil toute notre situation agricole? qui donc ne comprendrait pas la détestable opération que font plusieurs cultivateurs, lorsque, possédés de l'ambition des grandeurs territoriales, ils prennent des fermes trop fortes pour leurs moyens d'action, et dispersent ainsi leurs travaux et leurs fumures, au lieu de les concentrer sur un plus petit nombre d'hectares bien fumés, bien labourés, bien cultivés enfin?

« Ce qui se passe alors, le voici, par comparaison avec ce qui devrait se passer sur une ferme où chaque hectare produirait 25 hectolitres de blé. Opérant de manière à n'obtenir, avec une dépense de 315 francs par hectare, qu'une récolte de 15 hectolitres, il est évident que, pour récolter 25 hectolitres, il faudrait emblaver en blé 166 ares. Soit, à raison de 315 fr. par hectare, une dépense de 522 fr. ; ce qui mettrait à 20 fr. 88 le prix de revient de chacun des 25 hectolitres obtenus.

« Que prouve donc ce résultat, si ce n'est que l'agriculture qui opère avec parcimonie est celle qui, à produits égaux, *demande le plus de capital*, puisque, pour produire 25 hectolitres, elle a besoin de 522 fr., tandis que, pour obtenir cette même récolte, la culture *aux fortes avances* se contente de 458 fr.

« Quelle leçon dans ce rapprochement ! et comme la puissance du capital se manifeste ici dans toute sa supériorité! Brisons donc sur nos anciens préjugés et convenons, d'après tous ces chiffres, puisés à l'école des faits, que, dans les pays à débouchés et sur la plupart de nos fermes à grains, il n'y a qu'un bon système de culture ; c'est celui qui fume le sol au maximum et qui lui consacre tous les travaux que comportent les fortes fumures. Ce système-là est, dans ces conditions, le seul qui soit vraiment productif; le seul qui obtienne, au meilleur marché, toute la somme de produits que puisse fournir le sol ; le seul qui puisse nous préserver des crises alimentaires ; le seul qui puisse améliorer la situation des ouvriers dans nos campagnes ; le seul qui puisse faire regarder l'agriculture comme la base d'un placement lucratif pour les capitaux.

« L'autre système, au contraire, c'est la misère : c'est le prix de revient du blé chargé de loyers, d'impôts, de frais de labours et de semences d'autant plus considérables qu'il faut cultiver une surface plus grande (166 ares, souvent même 2 hectares) pour obtenir ce qui peut être produit sur un seul hectare bien cultivé et bien fumé. C'est, par conséquent, un grand territoire pour nourrir une petite population, et cela avec la perspective des disettes et de la cherté des céréales. Enfin, c'est le capital fuyant l'agriculture, parce qu'elle lui refuse ce qui seul peut l'attirer : le profit.

« Sommes-nous libres de choisir entre ces deux systèmes ? Non, certes ; il faut que nos industries conservent tous les avantages qu'elles ont su conquérir sur les industries étrangères. Or, pour qu'il en soit de la sorte, il faut que les populations ouvrières puissent trouver les subsistances à un prix tel que l'agriculture soit suffisamment rémunérée, tandis que, de son côté, l'industrie n'ait pas à payer des salaires trop élevés par le fait de la cherté des denrées alimentaires. Tous les peuples manufacturiers en sont là : le bon marché relatif des subsistances est l'une des premières conditions de leur prospérité. La France ne saurait se mettre en dehors de la loi générale ; car, mieux que tout autre pays, elle peut abaisser, ou plutôt régulariser le prix de revient des produits de son territoire[1]. »

Voilà, certes, de la belle et bonne arithmétique qui a bien un peu de valeur, et M. Lecouteux dit aussi vrai qu'il compte juste, car un praticien éclairé, un véritable et bon fermier, M. J. Bisson, de la Brunerie (Indre), déclare également que « toutes choses égales d'ailleurs, une fumure de 20,000 kilog.

[1] *Journal d'agriculture*, 1er semestre, 1856, p. 228.

« en six ans fait revenir l'hectolitre de froment à 20 fr. 23; de « 30,000 kilog. à 16 fr. ; de 50,000 kilog. à 14 fr. 50 ; de « 60,000 kilog. à 13 fr. 50. »

« Agriculteurs, ajoute M. Bisson, ayez toujours ces chiffres « devant les yeux, ils ne vous tromperont pas[1]. »

Déjà M. de Gasparin, dont le nom est devenu célèbre dans la science agronomique, avait dit : « Il faut qu'on le sache bien... « chaque couple d'hectare qui entrera dans ce système, dou- « blera en quelques années sa production céréale. »

Après la parole du maître, un agriculteur distingué, M. du Chambon de Mésilliac, prenant modestement la qualité de *laboureur* est entré dans cette voie, et il en a obtenu de bons premiers résultats, que trouveront consignés, dans le *Journal d'Agriculture*, 1er semestre, 1857, toutes les personnes que cette grande question intéresse, et sur laquelle, d'ailleurs, nous aurons occasion de revenir dans le cours de cet ouvrage.

Un autre agriculteur d'un grand mérite, un homme dont le double caractère doit inspirer autant de confiance que de respect, M. de Labaume, président de la Société d'agriculture du Gard et de la cour impériale de Nîmes, s'exprimait ainsi, publiquement, au concours agricole de Nîmes de 1857.

« La pratique a, depuis longtemps, donné raison à cette cul- « ture *intensive*, qui enrichit le sol et le cultivateur tout à la « fois, dans notre belle plaine du Vistre, où nous pouvons « chaque jour en vérifier les frais et les produits. »

D'autres essais de culture intensive à la colonie pénitentiaire de Mettray et à Grenoble, ont été également consignés par M. Aug. de Gasparin, frère du savant agronome, même journal et même semestre, page 56.

« Et nous aussi, » s'écrie M. A. de Gasparin, avec l'accent chaleureux et entraînant qui a sa source dans l'amour du bien public, et qui caractérise les hommes d'initiative et de progrès, « nous avons notre rôle à jouer : nous irons aux tro-

[1] *Journal d'agriculture*, 2e semestre, 1857, p. 314.

« piques, nous y ravirons ces vigoureuses graminées, dont la « pousse annuelle dépasse la hauteur de nos taillis. Les pani- « cum, les arundo, les échinops viendront couvrir nos guérets. »

La nécessité des fumures abondantes est un fait acquis, et c'est le seul moyen immédiat d'augmenter la production agricole et de sortir au plus tôt de la crise alimentaire que nous traversons. Mais alors, ce n'est plus 10,000 kilog. de fumier qu'il faut employer annuellement et par hectare de terre, mais 15,000 kilog. Ce n'est plus alors 2,842,114,700 quintaux métriques de fumier qui seront nécessaires chaque année, mais bien 4,263,172,050, car ce qui a suffi dans le passé ne peut plus suffire pour l'avenir. C'est donc sur un déficit annuel de 2,994,219,567 quintaux métriques qu'il faut que nous comptions.

M. de Gasparin est arrivé aux mêmes résultats que nous en faisant le décompte des différentes quantités d'azote produites par les déjections des hommes et des grandes races d'animaux domestiques. « C'est, pour chacun des 20 millions d'hectares en culture, environ 25 kilog. d'azote, ou moins de la moitié de ce qui serait nécessaire à une bonne culture. Ainsi, on ne dispose en réalité que du tiers de fumier produit, c'est-à-dire 155 millions de kilog. d'azote au lieu de 516 millions de kilog. [1] »

De son côté, M. Bobierre ne trouve que 228,277,440 mètres cubes de fumier produits par les 49,817,185 têtes de bestiaux de toute nature indiqués par la statistique [2], soit 5 mètres cubes par hectare et par an, au lieu de 14 mètres cubes [3].

Sans doute, c'est faire beaucoup pour l'accroissement de la production agricole que de prouver que les fumures abondantes sont relativement plus productives qu'aucune autre, et qu'elles

[1] *Principes d'agronom.*, p. 157-158.

[2] *Considérations sur l'action des engrais*, par A. Bobierre. Paris, 1853. Nous prions de ne pas oublier qu'à l'égard de nos chiffres, nous avons supposé la conversion *totale* de toutes les pailles en fumier. Voilà pourquoi les chiffres de M. Bobierre sont encore plus bas que les nôtres.

[3] Le poids moyen du mètre cube de fumier de ferme ordinaire, tassé par son propre poids dans une voiture à fumier, est de 745 kilog.

procurent toujours plus de profit. Mais pour fumer abondamment il faut d'abord avoir beaucoup d'engrais, et c'est précisément ce qui manque. Il faut surtout pouvoir se les procurer économiquement et à bon marché, et c'est précisément le contraire qui arrive depuis que la spéculation anglaise s'est emparée du commerce des guanos.

A l'origine de l'importation du guano en France, c'est-à-dire en 1843, celui-ci se vendait 22 fr. les 100 kilog. Depuis cette époque, et à mesure que le pays tout entier s'épuisait en sacrifices, pour adoucir les rigueurs de cinq années désastreuses sur vingt, les spéculateurs faisaient philanthropiquement subir au guano une hausse progressive de plus de 80 pour 100, puisque aujourd'hui il est coté dans les journaux à raison de 40 fr. les 100 kilog. Il est vrai que philanthropie et spéculation sont deux mots parfaitement distincts, et qu'il ne faut pas demander au monopole autre chose que ce que l'on doit en attendre.

Allons plus loin, et posons des chiffres.

Ainsi que nous le verrons bientôt, la fumure d'un hectare de terre, au moyen de 10,000 kilog. de fumier de ferme, a toujours coûté jusqu'ici aux cultivateurs 62 fr. 50, tandis qu'aujourd'hui, pour obtenir avec le guano la même quantité de principes fertilisants que ceux contenus dans 62 fr. 50 de fumier de ferme, il faut employer pour 133 fr. 33 de guano, dont la valeur agricole réelle n'est que de 85 fr., ainsi que nous le prouverons. Soit, un excédant de dépense de 70 fr. 83 par hectare, ou plus de 113 pour 100, et une perte réelle de 65 fr. sur le prix d'achat.

L'emploi du guano n'est pas précisément pour le cultivateur une question de nécessité, c'est une pure question de préférence, préférence que rien ne saurait justifier, comme nous le verrons, car la France a mille moyens de se suffire, sans payer la rançon anglaise à des prix exorbitants. Prenons un autre exemple sur un autre engrais, en attendant que nous puissions faire de même avec tous ceux qui nous sont connus.

La somme de 62 fr. 50 étant prise pour base du prix de la fumure annuelle d'un hectare de terre, à l'aide de 10,000 kilog.

de fumier de ferme, on trouve, et nous le prouverons également dans quelques instants, que, pour obtenir avec les poudrettes la même quantité de principes fertilisants, il faut que le cultivateur en emploie aujourd'hui pour 236 fr. 60, dont la valeur agricole réelle n'est que de 77 fr. 82, soit un excédant de dépense de 174 fr. 10 par hectare mis en culture, ou plus de 143 pour 100, et une partie réelle de 158 fr. sur le prix d'achat.

A quelques rares exceptions près, on peut dire qu'il en est de même à l'égard des autres engrais du commerce. Là aussi, le malheur est de ne pas produire assez économiquement.

Nous trouvons dans les *Principes d'agronom.* de M. de Gasparin, page 225, que d'après la valeur *moyenne* des fumiers de ferme, en France, le kilog. d'azote ne revient au cultivateur qu'à 1 fr. 50, tandis qu'il coûte 3 fr. 75 dans le guano, et 3 fr. 45 dans les poudrettes. Or, à l'époque où M. de Gasparin publiait cet ouvrage, le guano ne coûtait encore que 30 fr. les 100 kilog., et aujourd'hui on le vend 40 fr.

Comment faire de la culture productive avec de tels éléments!

Partout la pénurie des engrais a fait monter leurs prix d'une manière déplorable, et la nécessité d'accroître leur production se démontre par des chiffres qui n'ont que trop de signification. M. Max. Paulet nous apprend, dans un bon livre renfermant des détails historiques curieux sur l'exploitation général des vidanges en Europe et leur emploi en agriculture, que l'adjudication de la voirie de Montfaucon, sur laquelle, hélas! nous n'aurons que trop à revenir, fut affermée d'abord à un sieur Bridet moyennant une redevance annuelle de 3,000 fr. Un peu plus tard, ce chiffre s'élevait à 66,000 fr. En 1842, il atteignait 165,000 fr. Et enfin de 1843 à 1850, il a produit 505,000 fr.[1].

A Rouen, l'enlèvement des boues et immondices des rues ne pouvait s'opérer, à l'époque des premières années de ce siècle, qu'en grevant le budget municipal d'une dépense annuelle de 1,500 fr. Aujourd'hui, les adjudicataires de cette entreprise

[1] Maximilien Paulet, chimiste, *l'Engrais humain*, 1853.

sont obligés de payer de 15 à 20,000 fr. par an, et il en est de même dans presque toutes les villes de France.

Vers 1825, l'hectolitre de noir, résidus de raffinerie, se vendait 1 fr. l'hectolitre, et aujourd'hui il est coté à Nantes, à raison de 25 fr., presque le double du prix moyen de l'hectol. de froment.

Il y a dix ans à peine, les marcs de colle des fabriques de gélatine se vendaient de 5 à 6 fr. le mètre cube; aujourd'hui il faut les payer 25 fr., et on n'en trouve que très-difficilement à ce prix, parce que les acheteurs ont passé avec les fabricants des marchés de longue durée.

Les os en nature qui, à la même époque valaient de 8 à 10 fr. les 100 kilog., sont vendus en ce moment à raison de 25 fr.

Tels sont les éléments de prospérité qui, durant ces dernières années, sont venus en aide à l'agriculture française, sans compter le guano du Pérou.

Puisque l'on reproche si facilement à l'agriculture ses antiques préjugés et ses vieilles routines, voyons du moins la situation qui lui est faite, et comparons ses moyens d'action à ceux dont l'industrie dispose.

Les engrais sont à l'agriculture ce que la houille est à l'industrie; c'est la matière première par excellence, et elle manque à peu près partout chez nos cultivateurs, qui ne peuvent trouver hors de chez eux le complément dont ils ont tant besoin, sans le payer 80 et même 100 pour 100 plus cher que celui que leur donnent leurs bestiaux. Voilà la situation.

Quels ne seraient pas les cris et les doléances de l'industrie si, privée de la moitié des matières premières dont elle a besoin, une poignée de spéculateurs étrangers venaient lui faire payer la rançon du monopole à raison de 140 pour 100 au-dessus du prix ordinaire de ces matières? Mais l'agriculture est bonne personne et n'aime pas à faire parler d'elle, mais c'est nous qui payons.

En industrie, on sait de suite ce que vaut une matière première. Il suffit de brûler quelques kilog. de houille dans un foyer pour être fixé sur sa puissance calorifique et sur sa valeur réelle. En agriculture, on ne sait qu'après plusieurs années quelle

4

est au juste la valeur d'un engrais. Un industriel sait immédiatement, à très peu près, ce que valent pour lui le coton, la laine, la soie ou le minerai qu'il va mettre en œuvre. L'agriculteur ne peut se fixer sur la valeur des engrais qu'il va mettre en œuvre pour produire du blé, sans faire une analyse, et le nombre de ceux qui ne savent même pas ce que c'est qu'une analyse est immense.

A la ville, l'instruction court les rues; au village on ignore jusqu'à l'A, B, C des notions d'agriculture les plus indispensables. Aussi l'industrie en est littéralement arrivée au point de nous donner le superflu pour très-peu de chose, tandis que l'agriculture est forcément obligée de nous laisser manquer du nécessaire.

Il faut bien le constater, car il n'y a pas de vérités inutiles, un fait général domine toute notre situation, c'est que nous avons une tendance fatale à donner plus au superflu qu'au nécessaire. Toute la société française en est là.

En dehors du monde agricole, il y a certainement très-peu de gens qui se demandent pourquoi l'attention générale ne se porte pas un peu plus sur les moyens de prévenir le retour de ces années calamiteuses qui nous coûtent si cher et qui sont la source de tant de privations et de larmes pour ceux qui souffrent; mais en revanche, et pour nous montrer plus prévoyants et plus sages, pour conjurer le danger, nous songeons sérieusement à faire du pain avec des marrons sauvages et à remplacer la poule du bon Henri par du cuisseau de cheval. On retrouve les mêmes tendances partout et sous les formes les plus diverses.

Nous avons des lois et des sociétés pour la protection des animaux, et tous les jours l'industrie broie dans ses machines des têtes d'hommes, ou bien elle empoisonne de ses vapeurs mortelles ceux que les rigueurs du sort condamnent aux plus rudes labeurs.

Aujourd'hui, nous sommes certains de toujours manger à Noël des petits pois, des fraises, des asperges et des artichauts; mais nul ne peut dire si quelques mois plus tard nous aurons seulement des pommes de terre, et si nous ne serons pas livrés à toutes les horreurs de la famine.

Il n'y a pas un seul ouvrier de Paris, qui ne sache ou ne soit au moins à même de savoir comment il convient de soigner les vaches, de faire pousser les betteraves, et de faire des fromages; mais l'homme des champs, qui ne sait pas lire et qui aurait tant besoin de leçons orales et de démonstrations pratiques, en est complétement privé. Parmi eux, ceux qui, sagement inspirés, cherchent des livres pour s'éclairer, ne trouvent nulle part une pauvre petite bibliothèque communale. Les sciences, les arts, les lettres, la guerre même ont leurs écoles, mais l'agriculture proprement dite, rien! On apprend aux hommes à détruire, on ne leur apprend pas à produire[1].

Sommes-nous donc bien venus à reprocher aux cultivateurs leurs hésitations, leurs préjugés, leurs routines, leurs défiances, et l'ignorance presque complète dans laquelle ils vivent à l'égard de toutes les questions qui touchent à leurs intérêts les plus chers?

Et pour ce qui concerne le prix des matières fertilisantes dont ils ne peuvent s'approvisionner au dehors qu'en les payant 100 pour 100 plus cher que celles qu'ils trouvent chez eux, faut-il s'étonner de l'insuffisance des fumiers et de la parcimonie avec laquelle les cultivateurs répandent les engrais sur leurs terres, et n'y a-t-il pas réellement obligation pour eux d'en agir ainsi?

Voyons les conséquences de cet état de choses en comparant les chiffres de nos différents rendements avec ceux des autres nations, et nous saurons également si, sans nous faire illu-

[1] Qu'il nous soit permis d'ajouter ici que nous n'entendons en aucune façon blâmer l'existence des cours publics si utiles à l'enseignement général et à la vulgarisation des sciences.

A tous les points de vue, les cours du *Conservatoire des Arts et Métiers de Paris* sont un immense bienfait, et c'est précisément parce que ces utiles institutions répandent la lumière partout où elles existent, et toujours au profit du bien-être de chacun, mais particulièrement de l'utilité générale, que nous déplorons leur absence complète dans les campagnes, où pourtant cela serait si nécessaire.

sion, il y aurait réellement possibilité d'augmenter nos rendements dans des rapports sérieux.

« Quand on a des rivaux et que l'on a du cœur, on cherche à les imiter d'abord, et à les surpasser ensuite. » (DE GASPARIN, *Princip. d'agronom.*)

Le rendement brut moyen du froment en France est de 12 hectol., 45 à l'hectare, ou 933 kilog. 750. Le nombre d'hectolitres produits, année moyenne, est de 69,558,062, au prix moyen de 15 fr. 85; soit une valeur totale de 1,102,495,282 fr. En déduisant les 11,441,780 hectolitres de semences employées, il reste net 58,116,282 hectolitres, de la valeur de 921,143,069 fr., ou 10 hectolitres 40 net par hectare; soit 800 kil. environ, ou un produit net de 164 fr. 84 à l'hectare, c'est-à-dire semences déduites.

En Allemagne, le rendement brut moyen est de	18 hect.	15
En Angleterre.	19	30
En Flandre et dans le Brabant.	25	16
En Alsace (dans les meilleures terres de France).	34	22
En Carinthie (à Humgerbrunn).	18	60
En Autriche (dans les contrées les plus fertiles).	19	20
Tout le royaume Lombardo-Vénitien.	13	90
A Gusow.	27	40
Au Laventhal (moyenne de 5 ans, chez Burger).	20	60
A Creug (terres à mi-côtes).	18	70
A Saalfeld (chez Lurzer).	16	10
En Lombardie (terres riches, irriguées). . . .	22	40

D'où une moyenne générale de 20 hect. 95, tandis que nous n'atteignons que 12.45, ou 68 pour 100 de moins.

Il en est à peu près de même pour toutes nos autres céréales et plantes alimentaires. Ainsi :

Le rendement moyen en avoine est de	34 hect.	30	en Allemagne.
— —	48	21	aux Pays-Bas.
— —	34	35	en Angleterre.

D'où une moyenne de 38 hectol. à l'hectare, tandis que nous

n'atteignons que 13.96 ; soit une différence en moins de 24 hect. par hectare, ou 172 pour 100.

De même encore, notre rendement moyen en pommes de terre n'est que de 104 hectol. 88 à l'hectare, tandis qu'il a été de :

289 hectol. en Angleterre, comme moyenne de neuf vérifications dans neuf districts différents.
362 — à Contigh (Brabant).
295 — dans la Flandre occidentale.
164 — dans le Palatinat (moyenne de dix ans).
290 — en Alsace.

Soit : 280 hectol. pour la moyenne générale, avec laquelle nous avons encore une différence en moins de 75 hectol. 52 par hectare, ou 72.45 p. 100. Aussi, et bien que nous en ayons produit 85,966,730 hectol. en 1836, nous n'en importions pas moins quelques années auparavant (1832) 1,434,311 kilol. [1].

De pareilles différences témoignent évidemment de l'infériorité relative de notre agriculture au point de vue de la production générale, mais il est constant que là où les engrais abondent, les résultats sont tout différents, et, sous ce rapport, un grand nombre de départements offrent des divergences déplorables, que ne justifie que trop la pénurie des engrais, mais qui accusent aussi des pratiques fort irrégulières dans les différents systèmes de culture.

Ainsi, la moyenne des rendements en froment flotte, en France, entre 6 hectol. 78 et 21 hectol. 59.

Les départements qui fournissent les rendements les plus élevés, sont :

[1] Voici d'ailleurs quelle a été la progression ascendante de la culture de la pomme de terre en France, de 1815 à 1836 inclusivement :

21,597,945 hect. en 1815
40,670,683 — 1820
54,385,167 — 1830
71,982,811 — 1835
85,966,730 — 1836

La Seine.	produit brut de	21	hectol.	59	à l'hect	
Le Nord.	— —	20	—	74	—	
Seine-et-Oise.	— —	19	—	08	—	
Oise.	— —	18	—	76	—	

Si la culture était poussée partout au même degré de productivité que dans le département du Nord, ou si nos rendements moyens étaient de 20 hectol. seulement, la France pourrait nourrir 95,725,688 habitants, car, comme l'a fort judicieusement fait observer M. Royer, dans sa *Statistique agricole*, nous aurions 100,293,960 hectolitres de froment, déduction faite des semences, tandis que nous n'avons aujourd'hui que 58,116,282 hectolitres.

Les départements qui fournissent les rendements les plus bas, sont :

Le Cantal.	produit brut de	8	hectol.	24	à l'hect.
La Dordogne.	— —	7	—	39	—
La Lozère.	— —	7	—	30	—
Le Lot.	— —	6	—	78	—

Si les rendements moyens venaient à descendre à 7 hectol. 48, comme dans les quatre départements que nous venons de citer, « l'excès de la misère et du paupérisme amènerait fatalement la famine et l'extermination. »

Comme tous les faits d'un même ordre ont entre eux une corrélation intime, et que c'est surtout en agriculture que les faits s'enchaînent et se lient étroitement, les conséquences résultant de l'état perfectionné de la culture dans le Nord, ont encore pour effet de permettre à ce département de produire les bestiaux les plus lourds. Ainsi :

Le poids moyen des	Bœufs	est de	213k;	dans le Nord il est de	318
—	Vaches	—	138	—	227
—	Brebis	—	12	—	22
—	Moutons	—	17	—	26
—	Agneaux	—	7	—	13

Mais le Nord jouit d'un avantage qu'on ne trouve, malheureusement, dans aucun autre département ; il compte six rivières représentant 259,326 mètres de voies navigables, et 251,143 mètres de canaux, ou 0.89 par hectare, tandis que la moyenne pour toute la France n'est que de 0.24 par hectare.

En 1836, vingt-deux départements étaient pour ainsi dire privés de voies navigables, et l'auteur de la Statistique que nous venons de désigner s'exprimait ainsi sur ce sujet : « Dix-sept de « nos départements, presque un quart du pays, sont complète« ment privés de toutes voies navigables ; ce sont : les Vosges, « l'Orne, l'Eure-et-Loir, les Hautes et Basses-Alpes, le Cantal, « la Lozère, le Var, les Pyrénées-Orientales, la Corse, les Hau« tes-Pyrénées, l'Ariège, l'Indre, la Haute-Vienne, la Creuse, la « Corrèze et le Gers. Vingt-cinq autres départements n'en ont « que des quantités insignifiantes et fort au-dessous de la « moyenne générale de 24 centimètres par hectare, que nous « considérons elle-même comme le quart de ce qui serait néces« saire à toutes les parties du pays pour asseoir convenablement « les échanges intérieurs, et l'unité solidaire de la nation. »

Assurément, la nature montagneuse de quelques-uns de ces départements explique le peu d'étendue des canaux, mais il est loin d'en être ainsi pour le plus grand nombre ; or, rien n'est moins propre au développement de l'agriculture que cette insuffisance de moyens économiques de transports ; aussi, ne doit-on pas s'étonner de compter, toujours sous le bénéfice des mêmes réserves, de 309 à 767 hectares de terres incultes, sur 1,000 hectares, dans la plupart des départements que nous venons de désigner, et que nous relevons ici :

Var.	309	hect. de terres incultes	sur 1,000
Gard.	457	—	—
Landes.	462	—	—
Bouches-du-Rhône .	474	—	—
Aveyron.	571	—	—
Pyrénées-Orientales.	577	—	—
Basses-Alpes.	656	—	—
Lozère.	671	—	—
Corse.	767	—	—

Ce sont là sans doute, des pays de montagnes, mais la Normandie, et particulièrement l'Auvergne ont aussi les leurs, et la statistique de leurs départements n'a jamais présenté de pareils chiffres.

Déjà, en 1836, l'insuffisance des voies navigables inspirait à M. Royer de légitimes appréhensions, qu'il traduisait dans les termes suivants : « Les gouvernements semblent avoir toujours « et complétement ignoré qu'un jour viendrait où les subsistances « pourraient manquer à ces grandes agglomérations d'hommes, « et où la pauvreté des campagnes privées de la faculté « d'échanger leurs produits avec elles, tarirait la source de leurs « richesses manufacturières et menacerait l'ordre social des « plus violentes commotions. Ils semblent n'avoir pas soupçonné « qu'en établissant des voies de communications artificielles ex- « clusivement dans l'intérêt du débouché des produits des « grandes villes, on ferait prévaloir le commerce extérieur si « précaire et si dangereux, sur le commerce intérieur si constant « et si favorable, en sorte que dans un avenir auquel nous « sommes arrivés depuis longtemps, nous serions réduits à dé- « truire en pure perte des richesses végétales, animales et « agricoles immenses, que la nature nous a prodiguées, parce « qu'il nous serait plus économique, *et plus lucratif à quelques « spéculateurs*, de nous procurer ces produits à l'étranger, sur « un autre continent, que de les tirer des points du territoire « français où ils abondent. »

Les chiffres que nous avons donnés sommairement à l'égard du prix de revient de la fumure d'un hectare de terre à l'aide des guanos et des poudrettes, ne justifient que trop les prédictions de M. Royer, puisque déjà ces richesses animales et agricoles immenses que la nature nous a prodiguées, et qui abondent sur tous les points du territoire français, sous le nom de poudrettes, nous coûtent plus cher à l'emploi que ces guanos que quelques spéculateurs étrangers vont chercher sur d'autres continents[1].

[1] L'exploitation des guanos est aujourd'hui un monopole appartenant à MM. Anthony Gibbs et Sons, de Londres, et V.-V. Joseph Myers de Liver-

C'est encore par les mêmes raisons, et comme conséquence des faits énoncés par M. Royer, que nous avons plus d'avantage à tirer des bois de la Russie ou de l'Amérique, plutôt que d'exploiter les forêts des Pyrénées, de la Corse ou du Maine. Aussi, nos états de douane de 1853 constatent-ils l'entrée en France de bois de toute sorte, pour une valeur de 28,000,000 de francs.

« L'Américain, ajoute encore M. Royer, peut tirer de Montmartre le plâtre nécessaire à ses prairies artificielles, mais à « quelques myriamètres de Paris cette ressource est interdite au « cultivateur français! Je sais, dit-il, que je prêche ici toute une « révolution dans les idées administratives, qui ne s'accomplira « pas sans combat ; mais j'ai confiance dans l'évidence des faits, « et la nécessité d'un avenir plus intelligent et meilleur. »

Ce sont là de véritables obstacles au progrès agricole, et il y en a malheureusement bien d'autres à signaler. Nous les passerons en revue, afin de compléter cette étude, qui doit avoir ici toute l'importance d'une enquête agricole. « Par la nature « de leurs contrats, les métayers améliorent peu ; ils ne percevraient que la moitié des profits de l'amélioration. Pour les « fermiers, la brièveté de leurs baux et l'incertitude de leur renouvellement sont un des principaux obstacles aux progrès de « leur culture; le désir de devenir propriétaire, qui enlève à leur « cheptel et à leur fonds de roulement les économies qui pourraient vivifier l'exploitation; l'ignorance et la routine, qui leur « font méconnaître la voie qui pourrait les conduire à la fortune; « enfin l'insuffisance du capital d'un grand nombre et leur recours « à l'usure, les retiennent dans un état d'infériorité déplorable.

« Dans tout le personnel propriétaire et exploitant, je vois « bien se détacher du groupe inerte un certain nombre d'individualités qui comprennent et acceptent le progrès; celles-ci « arriveront toutes préparées à la crise; mais la masse ne sera

pool, auxquels les gouvernements péruviens et chiliens ont abandonné le privilége de l'exportation des guanos du Pérou et de la Colombie, moyennant 25 pour 100 des bénéfices nets.

« ébranlée que lentement, et résistera longtemps aux conseils et « aux prévisions des hommes prévoyants [1]. »

Il ressort de l'ensemble des faits que nous venons d'examiner, que de quelque côté qu'on envisage la question, toujours on trouve l'agriculture dans une fausse situation, et n'ayant à sa disposition, contrairement à l'industrie, que des ressources fort incomplètes. Est-il donc étonnant de voir les magasins de produits manufacturés toujours pleins, et les greniers d'abondance toujours vides. Singulier et déplorable équilibre en vérité.

Toute la puissance de l'industrie réside dans les moyens d'action et d'exécution dont elle dispose, et qui font sa force en assurant sa prospérité. Matières premières abondantes, desquelles la spéculation n'a pas encore pu s'emparer, comme des guanos; capitaux abondants, crédits et échanges faciles, tout concourt à assurer le développement de l'industrie, mais tout ce qui précède prouve évidemment qu'il n'en est pas de même à l'égard de l'agriculture, qui supporte en outre les plus lourdes charges, et qui, malgré l'opinion contraire d'une foule de beaux esprits, n'en a pas moins réalisé des progrès considérables.

Qu'on veuille bien nous permettre de nous arrêter un instant sur ce point. Nous venons de parler de lourdes charges et de progrès sérieux, et nous tenons à le prouver.

Sur 155,280,083 fr. de contributions foncières payées en 1836, le domaine agricole non bâti entrait pour 123,005,340 fr., et les propriétés bâties pour 32,194,743 fr. seulement. Soit 2 fr 50 par hectare de terre, dont la valeur vénale moyenne est de 1,125 fr.; et 4 fr. 45 seulement par chaque usine ou maison bâtie [2].

En résumé, en attribuant à l'agriculture la part de contributions foncières qui lui est afférente, on trouve que sur un budget de 1,281,173,360 fr., elle paye 827,811,729 fr., ou plus de 65 p. 100.

Enfin, la dette hypothécaire, qui tend aujourd'hui à se trans-

[1] Lettre de M. de Gasparin à M. Léonce de Lavergne. *Journal d'agriculture*, 1er semestre, 54 p. 5.

[2] Il n'y a d'exception pour ces dernières qu'à l'égard de la Seine, qui paye [illegible] fr. 21 c. C'est là l'un des *avantages* particuliers dont jouit la ville de Paris.

former, sans devenir plus légère, par l'action des nouvelles institutions de crédit foncier, est une des plus lourdes charges qui s'opposent aux progrès de l'agriculture.

« La dette hypothécaire est immense ; chaque année les em-
« prunts nouveaux l'augmentent de 500 millions [1], et dans cette
« somme énorme perçue par le propriétaire, la part faite à
« l'amélioration du sol est de 17 millions de francs ; le reste de
« la somme passe en achats de nouveaux terrains ; en payement
« en numéraire de la part héréditaire faite par un des cohéritiers
« qui veut conserver la propriété du sol ; en dépenses d'entre-
« tien, d'éducation ; en dots fournies par les familles dont les
« revenus et les économies sont insuffisants [2].

« Il y a peu d'années qu'en France le fondateur d'une caisse
« hypothécaire, destinée à faire des avances aux propriétaires
« fonciers, fit des recherches dans les justices de paix et aux bu-
« reaux des hypothèques pour connaître le nombre de ceux qui
« se trouvaient grevés de dettes. Il assure qu'ils étaient dans la
« proportion de soixante sur cent [3]. »

Voyons maintenant quels efforts l'agriculture a dû faire, pour arriver au point où elle en est.

§ V

Progrès réalisés par l'agriculture française.

> « Le progrès, c'est principalement la vulgari-
> « sation des sciences et leur application aux be-
> « soins journaliers des hommes et à leur bien-être
> « moral et matériel.
> « Tout ce qui tend vers ce but est un bienfait
> « reel, parce que tout ce qui nous en rapproche
> « nous éloigne de la barbarie. » (L'Auteur).

Les différentes situations dans lesquelles nous venons de trouver l'agriculture, n'ont certainement point aidé à sa prospérité et à son développement. Pourtant, et malgré un concours

[1] *Documents sur le régime hypothécaire*, 1844, t. III, p. 512 *et alibi*.
[2] Lettre de M. de Gasparin à M. de Laverane, déjà citée.
[3] J.-B. Say, *Cours complet d'économie politique*, 1828, p. 59, t. II.

de circonstances aussi défavorables, elle n'en a pas moins réalisé des progrès considérables depuis un siècle et demi ; et pour s'en convaincre, il suffit de comparer les chiffres suivants :

Règnes.	Années.	Population effective.	Total de la production agricole.	Soit par habitant.
Louis XIV	1700	19,500,000	1,500,000,000f	77f
Louis XV	1760	21,000,000	1,526,750,000	73
Louis XVI	1788	24,000,000	2,031,333,000	85
Napoléon 1er	1813	30,000,000	3,556,971,000	118
Louis-Philippe	1840	33,540,000	6,022,169,450	180
— En y compr. la product. animale			7,502,904,450	224

Ce dernier chiffre, applicable à l'année 1840, et comprenant l'ensemble de la production animale et végétale, s'établissait comme nous allons l'indiquer. En réalité, c'est une augmentation de 6,002,904,450 fr. réalisée par l'agriculture, en moins d'un siècle et demi, ou un accroissement moyen et annuel de 42,877,889 fr. Or, les faits que nous venons de produire dans le chapitre précédent, ne pouvaient guère faire espérer un pareil résultat.

Revenu brut annuel :		
Des cultures.	5,092,116,220f	
Des pâturages.	646,794,905	
Des bois et forêts, pépin. et vergers.	283,258,325	
Total de la production végétale. . .		6,022,169,450f
Revenu brut annuel :		
Des animaux domestiques.	767,201,000f	
Des animaux abattus.	698,484,000	
Des abeilles : cire et miel.	15,050,000	
Total de la production animale. . . .		1,480,735,000f
Ensemble, pour la production végétale et animale.		7,502,904,450f

En 1798, le produit moyen à l'hectare n'était que de 8 hectolitres de froment, et il est aujourd'hui de 13 hectolitres 14 ; soit 64 pour 100 d'augmentation. C'était alors 167 litres de grains par habitant, et aujourd'hui le chiffre est de 208 litres.

Pour être juste envers l'agriculture, et pour apprécier sainement les services qu'elle a rendus, grâce aux progrès qu'elle a réalisés, remontons un peu plus haut et voyons ce qu'écrivait à Colbert, il y a moins de deux siècles (1675), le duc de Lesdiguières, alors gouverneur du Dauphiné. « La plus grande partie des habi- « tants de la province n'ont, pendant l'hiver, que du pain de « gland et des racines, et présentement (c'était au mois de mai), « on les voit manger l'herbe des prés et l'écorce des arbres. »

Plus tard, c'est-à-dire il y a à peine un siècle (1739), le duc d'Orléans présentait à Louis XV du pain fait avec de la fougère, en lui disant : « Voilà, Sire, de quoi se nourrissent vos sujets. »

A une époque assez rapprochée de nous, en 1774, sous Louis XVI, on ne comptait encore que 41 habitants sur 100 s'alimentant avec du froment ; aujourd'hui, il y en a 60 sur 100.

Cette augmentation du bien-être général, auquel le perfectionnement des procédés de culture et la vulgarisation des sciences ont puissamment contribué, ont été également pour beaucoup dans l'accroissement de la durée moyenne de l'existence. Ainsi, au quatorzième siècle, elle n'était, à Paris, que de 17 ans, suivant les chiffres présentés à l'Académie des sciences, en 1825, par le docteur Villermé. Au dix-septième siècle, la durée moyenne de l'existence était de 26 ans ; elle s'est élevée à 32 ans au dix-huitième siècle, et aujourd'hui enfin elle est de 39 ans et 8 mois. Poursuivons.

Si l'on cherche le rapport des terres arables aux surfaces cultivées, on trouve que sur 100 hectares

L'Angleterre compte.	55	hectares	de terres arables.
La France.	54	—	—
La Belgique.	48	—	—
La Prusse.	40	—	—
L'Allemagne.	27	—	—
La Hollande.	20	—	—
L'Autriche.	20	—	
La Russie et la Pologne.	18	—	

Sous ce rapport, notre agriculture n'a donc rien à envier à celle de nos voisins.

Si maintenant nous cherchons le rapport du bétail à la population, nous trouvons :

	Têtes de bétail par 100 habitants		Têtes de bétail par 100 habitants
Pour l'Angleterre	293	Pour l'Autriche.	96
— Danemark.	291	— Pologne.	96
— Écosse.	240	— Naples.	94
— Sardaigne.	185	— Pays de Bade. . . .	91
— Prusse	166	— Saxe.	90
— Espagne.	164	— Hongrie.	81
— Hanovre.	154	— Sicile.	79
— France.	148	— Pays-Bas.	78
— Suisse.	140	— Provinces Rhénanes.	78
— Wurtemberg	138	— Irlande.	71
— Bavière.	132	— Belgique.	59
— Suède.	125	— Piémont.	49
— Toscane.	109	— États-Romains. . .	45
— Hollande.	107	— Lombardie.	39

Ici, incontestablement, nous ne sommes pas au rang que nous devrions occuper, mais encore sommes-nous de 26,5 au-dessus de la moyenne totale.

L'agriculture française, envisagée à un point de vue général, c'est-à-dire abstraction faite de l'esprit routinier des moins instruits d'entre les cultivateurs, a certainement réalisé plus qu'on ne devait attendre d'elle, eu égard à l'insuffisance de ses moyens d'exécution.

Jusqu'à 1830, l'agriculture a pu satisfaire à nos principaux besoins, mais c'est surtout à partir de cette époque, ou au moins quelques années après, que la situation change, et que le mal va sans cesse en s'aggravant, c'est-à-dire à mesure que la population augmente. Prouvons-le.

« L'un des statisticiens français les plus distingués, et dont la » droiture d'intention est une puissante garantie d'exactitude, a » établi un tableau des importations et exportations totales de » blés et farines, de 1778 à 1832 ; il a trouvé que l'importation » totale, pendant cette période, avait été

» de.	29,859,571 quint. m.
» l'exportation totale de.	18,913,449 —
« Et la balance de.	10,946,122 quint. m.

« Calculant ensuite que, pendant cette période, la population « de la France a varié de 22 millions d'individus à 32,563,000, « et que la consommation d'un jour en blé et farine, pour cette « population, doit être de 110 à 162,000 quint. métriq., un com- « mentateur judicieux et très-versé en ces sortes de matières, en « conclut qu'en 45 ans ou 16,425 jours, il n'a été importé qu'un « excédant suffisant pour nourrir pendant 61 jours la popula- « tion de la France, soit 0,004 seulement de la consomma- « tion.[1] »

L'insuffisance de la production agricole est évidemment un fait moderne, récent, dont les principales causes sont indépendantes de l'agriculture elle-même, en ce sens qu'elle a réalisé tout ce qui était compatible avec sa situation économique.

C'est donc à tort qu'il a été dit que des statistiques sérieuses établissaient que dans l'espace de 153 ans, c'est-à-dire de 1700 à 1853, la moyenne du prix du pain avait presque triplé, et celle de la viande de boucherie avait presque quadruplé, comme le prouvaient les chiffres suivants :

Prix moyen du kilogramme de pain.		Prix moyen du kilogramme de viande de boucherie.	
De 1700 à 1765.	1 sous 6 deniers.	De 1700 à 1765. . . .	5 sous.
De 1765 à 1812.	2	De 1765 à 1812. . . .	9
De 1812 à 1846.	3	De 1812 à 1846. . . .	11
De 1846 à 1853.	4	De 1846 à 1853. . . .	18

On a ainsi conclu contre une agriculture arriérée, routinière, entêtée, inepte, incapable, etc., etc.

Nous ne voulons pas discuter ces chiffres, nous les tiendrons même pour exacts ; néanmoins, la réponse est facile à faire, et nous l'emprunterons au fondateur de l'économie politique en France : « Si la valeur d'une chose est une quantité positive, « elle ne l'est que pour un instant donné, car sa nature est d'être « perpétuellement variable et relative, et il est superflu de vou- « loir comparer deux portions de richesses, à moins qu'elles ne

[1] *Notes économiques sur la statistique agricole de la France*, par E. Royer, 1845.

« soient dans le même temps et dans le même lieu... Il est im« possible de comparer les richesses de deux époques, parce « qu'elles n'ont point de mesure commune. C'est la quadrature « du cercle de l'économie politique. Les auteurs qui croient la « tenir, ne tiennent rien. Les documents qu'ils rassemblent se« raient aussi exacts qu'ils le sont peu, qu'ils n'apprendraient « encore rien. C'est en pure perte qu'on prend beaucoup de peine « et qu'on noircit beaucoup de papier à cet effet[1]. »

On s'est beaucoup trop complu à faire de l'homme des champs une sorte de bouc d'Israël, chargé du poids de nos iniquités. On en a fait un lourdeau inaccessible à toute idée de progrès et incapable d'aucune initiative; mais la qualification de paysan est aujourd'hui un honneur, et celle de laboureur doit particulièrement commander le respect[2].

Sans les paysans, qui ont tant fauché et labouré d'ennemis, nous aurions été dix fois conquis et partagés. C'est que, comme son glorieux nom l'indique, le paysan est l'homme du pays; et il est bien nommé, car c'est lui qui nourrit et qui défend le pays, qui travaille et qui meurt pour le pays[3].

Mais n'envisageons que la réalité des faits, tels qu'ils se pas-

[1] J.-B. Say, *Cours complet d'économie politique*, 1828.

[2] Nihil est agricultura melius, nihil uberius, nihil dulcius, nihil homine libero dignius. (Cicéron). L'agriculture est ce qu'il y a de meilleur, de plus utile, de plus doux, de plus digne d'un homme libre.

[3] Suivez-le; avant le jour, vous trouverez votre homme au travail, lui, les siens, sa femme qui vient d'accoucher, qui se traîne sur la terre humide. A midi, lorsque les rocs se fendent, lorsque le planteur fait reposer son nègre, le nègre volontaire ne se repose pas... Voyez sa nourriture, et comparez-la à celle de l'ouvrier; celui-ci a mieux tous les jours que le paysan le dimanche...

Homme de la terre, et vivant tout en elle, il semble fait à son image. Il est obstiné, autant qu'elle est ferme et persistante; il est patient, à son exemple, et non moins qu'elle indestructible; tout passe, et lui, il reste... Appelez-vous cela des défauts? Eh! s'il ne les avait pas, depuis longtemps vous n'auriez plus de France...

Le paysan n'est pas seulement la partie la plus nombreuse de la nation, c'est la plus forte, la plus saine, et, en balançant bien le physique et le moral, au total la meilleure...

Le dernier ouvrier mange du pain blanc; mais celui qui fait venir le blé,

sent sous nos yeux, dans les conditions où se trouve la société actuelle ; cette étude peut seule nous amener à la connaissance de la vérité.

« A côté de la grande propriété, la petite tient en France une « très-grande place, et c'est elle qui a accompli jusqu'à présent « les plus grands progrès ; mais ces progrès sont dus presque « uniquement à un travail opiniâtre ; c'est dire assez que *ces « progrès sont limités par la quantité toujours plus petite d'en- « grais qu'elle emploie* ; ses prairies et ses pâturages dispa- « raissent toujours plus par le défrichement, qui accroît les « champs labourés sans accroître proportionnellement leurs « produits[1]. »

L'opinion émise ici par le célèbre agronome est une grande autorité et vient pleinement sanctionner notre manière de voir.

Les chiffres que nous venons de passer en revue, et les conséquences que nous en avons déduites, prouvent surabondamment en effet, que les progrès agricoles et la production céréale en France sont surtout limités par l'insuffisance des fumiers de ferme, par le prix élevé des engrais du commerce et leur fabrication défectueuse, car s'ils étaient bien fabriqués, s'ils donnaient satisfaction aux besoins de l'agriculture, celle-ci n'en demanderait pas à l'étranger 83,672,750 kil. en 10 ans, comme cela est arrivé

ne le mange que noir. Ils font le vin, et la ville le boit. Que dis-je ! le monde entier boit la joie à la coupe de la France, excepté le vigneron français.

J. MICHELET.

C'est une avarice sordide qui les retient, disent les sophistes de toutes les couleurs. Soit, mais recherchez-en le mobile, et vous trouverez l'amour de l'indépendance et le sentiment de la liberté ; regardez de plus près, et vous y verrez l'affranchissement du nègre volontaire par le travail, l'homme se faisant esclave pour mieux assurer un jour sa liberté, l'esclave de la civilisation moderne payant à la société son rachat par les rudes labeurs et les privations sans nombre.

Au point de vue de la famille, c'est là l'idéal de l'abnégation, du dévouement, car il n'y a pas de dévouement sans sacrifice, et le paysan français fait de lui-même le sacrifice de toute sa vie pour assurer dans l'avenir la complète indépendance de ses enfants.

F. B.

[1] Lettre de M. de Gasparin à M. de Lavergne, déjà citée.

de 1827 à 1836. Les seuls départements de la Mayenne, d'Ille-et-Vilaine, des Côtes-du-Nord et du Morbihan, en emploient annuellement 100,000 hectolitres représentant environ 9 à 10 millions de kilog. Nantes en consomme à peu près autant dans un rayon de 80 kilomètres. Soit, au total, 20 millions de kilog. pour cinq à six des départements de l'Ouest, et sans y comprendre les résidus de raffinerie, dont l'importance est encore plus considérable, ainsi que nous le verrons dans la suite.

§ VI

Résumé de la première partie.

> La question des subsistances n'est qu'une question d'agriculture, se résumant elle-même en une simple question d'engrais. L'AUTEUR.

La question des subsistances en France se résume donc ainsi :

L'agriculture aurait besoin de disposer annuellement de 4,263,172,050 quintaux métriques de fumier de ferme ; et, en admettant les conditions les plus favorables, elle n'en saurait produire plus de 1,283,164,115 quintaux métriques. D'où un déficit annuel de 2,980,007,935 quintaux métriques.

De cette insuffisance résultent des fumures toujours incomplètes et la nécessité de demander au commerce des engrais le complément des chiffres que nous venons d'indiquer ; mais le prix trop élevé des engrais, et particulièrement des guanos, augmentant de 100 et 110 pour 100 le prix ordinaire de la fumure par le fumier de ferme, le cultivateur est forcément obligé de donner à la terre avec parcimonie, c'est-à-dire en se préoccupant exclusivement de la dépense en argent, au lieu des quantités qui seraient absolument indispensables pour équivaloir *au moins* à 10,000 kil. de fumier de ferme par hectare et par an.

De là des rendements moyens en froment de 12 hectol. 45 à l'hectare, tandis que la moyenne générale en Europe est de 20,95, ou plus de 68 pour 100 au-dessus de notre chiffre, et qu'il est certain que, dans les bonnes terres de France, on peut, à l'aide de fortes fumures, obtenir avec grand profit jusqu'à 34 hectol. Il en est de même à l'égard du seigle, de l'orge, de l'avoine, des pommes de terre et de toutes les autres graines et plantes alimentaires.

De là encore des déficits immenses dans le produit des récoltes, et la nécessité de compléter les ressources nécessaires en important annuellement de l'étranger des denrées alimentaires et des engrais de toute nature représentant l'équivalent de consommation de 1,166,589 individus, et une dépense de 100 millions de francs par an.

Mais il y a quelque chose de beaucoup plus grave que tout cela (nous appelons l'attention du lecteur sur ce point, sauf à y revenir spécialement), c'est l'épuisement lent, *mais certain*, de la fécondité naturelle du sol par l'emploi d'engrais incomplets, à des doses insignifiantes, surtout pour des cultures épuisantes que le haut prix des denrées fait multiplier. C'est là, malheureusement, une pratique qui tend à se généraliser, à laquelle il est peut-être temps de réfléchir sérieusement; car si la raison a peine à concevoir que 3 à 400 kilog. d'engrais, exotique ou non, puissent être substitués, dans la culture annuelle d'un hectare de terre, à 10,000 kilog. du meilleur et du plus riche de tous les engrais, celui de la ferme, les faits vont nous montrer bientôt que le chiffre seul des matières minérales prises au sol dépasse 650 kil. pour le froment, et s'élève jusqu'à 7 à 800 kil. pour d'autres cultures plus épuisantes.

Ajoutons encore que les 10,000 kil. de fumier de ferme apportés à un hectare de terre lui fournissent en outre 3,850 kil. de carbone, tandis que les engrais incomplets desquels nous parlons, ne lui donnent que le chiffre dérisoire de 20 à 30 kil. Les récoltes enlèvent au sol de 91 à 98 pour 100 de leur poids en matières organiques végétales, et non-seulement les engrais qui nous occupent n'en apportent pas un atome à la terre, mais encore leur présence contribue énergiquement à la dépouiller de ses parties végétales, à lui enlever de jour en jour sa fertilité naturelle, c'est-à-dire le capital le plus précieux du cultivateur.

Dans ces conditions, ce n'est pas seulement le capital-engrais confié au sol qui produit, c'est le capital-fonds qu'on absorbe, car abstraction faite des quelques composés gazeux empruntés à l'atmosphère, *ce que les engrais n'apportent pas aux récoltes, les récoltes le prennent à la terre, et elle en est appauvrie d'autant.*

A coup sûr, de bien graves mécomptes sortiront d'un tel système, s'il doit se continuer longtemps encore.

Voyons quelles sont, en résumé, les déplorables conséquences des faits que nous venons de révéler :

Hausse progressive dans le prix de toutes les denrées;

Augmentation du coût moyen de la vie animale;

Malaise général pour le pays;

Augmentation de dépense de 180,185,900 fr. par an sur le chiffre de la consommation du pain seulement, et pendant chacune des dix années qui viennent de s'écouler;

Misère et souffrance des classes nécessiteuses;

Diminution des naissances durant les années de disette, de 73,252 têtes;

Augmentation des décès de 91,325 individus!!!

Voilà la vérité, et nous faisons des vœux sincères, ardents, pour que chacun la connaisse, afin que tous les hommes de bonne foi sachent bien qu'il y a injustice et perfidie à faire remonter ailleurs la cause principale de nos souffrances.

Les faits n'ont de signification réelle et ne deviennent un enseignement utile que par la connaissance des causes qui les ont amenés; or ce qui a amené la crise alimentaire tient essentiellement à l'insuffisance de nos moyens de production, occasionnée elle-même par les fumures incomplètes résultant de la pénurie des fumiers chez les cultivateurs et du prix trop élevé des engrais du commerce qui peuvent seuls faire cesser cette pénurie.

Indiquer les moyens pratiques à l'aide desquels on peut produire industriellement de grandes masses d'engrais à bas prix, c'est tout ce que les circonstances peuvent nous permettre de faire, et si nous avons quelque espoir de devenir utile en traitant ces questions, c'est que, durant ces dernières années, nous avons eu occasion de produire, par millions de kilogrammes, des engrais *complets*, à l'aide desquels le prix de revient de la fumure était inférieur à celui du fumier de ferme.

Or il n'est pas à notre connaissance qu'aucun des engrais du commerce ait jamais résolu ce problème. Si nous nous trompons, et si quelqu'un a pu réaliser des conditions économiques plus favorables aux intérêts généraux de l'agriculture et du pays, qu'il se nomme, qu'il produise des chiffres que chacun pourra contrôler, et nous serons véritablement heureux de le proclamer.

La fabrication des engrais dans les conditions les plus larges, les mieux entendues et les plus économiques, pourrait beaucoup sans doute pour abréger la crise alimentaire, mais il n'est malheureusement pas possible d'en recueillir les fruits dans un temps très-court.

La science a déjà fait beaucoup pour chacune de ces questions, et elle fera plus encore. La chimie nous donnera *certainement*, dans un avenir prochain, la solution radicale du problème le plus important que nous puissions résoudre. Nous voulons parler de la fabrication de l'ammoniaque par l'azote de l'air, de l'ammoniaque, c'est-à-dire de l'agent nutritif et fertilisateur par excellence, de celui qui coûte le plus cher à obtenir, et dont la présence dans les engrais constitue la plus grande valeur agricole de ceux-ci. Donc, fabriquer économiquement, au moyen de l'azote de l'air qui ne coûte rien, de l'ammoniaque dont la valeur agricole est si considérable, ce serait doter l'humanité du plus grand de tous les bienfaits qu'elle puisse attendre de la science moderne, puisqu'un kilogramme d'ammoniaque, représenté par 650 lit. d'azote contenus dans 821 lit. d'air, équivaut à 33 kil. de froment, ou 35 kil. de foin, ou 250 kil. de betteraves, etc.

L'initiative de cette grande idée est due à l'un des hommes les plus illustres de notre temps, à M. Dumas, dont l'Europe savante a recueilli tous les grands travaux.

Le résultat ne saurait être douteux et la possibilité de cette fabrication est certaine, par l'emploi de procédés éminemment industriels. Ce ne doit pas être en vain que Dieu a mis dans l'air et dans l'eau des éléments dont la réunion peut assurer le développement de tous les végétaux, et par conséquent la subsistance des hommes. Nous connaissons des résultats tout à fait probants, et si nous en parlons ainsi, c'est que nous avons entre les mains les premiers sels ammoniacaux obtenus par ce moyen. Nous répétons que le problème est résolu; mais le procédé n'est pas complet économiquement et ne peut recevoir d'application usuelle qu'après avoir été étudié de nouveau avec une grande persévérance, mais il nous paraît absolument certain qu'on y parviendra dans un avenir assez rapproché[1]. « La chimie est « assez avancée sur ce point pour que le problème de la produc« tion d'un engrais azoté, purement chimique, ne puisse tarder « à être résolu[2]. »

Dans le présent, les progrès indiqués par la science, qui peuvent passer immédiatement dans la pratique, sont immenses, et en présence des crises douloureuses qui se succèdent si rapidement, chacun de nous est obligé, comme homme et comme citoyen, de faire les plus grands efforts pour prévenir le retour de pareils maux.

[1] Déjà M. Dumas a proposé à l'auteur de ces premiers travaux de venir les continuer à la Sorbonne.

[2] Dumas, *Statique chimique des êtres organisés*, 1844.

FIN DE LA PREMIÈRE PARTIE.

DEUXIÈME PARTIE

HISTOIRE ET THÉORIE GÉNÉRALE DES ENGRAIS

CHAPITRE Ier

DU FUMIER, CONSIDÉRÉ COMME ENGRAIS-TYPE

---

§ Ier.

Définitions et théorie raisonnée de la fabrication des engrais

> Après tout, la solidité de l'esprit consiste à vouloir s'instruire exactement de la manière dont se font les choses qui sont le fondement de la vie humaine. Toutes les grandes affaires roulent là-dessus.
>
> FÉNELON.

On désigne généralement sous le terme générique d'engrais toutes les matières qui peuvent contribuer pour une part quelconque à la fertilité du sol, en fournissant aux végétaux des aliments qui leur sont nécessaires.

Cette désignation est un peu arbitraire, en ce sens qu'elle tend à confondre la partie avec le tout, et à donner à quelques matières prises isolément la même signification, et presque la même valeur agricole que celle qu'elles ne peuvent acquérir en réalité que par leur réunion, et par un ensemble de composition et de propriétés parfaitement définies. Or, comme nous le verrons bientôt, on est forcé de refuser le nom d'engrais à des matières dans lesquelles la végétation ne trouve pas au moins les principaux éléments qui lui sont nécessaires pour se développer.

Quel est au contraire l'engrais dans lequel la végétation peut toujours puiser chacun des éléments dont elle a besoin? Quel est en un mot l'engrais-type le plus complet, le meilleur, sur le compte duquel les praticiens de tous les temps et de tous les pays sont d'accord, avec lequel il n'y a pas de mécomptes à craindre, et qui puisse servir de base à une fabrication raisonnée et rationnelle? Chacun l'a désigné, c'est le fumier proprement dit. Là, en effet, les opinions sont unanimes, l'expérience des siècles a prononcé, et le doute n'est plus possible.

Le fumier de ferme doit donc être considéré comme le prototype des engrais, parce qu'il renferme généralement *tous* les éléments nécessaires à l'alimentation végétale, tandis que les autres matières employées sous la dénomination d'engrais ne contiennent que quelques-uns de ces éléments.

Le fumier de ferme est l'engrais-type, par la raison que *tous* les matériaux pris au sol par la végétation s'y retrouvent, à très-peu près, et que par son emploi on restitue au sol une partie des éléments que la végétation lui a pris.

Rien n'est donc plus rationnel que de restituer à la terre, sous forme de fumier, ce qu'elle a donné sous forme de récolte, et soit que cette récolte s'appelle paille ou feuilles, soit qu'elle s'appelle laine ou viande, sang ou corne, puisqu'il y a dans ce fumier tous les éléments pour reconstituer de nouvelle paille, ou de nouvelles graines, ou de nouvelle laine, ou de nouvelle viande, ou de nouveau sang, ou de nouvelle corne, etc.

Toute la théorie de l'alimentation végétale et celle de la fabrication des engrais sont là, elles suffisent pour nous faire comprendre qu'en réalité nous ne produisons *rien* quand nous fabriquons des engrais ou quand nous faisons pousser du blé; que nous ne pouvons que réunir les matériaux et les grouper; que nous ne pouvons qu'aider les transformations en préparant le travail que la nature seule élabore à son gré, et que *rien* de ce qui est matériel, et dont nous n'avons ici-bas que la jouissance et l'usufruit, ne saurait être anéanti par nous, car quoi que nous fassions, la matière ne fait que changer d'état, de forme et de place.

Pour bien concevoir la manière dont les végétaux se nourrissent, il faut comprendre qu'étant dépourvus d'organes digestifs assez puissants pour pouvoir s'assimiler directement, comme les hommes et les animaux, les aliments solides que nous leur présentons, il faut de toute nécessité, comme nous le prouverons, que la matière se transforme en des produits plus simples, dans lesquels la partie nutritive des aliments acquiert la propriété de se dissoudre dans l'eau, comme nous en avons chaque jour l'exemple sous les yeux dans l'alimentation des enfants, ou mieux encore des malades auxquels un affaiblissement des organes digestifs ne permet pas de présenter des aliments solides, mais simplement les parties nutritives de ces aliments, à l'état de dissolution dans l'eau, comme le lait à l'égard des jeunes enfants, et les bouillons de viande à l'égard des malades.

Cette comparaison n'est pas absolue, en ce sens qu'elle ne sert ici qu'à exprimer l'idée de l'alimentation et non les moyens à employer pour y parvenir avec les végétaux. Nous voulons simplement dire qu'aucun corps capable de contribuer efficacement au développement des végétaux, ne peut parvenir dans l'organisme végétal qu'autant qu'il a éprouvé des modifications capables de le rendre soluble dans l'eau, du sein de laquelle les racines se chargent de l'extraire et de le charrier dans la séve, pour le faire servir à la constitution des plantes et à leur développement régulier.

Les végétaux ne sont que les instruments dociles de la Providence, des êtres passifs obéissant à cette volonté suprême et sans bornes qui les a si merveilleusement doués de la faculté de recomposer, pour nos besoins, les aliments et les matières premières qui nous sont nécessaires, et en prenant précisément les résidus de ces aliments.

Toute la science des hommes se borne donc, à l'égard de la production des récoltes, à réunir les matériaux épars de l'organisation végétale et animale, et à les confier à la terre. La Providence fait le reste, c'est-à-dire tout.

En résumé, l'intelligence du cultivateur et celle du fabricant d'engrais consistent à grouper *économiquement* les mêmes éléments que ceux existant dans le fumier de ferme, et à les réunir en un tout qui puisse convenir à toutes les terres et à tous les genres de culture, comme le fumier de ferme.

Donc, fabriquer sans les matériaux de la ferme un engrais ayant la même composition que le fumier proprement dit, le produire abondamment et économiquement, tel est le problème à résoudre.

§ II.

Composition et examen du fumier de ferme.

« L'économie agricole est à la fois un art
« et une science. Elle a pour base scientifique
« la connaissance des conditions de la vie des
« végétaux, de l'origine de leurs éléments et
« des sources de leur alimentation. »

J. Liebig.

Puisque notre but est de fabriquer un engrais ayant la même composition chimique que le fumier, ou au moins s'en rapprochant le plus possible, voyons d'abord de quoi celui-ci est composé.

M. Boussingault, l'un de nos chimistes-agronomes les plus éminents, auquel la science agricole doit de nombreux et utiles travaux, a choisi pour type du fumier de ferme, pris dans son état normal ordinaire, celui provenant de trente chevaux, trente bêtes à cornes et seize porcs.

Ce fumier a été parfaitement mélangé; il était à demi consommé par la fermentation, c'est-à-dire au point où la paille est en voie de désagrégation, mais l'échauffement produit par la décomposition la rend encore filamenteuse et molle.

Soumis à l'analyse, ce fumier a donné les résultats suivants :

Analyse A.

Humidité	75
Matières végétales et animales solubles dans l'eau. } Différents sels également solubles dans l'eau }	5
Matières végétales et animales insolubles dans l'eau. } Différents sels également insolubles dans l'eau. } Fibre végétale ou paille }	20
Ensemble	100

Avant de nous occuper de la nature de chacune de ces matières végétales et animales solubles et insolubles dans l'eau, et de ces divers sels solubles et insolubles, voyons si les autres analyses confirment bien celle de M. Boussingault; nous aurons ainsi une donnée certaine, un point de départ qui ne pourra nous laisser de doute sur la composition réelle du fumier.

M. Girardin, de Rouen, a publié dans son excellent petit *Traité des fumiers* le résultat des recherches auxquelles il s'est livré sur les fumiers de cheval, de vache, de mouton et de porc, afin d'en connaître la composition, et il a trouvé :

Analyse B.

	Vache.	Cheval.	Mouton.	Porc.
Humidité	79 724	78 36	68 71	75 00
Matières végétales et animales, solubles et insolubles, *agissant comme engrais*	16 046	19 10	23 16	20 15
Matières salines, solubles et insolubles, *agissant comme stimulant*	4 230	2 54	8 13	4 85
	100 000	100 00	100 00	100 00

Dans le fumier produit depuis six mois, M. Boussingault a trouvé :

Analyse C.

Humidité.		79 3	100
Matières organiques végétales et animales.	14 03	20 7	
Sels solubles et insolubles, et terres. . . .	6 67		

Le fumier pâteux, très-avancé et de couleur brun noirâtre, désigné ordinairement sous le nom de *beurre noir*, a été soumis à l'analyse par M. Braconnot, auquel il a donné les résultats suivants :

Analyse D.

Humidité.	72 20	100
Matières organiques végétales et animales, et sels solubles.	1 50	
Sels insolubles.	10 27	
Paille convertie en terreau.	12 40	
Matière tourbeuse très-divisée, analogue à la précédente.	3 60	
Perte à l'analyse.	0 03	

Un autre échantillon de fumier pris au moment où l'on allait l'épandre, a été analysé en Angleterre par Thomas Richardson, qui lui a trouvé la composition que voici :

Analyse E.

Humidité.			64 96
Matières organiques animales et végétales.			24 71
Matières minérales.	Sable.	5 20	10 33
	Sels solubles dans l'eau. .	1 34	
	Sels insolubles.	3 79	
			100 00

Il ressort donc de ces chiffres et de ces faits que le fumier de ferme ordinaire est un composé de différentes matières organiques végétales et animales plus ou moins humides, agissant *comme engrais*, dont les unes sont solubles et les autres insolubles dans l'eau, et de divers sels, agissant *comme stimulants*, et également solubles et insolubles dans l'eau.

Voyons maintenant comment se nomment ces différentes matières, et reprenons une autre analyse de M. Braconnot faite sur le *beurre noir* dont nous avons parlé ci-dessus.

Analyse F.

Humidité.	72	20
Sel ammoniacal, ou carbonate d'ammoniaque proprement dit (quantité variable, indeterminée) [1]. . .		
Sel double de potasse et d'ammoniaque résultant de l'union de ces substances avec l'humus ou partie soluble du terreau formée par la paille.	1	15
Matière grasse, cireuse, unie à la potasse et à l'ammoniaque.	0	08
Carbonate de potasse.	0	06
Autre sel de potasse, ou chlorure de potassium. . .	0	21
Pailles converties en terreau (ou humus proprement dit).	12	40
Matière tourbeuse très-divisée.	3	63
Carbonate de chaux, ou craie proprement dite. . . .	3	30
Phosphate de chaux (l'une des parties constituantes des os).	0	45
Sable quartzeux grossier.	5	00
Matière terreuse, indéterminée.	0	00
Sulfate et phosphate de potasse (traces).	0	00
Poids total des quantités indéterminées.	3	52
Total.	100	00 [2]

En résumé, il y a là :

1° De l'humus provenant de la décomposition des pailles, fourrages et litières, et qui est d'autant plus apte à se dissoudre dans l'eau, que sa décomposition est plus avancée ;

2° Quelques matières animales dont la décomposition facilitera également leur dissolution dans l'eau ;

3° Différents sels d'ammoniaque et de potasse, solubles ;

[1] C'est là une lacune fort regrettable.

[2] Que ceux de nos lecteurs qui entendent tous ces noms pour la première fois ne s'en effrayent pas ; nous en serons sobre, et nous avons à peu près prononcé tous ceux dont nous nous servirons.

4° Du carbonate de chaux ou craie 5° Du phosphate de chaux 6° Du sable ou silice proprement dite	insolubles dans l'eau pure, mais pouvant devenir solubles dans certaines conditions que nous examinerons plus tard.

7° Du sulfate et du phosphate de potasse, solubles ;

8° Et enfin quelques matières terreuses.

Ramenons le fumier à sa composition immédiate. Nous aurons : humus, matières animales et sels divers.

Si dans cet état on le chauffe au rouge, dans un creuset par exemple, il se brûle, s'enflamme comme le font toutes les matières organiques végétales ou animales, parce que *toutes* contiennent des gaz combustibles et du charbon, dans un état de combinaison qui est à très-peu près le même dans toutes les matières organiques, auxquelles le fumier appartient principalement.

Si donc le fumier est soumis à une haute température, il se décomposera et laissera pour résidu tout le charbon des matières végétales et animales dont il est composé ; et, en continuant à brûler ce charbon au contact de l'air, il laissera enfin un nouveau résidu, ou des cendres, pouvant résister aux températures les plus élevées.

M. Boussingault a dosé les quantités de cendres que donnait le fumier, et il a vu qu'elles s'élevaient à 6.70 pour 100 du fumier frais, ou 32.20 du fumier sec. Soumettant ces cendres à l'analyse, le savant chimiste y a trouvé les substances minérales suivantes :

Acides	Carbonique	20
	Phosphorique	30
	Sulfurique	19
Chlore		6
Silice, sable, argile		664
Chaux		86
Magnésie		56
Oxyde de fer		61
Potasse et soude		78
Total pour		1,000 parties.

D'où viennent tous ces matériaux? Du sol évidemment ; mais comme il ne pourrait en fournir indéfiniment, il faut donc lui en restituer le plus possible après chaque récolte, et les lui restituer *surtout* sous une forme qui permette aux plantes de se les approprier au profit d'une nouvelle récolte, qui fournira plus tard de nouveaux débris, condition essentielle pour rendre au sol sa fécondité. Et cela est si vrai, que si l'on examine la composition des céréales ou de tous les autres produits du sol, on y retrouve précisément chacun des éléments, chacun des matériaux composant le fumier de ferme, mais seulement dans des rapports et sous un état différent, c'est-à-dire sous une autre forme et avec un arrangement nouveau.

Prenons pour premier exemple une récolte de froment, et aidons-nous des recherches de M. Boussingault.

		Grain 100 kil.	Paille 200 kil. 75.	Plante entière. 300 kil. 75.
Matières organiques vegetales. . . .		97k 65	187k 57	285k 45
Matières salines inorganiques ou minérales.	Acide sulfurique.	0 02	0 08	0 10
	Acide phosphorique.	1 14	0 44	1 58
	Potasse.	0 72	1 28	2 00
	Soude.	traces.	0 04	0 04
	Chlore.	traces.	traces.	traces.
	Chaux.	0 07	1 18	1 25
	Magnésie.	0 39	0 68	1 07
	Silice.	0 03	9 42	9 45
	Fer et alumine.	0 00	0 14	0 14
Total.		100k 00	200k 75	300k 78

Ici, en effet, nous retrouvons bien tous les éléments du fumier de ferme, mais dans des rapports et sous un état différents, sous une autre forme et avec un arrangement nouveau ; or, il en est de même pour toutes les autres céréales et plantes alimentaires

Prenons un autre exemple :

		Luzerne.	Trèfle.	1 hectare de luzerne produit 80,000 kil. de fourrage.	1 hectare de trèfle produit 9,000 kil. de fourrage.
Matières organiques végétales.		94 067	93 795	75,255 6	8,441 55
Matières salines inorganiques ou minérales.	Acide sulfurique.	0 419	0 193	335 2	17 37
	Acide phosphorique.	0 314	0 513	251 2	46 17
	Potasse.	1 056	2 077	846 8	181 55
	Soude.	0 185	0 037	148 1	3 43
	Chlore.	0 272	0 216	217 6	19 44
	Chaux.	3 515	1 676	2,812 0	150 84
	Magnésie.	0 034	0 382	27 2	34 38
	Silice.	0 140	1 151	112 0	103 59
Total.		100 000	100,000	80,000 0	9,000 00

La seule différence qui existe est relative au fer et à l'alumine, que nous ne trouvons pas comme dans le froment. Les navets sont encore dans le même cas.

		Navet sec.	Navet frais.	Produit par hectare de 50,000 kil. de racines, et 75,000 pour la plante entière.
Matières organiques végétales.		92 618	99 410	74,557 50
Matières salines inorganiques ou minérales.	Acide sulfurique.	0 191	0 017	12 75
	Acide phosphorique.	1 232	0 108	81 00
	Potasse.	3 550	0 310	232 50
	Soude et chlore uni à la soude.	1 082	0 070	52 50
	Chaux.	1 038	0 068	51 00
	Magnésie.	0 175	0 011	8 25
	Silice.	0 094	0 006	4 50
Total.		100 000	100 000	75,000 00

Constatons en passant que la matière organique végétale des récoltes forme les 95/100ᵉ de celles-ci, et que les matières salines ou minérales ne représentent guère que 5 pour 100 du poids des végétaux.

Chacune des analyses que nous venons de passer en revue nous indique donc, avec une certitude rigoureuse, que les matières minérales des fumiers se retrouvent dans tous les produits de la végétation, et que celle-ci ne prend réellement, sauf quelques rares exceptions, que les matériaux dont elle a besoin, et dans les rapports qui conviennent à l'organisation de chaque végétal en particulier.

Ce premier point établi, voyons de quoi se composent les matières organiques végétales et animales du fumier, afin de pouvoir nous rendre compte de leur utilité.

Les végétaux appartenant essentiellement au règne organique, on comprend que c'est principalement dans les débris du même règne qu'ils peuvent puiser leurs principaux aliments. L'humus, qui n'est autre chose que du bois pourri rendu soluble dans l'eau, sert à reconstituer la fibre ligneuse des végétaux, c'est-à-dire leur charpente, leur bois proprement dit. C'est qu'en effet il y a là tous les éléments constitutifs du bois, qui n'a fait que se modifier, que changer de forme et d'état, mais auquel l'action vitale de la végétation va rendre son organisation primitive, afin de la faire servir à nos besoins.

Les matières animales du fumier proviennent des déjections solides et liquides des animaux ; et toute leur importance, ainsi que leur valeur agricole, réside dans l'azote qu'elles renferment. Malheureusement, ce mot azote n'a encore, pour un très-grand nombre de cultivateurs, qu'une signification et une valeur mal définie. Pourtant, toute la puissance végétative des fumiers et des engrais est là, et c'est en faisant passer l'azote des engrais dans les récoltes que la végétation donne à celles-ci *toute* leur valeur alimentaire. L'histoire entière de la végétation et celle de la vie animale sont donc là, car c'est là qu'est l'agent nourricier des hommes et des animaux, bien que son nom signifie précisément le contraire. Privez les fumiers et la terre de l'azote que contiennent leurs matières organiques, et il n'y aura pas de végétation, de fructification surtout. Enlevez aux aliments des hommes et des animaux l'azote qu'ils renferment, et tous périront.

Ce premier exposé, sur lequel nous allons bientôt revenir avec tous les développements nécessaires, doit suffire pour nous faire comprendre toute l'importance que mérite l'étude des matières organiques du fumier et des engrais, dans lesquelles nous trouvons principalement l'azote et l'humus, qui prennent une si grande part à l'acte de la végétation et au développement de l'organisation végétale.

En effet, il ne suffit pas de connaître le mode d'action général de ces deux corps, mais bien l'action particulière qu'ils exercent dans chacune des circonstances où ils se produisent, puisqu'ils se comportent différemment selon la nature des matières qui les ont produits, et selon l'état dans lequel celles-ci se trouvent. Ainsi, chaque praticien sait que les excréments du cheval n'agiraient pas de la même manière que les excréments du porc; les excréments des moutons n'agiront pas de la même manière que ceux du bœuf, en tant que rapidité d'action, en tant que décomposition lente ou accélérée; et même le régime alimentaire de chaque espèce d'animal aura également son influence sur la manière d'agir des déjections qui en proviendront, suivant que les aliments étaient ou secs ou aqueux, c'est-à-dire ne retenant que peu ou beaucoup d'eau.

En un mot, chacune de ces déjections produira des *engrais chauds* ou des *engrais froids*; les premiers se décomposant rapidement et n'ayant qu'une durée passagère; les seconds se décomposant au contraire avec bien plus de lenteur, mais ayant une durée beaucoup plus grande.

Sauf quelques cas, tout à fait exceptionnels, ni l'un ni l'autre de ces engrais ne sauraient suffire, dans toutes les circonstances, au développement régulier de la végétation, ainsi que nous le verrons dans le cours de cet ouvrage. Or, c'est précisément parce que le fumier de ferme est un mélange d'engrais chauds et d'engrais froids, qu'il participe des qualités de l'un et de l'autre, qu'il constitue un *engrais mixte* proprement dit, et qu'il est doué de propriétés essentielles qu'aucun autre engrais ne possède au même titre que lui. C'est principalement à cause de cette double faculté que le fumier de ferme s'applique si bien partout, qu'il donne d'aussi bons résultats dans la majorité des cas, avec la généralité des terres et avec les différents systèmes de culture.

Le fumier coûte généralement de 10 à 15 fr. la voiture de 2,000 kilogrammes, soit en moyenne 12 fr. 50 ou 6 fr. 25 les 1,000 kilogrammes.

Mathieu de Dombasle, le grand maître en matière d'agriculture appliquée, estimait le fumier à 6 fr. 70 les 1,000 kilog. M. de Gasparin le compte à 6 fr. 66, M. Girardin à 6 fr. 25, et M. Rudolfi à 6 fr. 80. La moyenne est donc de 6 fr. 60, et ce chiffre servira de base à tous nos calculs et à nos évaluations comparatives avec les autres engrais.

« Ce qui caractérise le fumier, c'est qu'il est un engrais *complet*, dit M. Malaguti dans son *Cours de chimie agricole ;* s'il n'est pas riche de tous les éléments nécessaires au développement des plantes, il n'en est pas dépourvu d'un seul; au surplus, il apporte, à la terre un aliment de fertilité, l'humus, qu'aucun autre engrais ne peut apporter au même degré. »

Le fumier de ferme n'est donc pas seulement l'engrais-type parce qu'il est le seul véritablement *complet* et contenant tous les éléments que les récoltes prennent au sol, mais encore et surtout parce qu'il constitue un engrais *mixte*, participant de chacune des propriétés des engrais chauds et des engrais froids, qui *seuls* peuvent satisfaire au développement régulier de la végétation et la suivre dans toutes ses phases, ainsi que nous le verrons bientôt.

La réunion de ces deux qualités essentielles place le fumier de ferme hors ligne et en premier rang, et nous pensons qu'on ne l'a généralement pas assez envisagé à ce double point de vue.

Telles sont les considérations fondamentales sur lesquelles nous avons jugé rationnel et prudent d'asseoir l'idée d'une fabrication d'engrais, avec la certitude de ne rien donner au hasard, puisqu'à l'égard de la composition, du mode d'action et des qualités du fumier de ferme, l'expérience de plusieurs siècles a prononcé, et que cette manière d'envisager la question des engrais n'est en réalité que la déduction logique et la conséquence naturelle des faits révélés par l'observation.

Quoi qu'il en soit, constatons, ainsi que nous le prouverons bientôt, qu'aucun des principaux engrais du commerce ne satisfait aux deux conditions essentielles que nous trouvons réunies dans le fumier de ferme, car aucun d'eux ne constitue un engrais mixte proprement dit; chacun d'eux est en outre incomplet, parce que l'humus fait entièrement défaut, et que, dans le plus grand nombre de cas, ce ne sont en réalité que des engrais froids incomplets, ou des engrais chauds incomplets, tandis que, lorsqu'on envisage le fumier de ferme avec les qualités d'un engrais complet, on trouve qu'il a de plus, sur tous les autres sans exception, l'avantage d'ameublir le sol, de le diviser, de le rendre plus facilement perméable à l'air et aux rayons calorifiques du soleil. Sous ce rapport, *aucun* autre engrais ne rivalisera jamais avec lui, mais il faut bien le dire aussi, toutes ces qualités précieuses sont accompagnées de quelques défauts que nous devons signaler en passant. Le premier et le plus grave de tous à notre avis, c'est d'être peu riche sous un poids et sous un volume considérables; de fournir en outre, avec le froment principalement, beaucoup plus de paille que de grain, toute proportion gardée, et d'apporter trop souvent à la terre des graines diverses qui envahissent le sol, s'y développent aux dépens des récoltes et se retrouvent plus tard mélangées aux produits obtenus.

Si les engrais du commerce offrent l'inconvénient de ne pas ameublir le sol comme le fumier, en retour, ils sont beaucoup plus riches que celui-ci sous un même poids, et rendent de véritables services là où les transports des fumiers sont très-difficiles, dans les côtes par exemple, où les engrais sont souvent transportés à dos de mulet, mais principalement là où la distance éloignée de la ferme et l'absence de chemins praticables ne peut permettre de transporter économiquement des fumiers. De même encore dans les exploitations naissantes, ou dans celles dont l'étendue disproportionnée ne comprend qu'une quantité de bétail insuffisante pour les besoins de la culture. Or, ces ceux derniers cas ne sont malheureusement que trop nombreux.

En résumé, si nous voulons puiser à des sources nouvelles et réunir chacun des éléments qui composent le fumier de ferme, afin de nous rapprocher le plus possible de la composition immédiate de celui-ci, nous devrons rechercher :

1° Les matières organiques de nature animale dans lesquelles l'azote se trouve abondamment, et sous différents états qui puissent nous permettre d'obtenir à volonté un engrais mixte analogue au fumier de ferme.

2° D'autres matières organiques de nature végétale appelées à fournir l'humus nécessaire.

3° Des sels ammoniacaux.

4° Du phosphate de chaux.

5° Des sels de potasse et de soude.

6° Différents sels de chaux.

7° Des sels de magnésie.

8° De la silice.

9° De l'alumine, etc.

En un mot, chacun des éléments, chacune des substances qui composent le fumier de ferme, et dont nous retrouverons la présence dans les récoltes, mais sans oublier que nous devrons surtout nous attacher à les obtenir dans l'état où ils existent dans le fumier de ferme, car il ne suffit pas que les plantes les trouvent dans le sol, pour qu'elles puissent s'en nourrir, mais il faut encore « que leur état, leur association, leur abondance relative leur permettent de s'emparer « de ceux qui leur sont convenables, sans que d'autres principes « viennent en détruire l'effet, en empêchant ou contrariant les « nouvelles combinaisons qui se passent dans l'intérieur des végétaux, et deviennent des poisons pour certaines espèces, tout « en étant salutaires ou indifférentes pour d'autres [1]. »

Nous allons examiner en particulier chacun de ces corps dont l'étude est *indispensable*, puisqu'elle nous rendra compte des

[1] De Gasparin, *Principes d'agronomie*, p. 199.

propriétés particulières, de l'utilité directe et de l'importance réelle de chacun d'eux à l'égard du développement des végétaux, et que nous verrons en même temps comment on peut se procurer économiquement chacun de ces composés.

Mais avant d'aborder cet examen, et afin d'en apprécier plus sûrement l'importance, nous allons jeter un coup d'œil rapide sur les inconvénients résultant de l'emploi d'engrais incomplets, afin de nous bien pénétrer de l'absolue nécessité de ne fabriquer et de n'employer au contraire que des engrais complets.

§ III.

Épuisement du sol par les engrais incomplets. — Nécessité des engrais complets.

« Nous devons nous préoccuper beaucoup de
« l'état des corps considérés comme engrais. »
De Gasparin.

Dans tout travail qui a pour objet la production d'une richesse quelle qu'elle soit, c'est commettre une grande faute que de n'envisager les questions qui s'y rattachent qu'au point de vue scientifique ou technologique, sans se préoccuper du point de vue économique.

Pour nous, la terre n'est pas seulement un instrument, mais aussi un capital, et elle ne doit pas être envisagée comme une chose passive pouvant simplement transformer une matière organique devenue inutile, en une autre matière organique de première nécessité, ou en d'autres termes de l'engrais en froment, en vertu de telles et telles lois physiologiques, physiques ou chimiques ; c'est encore et surtout un capital éminemment productif, dont la valeur échangeable s'accroît ou s'amoindrit selon que sa fertilité augmente ou diminue. La terre en un mot, c'est le capital du cultivateur, et tous ses efforts doivent tendre à faire produire le plus possible à ce capital, sans l'amoindrir, c'est-à-dire en lui conservant sa valeur primitive, et même en l'augmentant de plus en plus, afin d'accroître chaque année la somme des produits et des profits, puisque les frais généraux de culture, façons et semences, sont les mêmes pour une terre de peu de rapport que pour une terre très-productive.

« Le sol, » dit avec raison M. Grandvoinnet, de Grignon, dans son *Agriculteur praticien*, « doit être considéré comme un capital qui ne doit jamais être *entamé*, et qu'au contraire on doit accroître en valeur par la culture. »

Quelle que grande que soit la fertilité d'un terrain, il ne saurait produire indéfiniment, puisque, comme l'analyse nous l'a appris, chaque récolte enlève au sol des valeurs considérables qui diminuent d'autant la richesse accumulée de ce terrain.

Dire qu'une récolte n'a coûté que le prix des semences et des façons parce que la fécondité du sol a permis de se passer d'engrais, c'est une erreur, et une erreur grave; elle a coûté en plus la valeur de tous les agents nourriciers et fécondants pris au fond de terre, qui en est appauvri d'autant; et le capital représenté originairement par ce sol a réellement perdu une valeur au moins égale à celle qui lui a été enlevée.

Il ne faut donc pas oublier que les terres les plus riches ne peuvent conserver toute leur valeur qu'autant qu'on restitue au sol au moins autant d'éléments fertiles que ceux que les récoltes lui enlèvent, et se bien pénétrer l'esprit que tous les engrais incomplets sont une source de graves mécomptes, en ce sens qu'on leur attribue trop généralement des effets ou des rendements qu'on n'obtient le plus souvent qu'aux dépens des terres et au prix de leur fertilité, parce que les végétaux sont forcés de prendre au sol les éléments qui manquent à ces mêmes engrais. Ce n'est plus produire alors à l'aide du capital roulant affecté aux récoltes, c'est s'attaquer au fonds, à ce capital qu'on appelle la terre; c'est amoindrir chaque jour sa valeur, et c'est se faire une étrange et dangereuse illusion que de se dire à la fin de l'année : mon capital m'a rapporté tant, sans tenir compte de combien ce même capital a été attaqué. Tôt ou tard il faudra certainement des sacrifices énormes, beaucoup de temps et des efforts nombreux pour rendre à la terre sa fertilité primitive ; en un mot, il faudra de nouveaux capitaux pour rendre au capital, qui s'appelle la terre, sa première valeur.

Il y a donc là un danger réel, sérieux, et nous pensons que les conséquences qui peuvent en résulter sont assez graves pour que chacun comprenne combien il est important de n'employer que des engrais complets, et avec quelle réserve on doit faire usage de ceux qui ne le sont pas.

Voyons quelques exemples, et laissons parler les faits.

Aujourd'hui, on fait merveille avec les terrains récemment défrichés de l'Algérie, et dans quelques années nous y verrons bien certainement des prodiges, parce qu'il y a là une richesse accumulée qui est considérable, et de laquelle nous expliquerons plus tard l'origine. C'est ainsi que déjà, à l'Exposition française de 1849, chacun a pu admirer deux tiges de blé dont l'une portait 122, et l'autre 152 épis, et des grains d'orge ayant produit jusqu'à 312 épis. Et ce n'est pas là un fait nouveau pour l'Algérie, car Pline a rapporté que l'empereur Auguste reçut un jour de ce pays, en un seul pied, une gerbe de froment composée de 400 tiges. Une autre gerbe, produite également par un seul grain ayant fourni 360 épis, fut offerte à Néron, etc.

Ce sont là assurément de fort jolis résultats, et on les trouvera sans doute plus beaux encore quand nous aurons ajouté qu'en Algérie on ne connait pas le fumier. Mais il n'y a pas d'illusions à se faire sur ce point : La Sicile fut aussi le grenier d'abondance de Rome, et depuis longtemps cette riche fertilité s'est singulièrement amoindrie.

A une époque, assez reculée déjà, le sol de la Virginie offrait les mêmes exemples de fertilité que notre Afrique française, mais depuis longtemps l'ignorance a laissé gaspiller les trésors de fécondité que la Providence avait accumulés en Virginie, et aujourd'hui l'épuisement est devenu tel, qu'il est impossible de cultiver sur ces terres ou du tabac ou des céréales. Or, tout ceci prouve bien évidemment que ce n'est pas seulement en tant que volume, en tant que masse, que la terre a une valeur, mais bien en tant que fécondité acquise, que richesse accumulée intimement liée au sol, et tenue là en réserve comme un capital précieux.

Donc, du fumier et toujours du fumier, ou bien des engrais ayant la même composition, c'est-à-dire des engrais *mixtes et complets.*

Passons à des faits d'un autre ordre, mais toujours au point de vue des éléments à restituer au sol, et des dangers résultant de l'emploi des engrais incomplets.

« On assure avoir observé que les prairies consacrées depuis « longtemps aux vaches laitières, et qui sont dépouillées de phos« phates par l'exploitation de leur lait, qui en contient beau« coup, s'appauvrissent graduellement et finissent par devenir « stériles [1]. »

« A Bingen, sur le Rhin on avait obtenu des résultats fort « avantageux pour la vigne en faisant usage d'un engrais de ro« gnures de corne; mais, après quelques années, le rapport des « feuilles et du bois, le rendement de la vigne en général dimi« nuèrent, au grand détriment du propriétaire, et il eut bien sujet « de se repentir de s'être écarté du mode de fumure usité dans « ces pays et reconnu pour y être le meilleur. Par l'emploi des « rognures de corne, la vigne avait été surexcitée dans son déve« loppement; dans deux ou trois ans, toute la potasse, qui en « aurait assuré l'existence future, avait été ainsi consommée par « la formation du fruit, des feuilles, du bois que l'on enlevait au « vignoble sans la remplacer, puisque l'engrais qu'on y amenait « ne contenait pas de potasse [2]. »

Voilà des faits. Prenons des chiffres sans nous préoccuper,

[1] De Gasparin, *Principes d'agronomie*, p. 43.

[2] J. Liebig, *Chimie appliquée à la physiologie végétale et à l'agriculture*, 2e édition, p. 108.

quant à présent, des choses qu'ils désignent, et en ne considérant que les chiffres en eux-mêmes.

Dans une luzerne citée par Crud, quatre années ont fourni :

Humus consommé, ensemble.	35k500	d'azote.
5 Années de pluie. —	27 200	
Folioles ou débris de récoltes.	285 600	—
Fumier employé, ensemble.	224 000	—
Total de l'azote.	571k700	

« La somme des récoltes a été de 44,020 kilog. de foin, dosant « avec les racines 983 kilog. d'azote. Ainsi donc, *il y a eu 421 ki- « log. d'azote enlevés aux matières organiques du sol*[1]. » Le savant agronome conclut en disant « qu'il y a un degré de vigueur « qui détermine les plantes à puiser dans le sol une quantité « d'azote supplémentaire *considérable*, » et le fait traduit ici en chiffres le prouve surabondamment.

D'un autre côté, les expériences si instructives de M. Kuhlmann sur le rôle que jouent les engrais fortement azotés et sur les avantages qu'ils peuvent offrir à l'agriculture l'ont amené à conclure que tous laissent le sol plus épuisé après les récoltes que s'il avait reçu la même quantité d'agents fécondants à l'état d'engrais complets; et qu'enfin les engrais énergiques très-azotés avaient pour effet de déterminer immédiatement une surexcitation dans la végétation, mais aux dépens des récoltes suivantes. Ici nous ne pouvons qu'énoncer sommairement, mais nous reviendrons plus tard sur chacun de ces faits.

Ces conclusions, basées sur des résultats comparatifs d'une grande exactitude, ont une très-haute portée, car nous n'avons que trop d'engrais capables de provoquer ce degré de vigueur, dont la conséquence est d'enlever au sol une quantité considérable de richesse accumulée, et de produire des récoltes non plus alors avec le capital dépensé en achat d'engrais, mais avec le capital même qui constitue toute la valeur du fond de terre, et en « épuisant le sol de sa richesse latente. »

[1] De Gasparin, Œuvre précitée, p. 113.

Avant de conclure, recherchons les faits capables de bien nous éclairer sur l'importante question des engrais incomplets, l'une des plus graves assurément qui doive préoccuper l'agriculteur et le fabricant d'engrais, et laissons encore parler M. de Gasparin, qui a beaucoup vu et beaucoup observé.

Si dans les terres fortement calcaires du centre du département de Vaucluse on fume chaque année avec du tourteau, les terres *s'effritent*, c'est-à-dire qu'elles perdent graduellement l'humus de leur terreau et finissent par devenir peu sensibles à l'effet des tourteaux. Mais si à deux fumures de tourteaux on fait succéder une fumure de fumier de ferme, ou que chaque fumure soit combinée de manière que le tourteau fournisse les deux tiers des matières albuminoïdes, et le fumier de ferme le tiers seulement, alors l'équilibre est au moins rétabli entre la consommation et la restitution, et les terres conservent leur fertilité [1].

Déjà M. de Gasparin s'exprimait ainsi en 1846, dans un travail remarquable sur la *culture de la garance* : « Le tourteau n'est pas par lui-même un engrais complet comme le fumier ; quand on persiste à l'employer seul, les récoltes baissent sensiblement et cessent d'être en rapport avec l'élément azoté [2]. »

Ainsi, dans le premier cas, celui des engrais énergiques, il y a un degré de vigueur, une espèce de surexcitation vitale qui épuise la terre en lui enlevant sa fécondité naturelle. Dans le second cas, il y a épuisement du végétal, par suite d'une alimentation incomplète. Et chacun se demande d'où viennent les maladies des végétaux !

M. de Gasparin lui-même reconnait que nous en sommes souvent à ne pas nous expliquer les bizarreries que présentent les récoltes, dont l'abondance ou la misère ne semblent pas s'accorder avec les saisons qu'elles ont traversées et le traitement cultural qu'elles ont reçu [3].

Poursuivons toujours.

[1] De Gasparin, Œuvre précitée, p. 127.
[2] *Journal d'agriculture*, 2e série, t. IV, 1846-1847, p. 643.
[3] *Principes d'agronomie*, p. 200.

« Quand l'équilibre est trop fortement rompu, quand le déficit « de quelques-uns des principes nécessaires est trop marqué, « alors la plante ne mène qu'une vie pénible et imparfaite. La « nature a de grandes ressources pour la conservation des es- « pèces ; elle amoindrira tous leurs organes, les rendra chétifs « pour arriver à produire quelques semences ; on aura l'espèce, « le végétal, on n'aura plus le produit [1]. »

On ne saurait donc méconnaître l'utilité, la nécessité d'employer des engrais complets, à peine de voir la végétation s'attaquer à la richesse latente du sol, et amener graduellement son épuisement ; en un mot, sans perdre cette *vieille graisse* des praticiens allemands, et sans appauvrir la terre. Or, quelle que soit la nature des engrais achetés en dehors de la ferme, nous ne trouvons pas un seul engrais complet ni un seul engrais mixte, mais uniquement des engrais chauds ou des engrais froids, dont voici un premier aperçu, et sur chacun desquels nous reviendrons en détail.

Engrais chauds.	Engrais froids.
Guano.	Chiffons et déchets de laine.
Poudrette.	— — de soie.
Urine desséchée.	Cheveux.
Sang.	Crins.
Chairs.	Cornes.
Cretons.	Ergots.
Insectes.	Rognures de cuir.
Poissons et débris en provenant.	Os.
Résidus de fabrication de gélatine.	Poils.
Vidanges et eaux vannes en provenant.	Sabots de chevaux.
Tourteaux de graines.	Plumes.
Sels ammoniacaux et nitrates.	
Eaux ammoniacales.	

Tous peuvent rendre de grands services, car chacun d'eux possède une richesse agricole considérable ; mais, envisagés isolément, ils ne peuvent certainement qu'amener de graves mécomptes, car tous sont incomplets. Employant les uns et les

[1] De Gasparin, Œuvre précitée, p. 119.

autres avec discernement, c'est-à-dire dans des rapports convenablement déterminés et en faisant usage de bonnes méthodes, on peut assurément en obtenir d'excellents résultats, et se procurer, à l'emploi, plus de profits qu'avec le fumier, mais à la condition *expresse* d'y adjoindre tous les principes qui leur manquent et dont la végétation ne saurait se passer.

Les inconvénients des engrais chauds sont nombreux, et nous allons sommairement en indiquer quelques-uns, sauf à y revenir avec plus de détails lorsque nous serons plus avancés dans l'étude de chacun des éléments qui doit entrer dans la composition des engrais, et dont l'ensemble constitue toute la valeur agricole des fumiers.

Le premier, et le plus grave de ces inconvénients, est que les engrais chauds s'épuisent beaucoup trop vite; c'est qu'ils accélèrent la destruction des matières organiques du sol qui peuvent seules fournir aux végétaux l'humus qui leur est absolument indispensable; c'est qu'une saison pluvieuse, ou quelques pluies torrentielles, leur enlèvent plus de la moitié de leurs principes utiles, pour les porter en pure perte dans les profondeurs du sol avant que les végétaux aient pu en profiter, et que plus tard la végétation manque d'aliments; c'est que non-seulement ils demeurent complétement inertes dans les saisons sèches, mais encore qu'une partie de leur ammoniaque, si volatile et renfermant l'azote, se répand en pure perte dans l'atmosphère, etc.

§ IV.

Aperçu général sur l'emploi du guano, des poudrettes et autres engrais incomplets.

> « Le privilége de la véritable indépendance
> « est de n'avoir jamais d'autre intérêt que
> « celui de la vérité, sans restrictions et sans
> « conditions. »

Les reproches graves que nous venons de formuler s'adressent précisément aux engrais les plus généralement employés aujourd'hui, c'est-à-dire au guano et à la poudrette, qui n'ont jamais été que des excitants énergiques — beaucoup trop énergiques — et qui, jamais dans leur état actuel, ne constitueront des engrais complets.

Nous ne méconnaissons pas les services qu'ils ont pu rendre et le parti qu'on a pu en tirer dans des circonstances particulières, mais nous disons qu'à cet engouement — ou plutôt à cet entraînement général vers le guano — succéderont tôt ou tard des déceptions et des mécomptes nombreux, car ce n'est pas en vain qu'on enlève au sol sa richesse acquise.

Déjà de graves symptômes se sont manifestés, et l'agriculture entière devra de la reconnaissance à ceux de ses disciples les plus clairvoyants qui lui signaleront les mécomptes observés et les dangers de l'avenir.

Voyons d'abord les opinions de différents agriculteurs praticiens, sur chacun des points que nous venons de mettre en évidence :

« J'ai beaucoup employé le guano, je m'en suis servi pour « toutes sortes de cultures; j'ai reconnu que, malgré son prix « élevé, c'était l'engrais le plus riche et le plus économique; « mais je dois dire aussi qu'il a peu de durée : son effet, comme « celui des poudrettes, est à peine sensible les années suivantes. « 300 kilog. à l'hectare, environ, et selon la fertilité du sol, don« nent plus que 60,000 kilog. de bon fumier; mais il faut avouer « que le sol est loin d'acquérir la même fertilité pour les récoltes « suivantes. » E. Jamet, agriculteur à Château-Gonthier, *Journal d'agriculture pratique*, octobre 1846 à décembre 1847, p. 610.

Avant d'aller plus loin, faisons observer une dernière fois que nous ne contestons pas au guano ou à la poudrette le pouvoir de faire produire d'abondantes récoltes; seulement, nous disons que cette abondance est prise au sol lui-même; et que, dans l'évaluation du prix de revient des récoltes obtenues, on oublie de mettre en ligne de compte les valeurs prises à la terre par les récoltes. C'est très-bien de produire beaucoup, mais il faut savoir combien on a dépensé pour obtenir un résultat déterminé. Là est toute la question. Nous allons voir, d'ailleurs, si les résultats obtenus par d'autres praticiens éclairés nous donnent gain de cause, c'est-à-dire si nous avons tort de maintenir que l'emploi du guano ou des poudrettes, ou de tout autre engrais incomplet, n'a pas pour résultat final d'épuiser le sol de la richesse latente qui constitue sa fécondité, et par conséquent sa valeur.

« Il y a en Saxe des fermes qui n'ont aucun bétail, qui même « font labourer leurs terres par des étrangers, et ne fument « qu'avec du guano. Il y en a où cela dure depuis plus de dix « ans. Mais un cultivateur de ce pays nous avoue que l'on est « dans la nécessité d'augmenter la quantité de guano, dans les « fermes qui l'emploie exclusivement. Au lieu de 400 kilog. que « l'on employait par hectare, on doit aujourd'hui en répandre « 600 kilog., pour obtenir les mêmes résultats qu'autrefois. *Ces « faits sont assez intéressants pour qu'on appelle sur eux l'at- « tention des agriculteurs.* »

Ces paroles sont de M. Villeroy, agriculteur à Rittershoff, et l'un des correspondants les plus estimés du *Journal d'agriculture*, auquel nous venons d'emprunter cette citation. (Année 1856, p. 35).

Le guano compte aujourd'hui de nombreux amis; mais l'agriculture a aussi les siens, et nous croyons qu'il y a lieu d'établir une assez grande distinction entre les uns et les autres, car si l'enquête particulière à laquelle nous avons commencé à nous livrer avec quelque succès ne nous permet pas encore de nommer les premiers, nous pouvons du moins désigner hautement les seconds.

M. G. de Labaume, président de la Société d'agriculture du Gard, et également président de la Cour impériale de Nîmes, a aussi fourni sa part d'observations pratiques sur le sujet qui nous occupe, en portant à la connaissance du monde agricole les faits suivants, au sujet d'un engrais belge.

« Tous ces engrais hâtifs exercent sur la végétation une action « violente et rapide, qui leur permet de s'emparer subitement « des principes les plus cachés de la fertilité naturelle du sol;

« mais après cette secousse, que le sol ne saurait supporter plus « d'une fois ou deux, il retombe sans force et sans vigueur dans « un état d'épuisement presque absolu, que le fumier de ferme « est seul capable de faire cesser.

« Et voilà ce qui caractérise d'une manière spéciale l'action « de cet agent principal de tous les véritables succès agricoles : « il excite et n'épuise jamais....

« Appuyé sur la pratique, je conteste même à l'urine humaine, « que l'on considère cependant comme un engrais excellent, « mais qui, elle aussi, a le tort de n'être pas un engrais com- « plet, les avantages que lui ont trop libéralement accordés des « agronomes un peu trop chimistes.

« Un de mes bons collègues de la Société d'agriculture du « Gard, dont le zèle et l'administration agricoles ont mérité les « éloges et les récompenses décernés par la Société, s'est rendu « depuis longtemps adjudicataire des urines provenant des ca- « sernes de Nîmes et de Lunel. Ces liquides, doués d'une grande « activité, ont produit d'abord une excitation violente, et, quand « ses blés ne versaient pas, ils étaient d'un rendement considé- « rable. Mais cet effet ne se manifestait guère qu'une fois, et « une nouvelle aspersion du liquide sur le même champ ne « pouvait pas même parvenir à lui rendre sa fertilité primitive. »

De son côté, M. Puvis, ancien officier d'artillerie, ancien député, correspondant de l'Institut, a rapporté les faits suivants dans son excellent *Traité des amendements*, page 528. « Nous « avons dit précédemment que les engrais perazotés épuisaient « le sol ; ces faits résultent de l'expérience de pays entiers qui « avaient espéré trouver dans ces engrais une source intarissable « de fécondité nouvelle. Une partie de la Provence et particu- « lièrement les environs de Marseille, pays de grande fabrication « d'huile et de grands besoins d'engrais, avaient recouru avec « grand empressement à leur emploi ; placés sur les bords de la « mer, ils avaient fait venir, dans les mêmes vues, de grandes « masses de guano ; mais avec l'emploi répété de ces engrais, on « a vu leur effet sur le sol diminuer successivement, et la terre,

« après quelques années de production, arriver même à un fâ-
« cheux état d'épuisement.

« On a cherché à se rendre raison de ces effets, et des agronomes dévoués, par des expériences nombreuses et répétées, « sont arrivés à préciser les effets produits... MM. de Villeneuve, « à Roquefort; Debec, à la ferme de Montaurone; Planche, directeur des *Annales de Provence* à Cousin, en comparant les « produits de lots égaux d'un même sol non fumé, fumé avec « les engrais d'étable, toujours riches en humus, et les engrais « perazotés, se sont assurés d'une manière précise que les guanos « d'Afrique et du Pérou, les tourteaux de lin, de colza, de sésame, d'arachide, etc., laissent le sol, après une abondante « récolte, plus pauvre qu'il n'était avant; que lorsqu'on réitère « leur emploi, le produit s'amoindrit successivement; enfin, que « le sol finit par s'épuiser...

« Et puis, leur effet est à peine sensible lorsqu'on les emploie « sur un sol qui renferme peu ou point d'humus, et il est d'autant plus avantageux qu'il en contient une plus grande proportion... Il suffit de quelques circonstances atmosphériques « peu favorables pour que leur effet devienne peu sensible, et que, « par exemple, s'ils reçoivent la pluie quelque temps avant la « semaille, ou si, répandus sur le sol ils essuient une sécheresse « de quelque durée, ils perdent leur action sur la récolte; leur « puissance éphémère se caractérise d'une manière spéciale par « un résultat bien remarquable, c'est que, lorsqu'on les donne « en trop petites doses, ils n'agissent que sur les premiers développements de la plante, qu'on voit plus tard faiblir au moment le plus essentiel, celui de la fructification; leur principe « fécondant spécial, l'azote, s'évapore avec une grande facilité, « et on ne doit pas s'étonner s'ils sont sans effet sur la deuxième « récolte, puisqu'ils peuvent quelquefois laisser la première à « moitié chemin; et cependant la récolte de la première année « est loin de s'assimiler tout l'azote qu'ils contiennent : car il « s'en dissipe une partie en pure perte. »

Il est impossible de donner des conclusions plus justes et mieux

motivées à l'égard des guanos et des poudrettes, et ces faits sont trop graves et ils émanent d'hommes d'une trop grande notoriété pour ne pas amener des réflexions sérieuses dans l'esprit de ceux qui ont suivi l'entraînement général. D'ailleurs, l'expérience de tous les jours vient confirmer de nouvelles déceptions; et aujourd'hui un assez grand nombre d'agriculteurs éclairés renoncent à l'emploi des guanos, aussi bien en France qu'en Angleterre, et quoi qu'en puissent dire des hommes intéressés à affirmer le contraire. Mais nous y reviendrons, et nous prouverons ce que nous avançons ici. En attendant, laissons parler un autre agriculteur praticien de Clermont-Ferrand, qui a su observer et conclure à l'égard des engrais incomplets en général, et du guano en particulier :

« Le guano, de même que tous les engrais pulvérulents, a pour « destination en agriculture d'exciter, pendant un temps très-« limité, la végétation des plantes légumineuses, et surtout celle « des graminées. Son effet est donc très-borné, et c'est pourquoi « il m'a toujours paru convenable et sage de ne l'employer que « dans les récoltes dérobées ou intermédiaires.

« Il n'est pas vrai de dire, d'une manière exclusive, comme je « le remarque *dans plusieurs publications*, que l'application de « cet engrais à toute récolte et en toute circonstance de climat « et de terrain, soit une opération avantageuse pour le cultiva-« teur. Au contraire, l'action du guano dans certaines terres « légères et siliceuses est plutôt nuisible que favorable à la vé-« gétation, et je m'explique ceci par la puissance même de ce « stimulant, qui, ne trouvant pas dans ce cas assez de matières « organiques dans le sol susceptibles d'être rendues assimilables, « brûle et détruit presque entièrement les récoltes.

« Des exemples de ce que j'avance se produisent *journellement* « dans les contrées pauvres de la Bretagne. Ainsi, un fermier, « par exemple, à l'expiration de son bail, pour faire croire à son « propriétaire qu'il a amené sa terre à un haut degré de fécon-« dité, y appliquera une forte dose de guano. Si c'est un pro-« priétaire, et qu'il veuille vendre sa propriété, il fera encore

« répandre une bonne couche de cet engrais stimulant sur ses « prairies ainsi que sur ses céréales, afin de donner au sol *une « apparence* de richesse qu'il est loin de posséder réellement. »

Voilà de bonnes et utiles vérités, de sages enseignements que personne ne devrait méconnaître, et pour lesquels M. E. Baron a des conclusions qui ne sauraient être trop méditées.

«.... Dans tout pays pauvre, le guano produirait, au contraire, « de funestes effets, à moins d'être employé toutefois avec une « réserve et une prudence que sont loin de vous recommander « tous les marchands et faiseurs de notices sur ce puissant « engrais. »

Quand ce sont les agriculteurs qui parlent et que l'on agit véritablement au nom de leurs intérêts, on doit avoir à honneur de se faire l'écho de leurs plaintes les plus légitimes, et si nous insistons sur cette action désastreuse du guano et de tous les autres engrais incomplets, c'est qu'il est autant de notre devoir de signaler les erreurs que d'indiquer les moyens de les éviter. Pour faire accepter une idée, un plan, une combinaison, il faut au moins en justifier l'utilité à tous les points de vue. Il ne suffit pas de se persuader à soi-même que l'on a raison et que l'on est convaincu, il faut surtout prouver que l'on a la vérité pour soi; il faut que l'évidence se manifeste, non dans des paroles, mais dans des faits, et la question qui nous occupe est assez grave pour que chacun désire que la lumière se fasse, afin que tous puissent se tenir en garde contre ces « faiseurs de notices, » dont certains spéculateurs n'achètent les opinions que parce qu'elles sont à vendre.

Lorsque les hommes les plus considérables et les plus dévoués aux intérêts agricoles signalent publiquement un danger, c'est qu'ils le voient clairement, distinctement, et ce serait commettre plus qu'une faiblesse que de ne pas les suivre.

La question des engrais incomplets est plus grave qu'on ne le pense généralement, et maître Jacques Bujault, qui était aussi

[1] *Journal d'agriculture pratique*, 1er semest. 1857, p. 99.

une autorité en agriculture, a dit avec raison : Celui qui épuise sa terre épuise sa bourse. Et il a parfaitement complété sa pensée en ajoutant : Celui qui sème sans fumier travaille mal, se ruine et mettra la clef sous la porte.

A chaque pas que nous faisons, nous trouvons des agriculteurs sérieux dont les opinions sont en parfaite harmonie avec les nôtres; c'est ainsi qu'à l'égard des principaux engrais du commerce, et de la nécessité de n'employer jamais que des engrais aussi complets que le fumier de ferme, M. de Saint-Priest, propriétaire exploitant aux Poulyns, s'exprimait ainsi en 1851 :

« Leur manque d'une partie des éléments essentiels qui con« stituent le fumier de ferme nécessite le concours de substances « soit organiques, soit minérales, qu'ils sont obligés de prendre « au sol, » et le judicieux agriculteur s'élève avec force contre ces marchands ou prôneurs d'engrais qui, « bravant les Euménides, s'escriment à soutirer les quelques sous des laboureurs, « et les derniers sucs de leurs terres, » et contre ces « écorni« fleurs dont le secret consiste à exploiter les restes de la fécon« dité du sol. »

Pour M. de Saint-Priest, comme pour tous les agriculteurs dont nous venons de publier les noms, comme pour nous, comme pour tous ceux enfin qui voudront examiner la question avec tout le soin qu'elle exige : « le noir animal, le guano, les engrais per« azotés, les poudrettes, les tourteaux, dont on célèbre les triom« phes, sont loin de les devoir à leurs propres mérites. » Et cela est vrai; et il est absolument impossible qu'il en soit autrement, car ce qui manque aux engrais, il faut de toute nécessité que la végétation le prenne au sol, or celui-ci en est appauvri d'autant, et alors ce n'est plus l'engrais seulement qui sert à produire, puisque le fonds de terre y contribue pour sa part, et trop souvent pour une part considérable, de laquelle on ne tient généralement pas assez de compte.

« Dans plusieurs occasions le sol, regorgeant d'humus, manque « de sels ammoniacaux pour le dissoudre, ou de certains prin« cipes inorganiques pour le complet développement des plan-

« tes... Dans d'autres, les matières organiques abondent seules,
« et alors la végétation, par sa maigreur, témoigne de l'impar-
« faite dissolution des sels, de l'aridité du terrain, des inégalités
« de l'alimentation, en un mot, de la rareté de l'humus ou des
« substances organiques[1]. »

Croire sur la foi des prospectus, ou d'affirmations trop souvent payées à poids d'or, que tels ou tels engrais en réputation suffisent pour faire produire à la terre des récoltes prodigieuses sans s'attaquer à sa richesse acquise, c'est être deux fois dupe, car le seul, l'unique moyen de conserver au sol sa fertilité naturelle et sa valeur primitive, c'est de lui restituer au moins autant que ce que les récoltes lui enlèvent, et les engrais complets peuvent *seuls* permettre d'y parvenir. Il n'y a pas d'autre solution, il ne saurait en exister d'autre, et il n'y a pas d'affirmation contraire qui puisse la détruire. Hors de là, tout est mensonge, tout est leurre et déception ; car, nous le répétons à dessein, ce n'est pas seulement le capital-engrais qui agit, qui produit, c'est le capital-fonds qu'on absorbe, et l'avenir nous révèlera certainement de nombreux mécomptes et bien des déceptions.

Comment est-il possible de ne pas tenir compte, dans la fabrication ou dans l'emploi journalier des engrais du commerce, de l'indispensable nécessité de fournir au sol des matières organiques végétales, en quantités au moins égales à celles que les récoltes lui enlèvent, puisque toutes ces récoltes, sans exception, lui en prennent jusqu'à 91. 60 pour 100 *au minimum*, ainsi que le prouvent les chiffres suivants :

Composition de différents produits du sol.	En matières organiques végétales.	En matières minérales.
Froment (grains).	95 60	4 40
— — (autre). . . .	97 63	2 37
— (paille).	95 70	4 30
— — (autre). . . .	96 49	3 51
Seigle (paille).	97 21	2 79
Orge (grains).	98 20	1 80
— (paille).	95 80	4 20

[1] *Journal d'agriculture*, année 1851, p. 297.

Composition de différents produits du sol.	En matières organiques végétales.	En matières minérales.
Orge (paille) (autre)	94 86	5 14
Avoine (grains)	96 02	3 98
— (paille)	94 91	5 09
Maïs (grains)	91 60	8 40
Maïs (paille)	98 90	1 10
Pois (grains)	97 00	3 00
Haricots	96 50	3 50
Pois (paille)	95 03	4 97
Sarrasin (paille)	96 80	3 20
Trèfle	92 24	7 76
Vesce	94 90	5 10
Foin	93 90	6 10
Pommes de terre	96 10	3 90
Topinambours	94 06	5 94
Navets	92 42	7 58
Luzerne	93 50	6 50
Colza	96 13	3 87
Betterave	93 76	6 24

Peut-on nier que l'on n'épuise pas les restes de la fécondité du sol quand on remplace 10,000 kilog. du meilleur de tous les engrais, celui de la ferme, par le chiffre dérisoire de 3 à 400 kilog. de guano exotique ou de poudrette indigène, qui n'apportent pas à la terre un atome de matières organiques végétales, mais qui, au contraire, contribuent puissamment, énergiquement à l'en dépouiller, à lui enlever de jour en jour sa fertilité naturelle, c'est-à-dire le capital le plus précieux du cultivateur.

Observons toutefois qu'il ne peut y avoir d'engrais absolu, dans l'acception rigoureuse du mot; et qu'envisagé de cette manière, le fumier de ferme lui-même est encore loin de ce terme, que l'on ne pourrait réellement atteindre qu'en préparant, pour chaque espèce de récolte et pour chaque terrain un engrais particulier. En effet, et M. de Gasparin l'a parfaitement fait comprendre dans ses *Principes d'agronomie*, un pareil engrais ne serait rien moins qu'une utopie industrielle et agricole.

On pourrait donner le nom d'engrais *absolu* à celui qui contiendrait à l'état soluble une quantité de principes différents, suffisants pour alimenter une récolte *maximum* d'une plante quelconque, dans un sol privé de tous ces principes. Pour se faire une idée de la composition de cet engrais, voyons d'abord dans le tableau suivant les principaux éléments d'une récolte complète des plantes les plus exigeantes :

Plantes récoltées.	Récolte.	Azote.	Alcalis.	Acides Sulfurique.	Acides Phosphorique.	Chaux.	Silice.
	kil.	kil.	kil.	kil.	kil.	kil.	kil.
Blé.	3.060	69.00	61.20	4.80	47.40	34.50	223.30
Fèves. . . .	2.040	115.20	61.10	4.04	36.05	12.22	6.69
Pom. de ter. (tuberc.) .	2.9000	257.99	177.00	4.45	36.56	66.00	309.64
Colza. . . .	2.836	136.78	117.46	29.39	73.57	45.56	16.24
Tabac (f[les]. f[s]. etr.[m]).	3.830	406.56	198.00	4.30	35.40	408.00	105.49
Trèfle sec. .	8.044	164.80	168.00	12.32	39.00	152.00	32.88
Chanvre (Filasse). . . 33,920 kil. pl. sèche. .	1.000	635.78	132.90	17.96	33.88	682.48	107.76

Quel sera l'engrais suffisant pour obtenir à volonté une quelconque de ces récoltes? En cherchant le maximum de consommation de ces différents principes pour les plus exigeantes, nous trouvons :

Pour le chanvre, azote nécessaire.	635k 78
Pour le tabac, alcalis nécessaires.	198 00
Pour le colza, acide sulfurique nécessaire.	29 29
— acide phosphorique nécessaire.	73 57
Pour le chanvre, chaux nécessaire.	682 48
Pour la pomme de terre, silice nécessaire.	309 64

Mais un engrais pareil, s'il était possible de le composer, nous laisserait des quantités considérables de diverses substances pour chacune de ces récoltes; ainsi il resterait après les récoltes suivantes :

Plantes récoltées.	Azote.	Alcalis.	Acides Sulfuriques.	Acides Phosphoriques.	Chaux.	Silice.
Blé.	614^{k} 00	137^{k} 00	24^{k} 50	26^{k} 17	714^{k} 50	146^{k} 40
Fèves.	508 00	156 90	24 56	57 52	766 78	562 95
Pommes de terre.	455 00	21 00	24 91	37 01	715 00	0 00
Colza.	576 62	80 84	0 00	0 00	735 64	535 40
Tabac.	506 84	0 00	24 89	58 17	371 00	264 15
Chanvre.	0 00	65 10	11 45	16 69	0 00	261 88

On voit qu'un pareil engrais ne profiterait jamais complétement à aucune des plantes que l'on cultiverait, laisserait trop de marge aux déperditions de différents genres qu'il éprouverait, en attendant qu'une nouvelle récolte vint en absorber le superflu[1].

Un jour viendra, sans nul doute, où l'on fabriquera spécialement les engrais pour chaque récolte et pour chaque variété de terrain, et l'industrie aura ainsi réalisé, au profit de l'agriculture, un progrès sérieux, si ceux qui se livreront à cette fabrication sont des gens probes et capables; mais nous n'en sommes pas encore arrivés là, parce que, nous le répétons, les bonnes méthodes manquent, parce que l'industrie des engrais est née d'hier, et parce qu'on n'improvise pas la perfection.

Nous l'avons déjà dit d'ailleurs : l'absolu n'est pas de ce monde ; et à l'égard de la question qui nous occupe, on ne doit espérer ni mieux ni plus qu'un engrais *mixte et complet* pouvant tout à la fois satisfaire aux conditions générales de l'alimentation des végétaux, et s'appliquer à chacun d'eux et à chacun des différents systèmes de culture, comme le fumier de ferme; en un mot, et selon l'expression de M. de Gasparin, un engrais qui, après avoir procuré une récolte *maximum*, laisserait la terre aussi bien pourvue de matières susceptibles de fermenter qu'elle l'était avant son application.

En résumé, comme on ne peut conserver à la terre sa richesse et sa fécondité naturelles sans lui restituer chacun des éléments que les récoltes lui enlèvent, il est de la plus grande importance

[1] Œuvre précitée, p. 122.

de savoir quels sont ces éléments en général, et pour chaque espèce de récolte en particulier. Nous n'entrerons certainement pas dans tous les détails que peut comporter un examen aussi étendu, qui est bien plus du ressort d'un cours d'agriculture proprement dit, que d'un travail de technologie rurale, mais nous indiquerons néanmoins tous les points principaux se rattachant aux questions que nous traiterons dans la fabrication proprement dite, et afin qu'aucune des conditions à réaliser ne nous échappe.

CHAPITRE II

DES PRINCIPES IMMÉDIATS QUI CONSTITUENT LA RICHESSE ET LA VALEUR AGRICOLE DU FUMIER ET DES ENGRAIS.

SECTION I

Des principes fournis par les matières organiques.

---

§ 1

De l'azote et de l'ammoniaque.

> « Le besoin des substances azotées est tellement senti, que leur prix est presque relatif à la quantité réelle d'azote qu'elles renferment. C'est donc cette substance, la plus rare, la plus chère, la plus nécessaire, que nous devons rechercher la première ; c'est elle qui doit *surtout* nous préoccuper dans le choix des engrais. »
>
> DE GASPARIN, *Cours d'agric.*, t. I, p. 309.

L'azote est l'un des deux gaz qui composent l'air que nous respirons.

Les végétaux sont impuissants à le prendre à l'atmosphère, au milieu de laquelle ils se développent, et c'est principalement du sol qu'ils puisent, par leurs racines, l'azote qui est absolument indispensable à leur constitution. L'absorption par les racines est indiquée par certaines plantes aquatiques, dont les feuilles sont complètement plongées dans l'eau.

Pour se rendre un compte exact des différents états que l'azote peut affecter, comme tous les autres corps, il suffit de savoir distinguer ce que l'on entend par un *mélange* ou par une *combinaison*, et cela est des plus faciles.

Lorsqu'il n'y a que mélange pur et simple entre deux corps, le produit qui en résulte conserve toujours, d'une manière tranchée, les qualités et les propriétés des deux corps dont il est formé. Ainsi, soit que nous fassions de l'eau sucrée ou de l'eau salée, l'une et l'autre conserveront chacun des caractères qui distinguent les corps mélangés, et nos sens y retrouveront toujours les caractères de l'eau, comme ceux du sel et ceux du sucre, parce que, dans l'un et l'autre cas, il n'y a qu'un simple *mélange*.

Mais si nous laissons exposé au contact de l'air un morceau de fer poli, il finira par se couvrir de rouille, et à la place de ce métal brillant, ductile, sonore et d'aspect bleuâtre, nous ne retrouverons plus qu'une poussière impalpable, d'un jaune plus ou moins rouge, et ne rappelant plus à nos sens aucun des caractères qui distinguent isolément chacun des corps dont elle est formée. C'est que, dans ce cas, il s'est opéré une véritable *combinaison* entre le fer et cet autre gaz de l'atmosphère, que l'on appelle oxygène.

Comme tous les corps qui composent la croûte du globe, l'azote peut exister à l'état de simple mélange ou de combinaison avec d'autres corps, et se présenter sous les états solide, liquide ou gazeux.

Mélangé avec l'oxygène, il constitue l'air et reste gazeux avec les caractères des deux gaz mélangés. *Combiné* avec ce même oxygène, il est liquide et constitue l'acide azotique, l'un des plus violents que l'on connaisse, et possède des caractères ne rappelant plus à nos sens ni l'oxygène, ni l'azote. *Combiné* avec un autre gaz, l'hydrogène, il constitue l'ammoniaque, qui est également gazeuse. *Combiné* dans le sang, la chair et les urines, à d'autres corps également gazeux, il est tenu en dissolution et existe par conséquent à l'état liquide. En enlevant l'eau des urines, du sang et de la chair, en les desséchant enfin, l'azote existe alors à l'état solide, puisqu'il fait partie intégrante de chacune de ces substances.

C'est ainsi qu'à la faveur des engrais qui le contiennent, l'azote peut exister et existe en effet sous chacun des états que nous venons d'indiquer.

L'azote est l'agent fertilisateur par excellence; c'est de lui que les fumiers et les engrais tirent leur plus grande valeur agricole.

Il est également l'agent suprême de toute nutrition, puisque c'est à lui également que nos plantes alimentaires et *tout* ce qui sert à la nourriture des hommes et des animaux empruntent leur plus grande valeur nutritive. Sans l'azote, il n'y aurait donc ni céréales pour les hommes, ni herbages pour les animaux dont les hommes se nourrissent, et nous pouvons répéter ici ce que nous avons dit p. 81, car nous ne saurions trop nous en pénétrer l'esprit.

Toute la puissance végétative des fumiers et des engrais est *là*, et c'est en faisant passer l'azote des engrais ou des terres dans les produits du sol, par l'intermédiaire de la végétation, que la Providence donne à nos récoltes *toute* leur valeur alimentaire. L'histoire entière de la végétation et celle de la vie animale sont donc *là*, puisque là est l'agent nourricier universel, c'est-à-dire la source de la vie pour les hommes, les animaux et les végétaux, puisqu'en privant nos aliments de leur élément azoté, toute qualité nutritive disparaît ; puisqu'en privant la terre de l'azote que contiennent ses matières organiques, il n'y a pas de végétation.

Pour nous donc, le mot *azote* ne signifiera pas : privatif de vie, comme l'indique sa malheureuse étymologie grecque, pouvant d'ailleurs s'appliquer aussi bien à tous les autres gaz indistinctement, mais bien l'agent, la substance de la vie, puisqu'il en est réellement le générateur.

Il est donc probable, et nous devons le désirer dans l'intérêt de notre langue, que tôt ou tard on rendra à cet élément, qui joue un si grand rôle dans l'organisation végétale et animale, sa signification vraie. Il nous semble qu'il serait plus juste de le désigner sous le nom de *zotegène* (γεννάω, j'engendre, et ζωή, vie)[1].

Ici un fait général doit nous frapper, c'est la liaison profonde, la relation intime, étroite, qui unit la vie végétale à la vie animale, et réciproquement. Ce que la terre fournit aux plantes, les plantes le cèdent aux animaux qui le restituent à la terre. Cercle immuable, éternel, dans lequel la nature entière se meut, et où les générations qui passent ne semblent mourir que pour rendre à la terre la substance qui les a formées, et de laquelle un souffle créateur fera sortir à son gré de nouvelles générations.

« On ne sait ce qu'on doit le plus admirer ou de ces créations « distinctes, ou de la merveilleuse solidarité qui les unit les unes « avec les autres[2]. »

Puisque, comme nous allons le voir bientôt, l'azote est l'agent le plus rare, le plus précieux, le plus cher, celui qui donne aux engrais leur plus grande valeur agricole et qu'il importe le plus de procurer à la végétation, nous devons nous attacher à le rechercher dans les substances qui en contiennent le plus, et qui pourront surtout nous le procurer au plus bas prix possible.

Pour se faire une idée juste de la valeur agricole de l'azote et de l'importance que nous devons y attacher, il suffit de considérer que 1 kilog. d'azote équivaut presque aux quantités et à la valeur des différents produits du sol que nous allons indiquer, puisque, nous le répétons, les autres agents nécessaires à la constitution de ces mêmes produits n'ont qu'une valeur et une importance tout à fait secondaires par rapport à l'azote.

Ainsi, 1 kilogramme d'azote est contenu dans :

45^k 700 de froment . . . . comme dans 280^k de paille[3].

[1] Qu'on veuille bien me pardonner ce petit péché de linguistique, le seul que je me confesse d'avoir jamais commis.

[2] Ed. Moride et Ad. Bobierre, *Technologie des engrais.*

[3] Ces chiffres ont été déduits des analyses de MM. Boussingault, Payen, Girardin, dont les résultats sont consignés dans les principaux ouvrages

60k 850	d'épeautre. . . .	comme dans	384k	de paille.
59 200	de seigle.	—	352	—
55 890	d'orge.	—	335	—
50 400	d'avoine.	—	372	—
47 650	de sarrasin.	—	151	—
83 550	de riz.	—	420	—
80 000	de maïs.	—	147	—
278 000	depommesdeterre.	—	177	de fanes.
476 500	de betteraves. . .	—	111	de feuilles[1].
50 240	de colza.	—	201	de paille.
50 240	de navette.	—	201	—
81 500	de garance	—	152	de tiges.
56 800	de luzerne.			
87 000	de foin sec.			

Donc, 1 kilog. d'azote a presque la valeur de chacun de ces différents produits, et dans les rapports que nous avons traduits en chiffres. Si le rendement en pommes de terre et surtout en betteraves est si considérable, c'est que la première contient 75 et la seconde 85 pour 100 d'eau; mais comme celle-ci rend, industriellement, 6 pour 100 de sucre, c'est-à-dire la moitié de ce qu'elle renferme, nous pouvons tenir pour bien certain que 1 kilog. d'azote concourt à la production de 28 kilog. 590 de sucre, mais qu'il contribue bien plus puissamment encore à la formation des 43 kilog. 700 de froment que nous venons de trouver, de même qu'à l'égard de tous les autres produits du sol.

La valeur agricole de l'azote est donc considérable. Et en effet, dans le fumier de ferme valant 6 fr. 60 les 1,000 kilog., le kilog. d'azote coûte 1 fr. 65, abstraction faite de la valeur des autres principes immédiats, puisque le fumier-type, contenant 75 pour

d'agriculture, et notamment dans ceux de MM. Boussingault-Gasparin-Girardin.

[1] J'ai réduit de moitié les chiffres admis à l'égard du rendement moyen de la betterave en feuilles. Ce que j'ai vu et ce que je sais à ce sujet ne me permet pas d'évaluer les feuilles à plus de 50 pour 100 du poids des racines fraîches.

100 d'humidité ne renferme que 4 d'azote pour 1,000 ou moins de 1/2 pour 100, c'est-à-dire 0.40.

Si maintenant nous envisageons la valeur commerciale des principaux engrais du commerce et de quelques autres, nous trouvons encore que leur prix est généralement d'autant plus élevé que la richesse en azote y est plus considérable. Ainsi :

Valeur commerciale de quelques engrais.	Teneur en azote sur 100 kilog.	Prix des 100 kilog.
Noir animalisé (engrais Baronnet) .	1k 165	3f 50
Poudrettes.	1 100	6 50
Engrais Sussex.	4 490	16 00[1]
Engrais Derrieu, de Nantes.	4 500	17 00
Chairs sèches.	13 000	22 00
Sang sec.	15 000	25 00
Guano (richesse *maximum*). . . .	14 000	40 00

On ne peut donc douter que la richesse d'un engrais en azote constitue, en thèse générale, sa plus grande valeur agricole, car les autres agents secondaires qui entrent dans leur composition n'ont qu'une valeur assez minime, bien qu'ils aient également une très-grande importance au point de vue de l'organisation et du développement des végétaux ; seulement leur abondance relative et la facilité de se les procurer rend leur prix moins élevé.

C'est à MM. Boussingault et Payen que l'on doit d'avoir déduit de leurs nombreuses et patientes recherches agricoles l'axiome suivant, auquel la pratique journalière des faits est venue donner une sanction des plus éclatantes :

Les engrais ont d'autant plus de valeur que leur richesse en azote est plus considérable.

Et en effet, plus les engrais sont pourvus d'azote, et plus la végétation se développe facilement, abondamment, avec vigueur, plus aussi les rendements sont élevés, les produits lourds et

[1] Ici, il n'y a aucune analyse à l'appui. C'est le chiffre donné par le prospectus, mais cela n'a pas d'importance quant à présent. Nous y reviendrons spécialement à la fin de cet ouvrage.

plus riches en qualité. Mais citons à l'appui des chiffres et des faits.

M. Kuhlmann, auquel la pratique agricole doit d'utiles applications faites avec soin, a obtenu, de différents essais pratiqués avec des sels ammoniacaux, toujours riches en azote, les résultats suivants :

Quantité d'engrais.	Teneur en azote.	Récolte en foin.
Point d'engrais.	00k 00	4,000k
266k Sel ammoniac.	70 32	5,716
266k Sulfate d'ammoniaque.	56 85	5,233
3,400 Litres eau ammoniacale des usines à gaz.	inconnue?	6,300

Ici l'action de l'azote ne saurait être douteuse, puisqu'avec les 70 kilog. 32 contenus dans le premier sel il y a eu, sur un même terrain et pour une même surface, une augmentation de produit de 1,716 kilog. de foin; que dans le second cas, les 56 kilog. 85 d'azote ont donné une augmentation de produit de 1,233 kilog. de foin, comparé au rendement sans engrais sur un même terrain et pour une même surface. Et qu'enfin il y a eu, dans la troisième opération, un excédant de produit de 2,300 kilog.

Évidemment, ce ne sont pas les matières organiques végétales ou animales qui ont pu agir par leur azote comme elles agissent en effet dans les fumiers, puisque les sels ammoniacaux en sont complétement dépourvus, puisque, si on les jette au feu, ils ne brûleront pas comme le font *toutes* les matières organiques. La participation de l'azote est donc bien évidente, mais il y a là un enseignement précieux pour nous, et nous ne devons pas le laisser passer ; il nous fait trop bien sentir l'utilité des connaissances chimiques pour avoir raison des faits et pour nous montrer que sans elles il n'y a ni économie industrielle, ni économie rurale possibles, et qu'à défaut de savoir on reste exposé à toutes les éventualités de l'inconnu, aux périls du hasard, aux plus graves mécomptes et à des pertes sérieuses. Laissons parler M. de Gasparin, auquel nous avons emprunté les chiffres qu'on vient de voir.

« Le sel ammoniac a coûté 100 fr. les 100 kilog., et il dose

26.439 d'azote. Son azote revient donc à 2 fr. 66 le kilog., prix qui excède d'un tiers celui du fumier d'étable. Il a rapporté un excédant de récolte de 1,716 kilog. de foin valant 137 fr. 28. Il y a donc eu perte de 128 fr. 72 dans son emploi. »

« Le sulfate d'ammoniaque a coûté 60 fr. les 100 kilog., et il dose 21.375 d'azote. Son azote revient à 2 fr. 80 le kilog. Il a rapporté un excédant de récolte de 1,233 kilog. de foin valant 90 fr. 64; il y a donc eu perte de 60 fr. 96. »

« L'eau ammoniacale a coûté 54 fr. et rapporté un excédant de récolte de 2,300 kilog. de foin valant 184 fr.; il y a donc eu un bénéfice de 130 fr.[1] »

Avant de conclure sur ce point, prenons un autre exemple sur des essais de même nature faits en Angleterre :

M. Chaterley a fait aussi des expériences agricoles sur les effets des sels ammoniacaux, et voici les résultats par hectare[2] :

Quantité d'engrais.	Teneur en azote.	Récolte en grains.
Point d'engrais.	0 00	1,507k
25k9 Sulfate d'ammoniaque. . . .	5 53	1,491
125k5 Azotate d'ammoniaque. . .	27 27	1,849

Ces résultats sont bien la confirmation de ceux obtenus en France, c'est-à-dire que dans chacune des premières opérations, où l'on s'est abstenu à dessein de l'emploi d'aucun engrais, la végétation s'est attaquée à la richesse acquise du sol, à laquelle elle a pris l'azote dont elle avait besoin pour se constituer; et, dans chacun des deux autres cas, les rendements ont été d'autant plus élevés que la quantité d'azote employé avait été plus considérable.

Chacun comprend que les opérations faites par M. Kuhlmann, avec les sels ammoniacaux, n'avaient pas pour but un profit quelconque, mais uniquement la constatation régulière d'un fait utile; et il revêt bien pour nous un double caractère d'utilité,

[1] De Gasparin, *Cours d'agricult.*, t. I, p. 514.
[2] *Mémoires de la Société chimique de Londres*, t. I, p. 153.

non-seulement comme fait à l'appui de l'influence de l'azote sur la végétation, sans le concours d'aucune matière organique, mais encore et surtout comme démonstration de la nécessité de bien connaître la valeur des différentes matières que l'on peut mettre en œuvre en vue d'un profit quelconque, puisqu'il peut y avoir gain ou perte selon que le prix de la chose achetée est ou n'est pas en rapport avec son utilité réelle, c'est-à-dire selon que ce prix correspond, ou ne correspond pas, avec la valeur agricole de la matière employée et avec le profit que l'on veut en obtenir.

Produire économiquement, voilà le but à atteindre en agriculture comme en industrie; or pour cela il faut connaître parfaitement la nature des matières qu'on emploie, et savoir se rendre compte de leur utilité et surtout de leur valeur. C'est à défaut de connaître ces notions fondamentales, ou parce qu'ils ne savent en tenir aucun compte, qu'un trop grand nombre de fabricants d'engrais ignorent trop souvent ce qui se passe dans leur fabrication, et payent un prix élevé des matières dont ils ne connaissent ni la richesse, ni la valeur agricole. Et comme il faut nécessairement que tôt ou tard les différences soient couvertes par quelqu'un; elles le sont ou par l'acheteur qui fait une mauvaise opération, ou par le fabricant qui se ruine sans le savoir.

Ainsi, ne l'oublions pas : le prix seul d'un engrais quel qu'il soit, ou le titre seul de sa richesse, ne disent absolument rien; il faut les deux termes, puisque la valeur est subordonnée à la richesse de laquelle dépendra le profit, et que cette richesse a pour limite la plus-value qu'elle communiquera aux produits à obtenir. En d'autres termes, dire que l'on a fait une bonne opération en achetant du guano 20 fr. ou de la poudrette 2 fr., c'est ne rien dire du tout si l'on ne connaît pas le titre de l'un et de l'autre, puisque c'est la valeur intrinsèque des choses qui en fait le prix dans ce cas, et non pas le prix qui en fait la valeur, et parce qu'à l'égard de *toutes* les matières premières les prix ne sont rien, tandis que les rendements sont tout.

Obtenir l'azote au plus bas prix possible, voilà donc où doivent tendre tous les efforts du cultivateur et du fabricant d'engrais. Pour le premier, parce la vente de ses grains ou de ses fourrages lui laissera d'autant plus de profit que ceux-ci lui auront coûté moins cher à obtenir ; et pour le second, parce que le profit qu'il réalisera à la vente sera d'autant plus considérable que le prix de revient sera moins élevé.

Pour rendre ces vérités plus évidentes, posons des chiffres :

Nous avons dit précédemment que la moyenne générale des fumures était de 30,000 kilog. de fumier de ferme par chaque rotation de trois ans, ou 10,000 kilog. par hectare et par an. Ces 10,000 kilog. de fumier dosant 0,40 d'azote, apportent donc au sol 40 kilog. d'azote par hectare et par an. Chaque hectare produit, *net*, en moyenne 12 hectolit. 45 de froment, du poids moyen de 75 kilog. et du prix moyen de 15 fr. 85 l'un ; soit, pour le produit d'un hectare, 197 fr. 33 obtenus de 40 kilog. d'azote [1]. D'où il suit que dans les conditions actuelles 1 kilog. d'azote ne produit pas au delà de 4 fr. 94 de froment ; ce qui revient à dire qu'à l'égard de cette céréale le cultivateur vend l'azote-froment à raison de 4 fr. 94 le kilogramme. Il a donc tout intérêt à obtenir d'abord l'azote-engrais au plus bas prix possible.

[1] Nous maintiendrons dans toutes nos évaluations le chiffre 0,40 pour l'azote du fumier, parce que c'est bien réellement la quantité trouvée dans le fumier *de ferme* par MM. Boussingault et Payen, et parce que, d'une autre part, ce chiffre a été unanimement accepté par tous les chimistes qui ont étudié ces questions, aussi bien que par les agronomes auxquels ce chiffre a servi de base. Néanmoins, si l'on prend la moyenne des six fumiers suivants, dont la composition immédiate est extraite du remarquable *Traité d'Économie rurale* de M. Boussingault, t. II, p. 87, 2e édition, on trouve une moyenne de 0,60.

	Humidité p. 100.	Azote p. 100 du fum. humide.	Azote p. 100 du fum. sec.
Fumier de la ferme de Bechelbronn.	79 30	0 41	2 00
— d'une ferme anglaise. . . .	65 10	0 63	1 80
— d'une écurie particulière. . .	62 22	0 79	2 08
— du Jardin des Plantes de Paris.	58 53	0 53	1 29
— de la ferme de Grignon . . .	70 50	0 72	2 45
— de la Ménagerie de Paris. . .	60 80	0 53	1 50
Moyennes. . . .	67 98	0 60	1 87

Le guano étant à 40 fr. les 100 kilog., et celui-ci dosant en *moyenne* 10 pour 100 d'azote (M. de Gasparin et M. Bobierre ne comptent que 8 p. 100, mais pour faire au guano une large part et n'être suspect de partialité aux yeux de personne, et dans aucun cas, nous conserverons le chiffre de 10 pour 100), le kilog. d'azote coûte 4 fr., et les 40 kilog. nécessaires à la fumure d'un hectare représentent une dépense de 160 fr. ou 81 pour 100 de la valeur du produit obtenu, tandis qu'en préparant soi-même des engrais dans lesquels le coût de l'azote n'est que de 1 fr. 50 le kilog., la dépense des 40 kilog. d'azote n'est plus que de 60 fr. ou de 30-42 pour 100 de la valeur des produits obtenus. Dans le premier cas, on débourse 160 fr. et on en retrouve 197 fr. 33 huit mois après, tandis que dans le second cas on touche également 197 fr. 33 en ne déboursant que 60 fr. Dans le premier cas encore, la différence de 100 fr. entre dans la caisse du marchand de guano, tandis que dans le second cas elle entre dans la caisse du cultivateur.

Voilà tout le côté de la question économique des engrais condensé dans quelques chiffres et dans quelques mots.

A quelles sources irons-nous puiser abondamment et économiquement l'azote dont nous aurons besoin, c'est ce qu'il nous reste à examiner.

La plupart des matières organiques sont azotées, mais il y a de nombreuses exceptions ; cependant, toutes les plantes renferment de l'azote, mais en quantités très-variables, selon la vigueur imprimée par la végétation. Les fruits et les semences en sont toujours plus riches que le végétal qui les a produits, et pour s'en convaincre il suffit de jeter les yeux sur le tableau suivant :

	Azote p. 100 de grain.	Azote de la paille.		Azote total.
Froment.	2k 290	0k 700	200k	2k 990
Epeautre.	1 650	0 290	114 2	1 940
Seigle.	1 690	0 880	202	2 570
Orge.	2 020	0 560	186	2 580
Avoine.	1 774	0 390	145	2 164

	Azote p. 100 de grains.	Azote de la paille.	Azote total.
Sarrazin.	2k 100	0k 480gr 72k 1	2k 580
Riz.	1 200	0 310 130	1 530
Maïs.	2 000	0 190 280	2 190
Pommes de terre . .	0 360	0 130 25	0 490
Betteraves.	0 210	0 450 50	0 660
Colza.	3 310	0 820 165	4 130
Navette	3 310	0 820 165	4 130
Garance.	1 230	0 990 130	2 220

Et non-seulement il en est de même pour *tous* les autres produits végétaux, mais encore le même fait existe à l'égard de *toutes* les semences de nature animale, parce que ni les unes ni les autres ne pourraient suivre leurs premières phases de développement si dans sa sagesse infinie le créateur ne les avait pourvus de la somme d'aliments azotés indispensable à leur première organisation, et en quantité suffisante pour les amener à l'état d'êtres complets pouvant puiser plus tard, directement, dans le milieu terrestre où ils doivent vivre, la subsistance dont ils ont besoin pour croître et pour se reproduire.

Deux exemples bien connus, et choisis dans le règne végétal et dans le règne animal, nous feront mieux comprendre la rigoureuse exactitude de ces faits, desquels ressortira plus tard un enseignement précieux à l'égard des questions qui nous occupent.

Dans le germoir du brasseur, il n'y a pas un atome de terre végétale ni d'agents nourriciers d'aucune sorte, et pourtant la germination de l'orge s'opère avec une régularité parfaite. C'est que, durant la germination, le végétal qui doit naître de cette graine ne fait que s'organiser, absolument comme le fait le poussin dans sa coquille, pendant le cours de l'incubation, c'est-à-dire sans le concours d'aucun agent nourricier extérieur. L'embryon contenu dans le grain d'orge est un végétal en miniature, comme l'embryon contenu dans l'œuf est un animal en miniature. Tous deux sont pourvus de la subsistance nécessaire à leur premier développement, à leur organisation proprement dite, et c'est ainsi que, parvenus au terme de leur formation, ils sont doués de chacun des organes qui constituent le végétal et l'animal complets. Alors, la subsistance a disparu, ou plutôt elle n'a fait que changer de forme et d'état; un souffle créateur l'a transformée; elle n'était que matière, et une puissance incommensurable vient de l'animer, de lui communiquer une existence propre, afin qu'elle puisse servir à la reproduction de son espèce et pour la satisfaction de nos besoins.

« Il y a réellement une prédisposition toujours identique pour « les mêmes circonstances, aussi admirable dans ses effets que « divine dans son essence. Il y a, en un mot, le cachet im- « muable d'une prévoyance suprême, dont chaque rouage de « l'univers nous prouve l'intervention, dont la nature de chaque « phénomène nous révèle la sublimité[1]. »

Le grain d'orge ne contenait ni une tige, ni des racines dans l'état intégral où nous les connaissons, mais uniquement les éléments propres à la constitution des uns et des autres. L'œuf ne contenait ni os, ni sang, ni plumes, ni ergots, dans l'état intégral où nous les connaissons, mais simplement les éléments des uns et des autres, dans lesquels nous pouvons lire maintenant la raison d'être d'une quantité d'azote toujours plus considérable dans les semences que dans les espèces végétales ou animales qui les ont produites.

Tous ces faits nous donnent raison de l'énorme quantité d'azote du règne animal, puisque les hommes et les animaux se nourrissent principalement de semences végétales dans lesquelles ils trouvent les éléments azotés nécessaires à leur subsistance. Et le besoin en est si naturellement ressenti par tous les animaux indistinctement, qu'à l'égard de ceux que nous connaissons, un merveilleux instinct les pousse sans cesse et toujours à rechercher les semences, les fleurs et les fruits, préférablement aux végétaux qui ont produit ces semences, ces fleurs ou ces fruits. Comme preuve à l'appui de ce fait, nous devons mention-

[1] Ed. Moride et Ad. Bobierre, *Technologie des engrais.*

ner en passant que les excréments solides et liquides de vache ou de bœuf, soumis au régime ordinaire des herbages, ne dosent en moyenne que 4.40 pour 100 d'azote dans leur état normal, tandis que le cheval, nourri plus particulièrement avec des grains d'avoine, produit des excréments qui dosent 7.40 pour 100 d'azote.

Aussi, les différentes parties qui composent l'organisme animal sont-elles toujours plus fortement azotées que celles qui composent l'organisme végétal. Les mêmes faits expliquent également pourquoi les déjections des granivores sont plus riches que celles des herbivores, pourquoi celles provenant d'aliments de nature animale sont encore plus azotées que celles provenant d'aliments végétaux, et pourquoi enfin les excréments humains (poudrette) et ceux des oiseaux de proie (guano) sont beaucoup plus riches en azote que le fumier de ferme, dont l'origine est due exclusivement à des matières végétales.

Nous ne devrons donc plus être surpris de trouver dans le règne animal une richesse d'azote infiniment plus considérable que dans le règne végétal, et de reconnaître aux engrais une puissance fertilisante d'autant plus grande que la proportion de matières animales qui les composera sera elle-même plus élevée.

Quelque évidente que puissent être ces démonstrations, nous pensons qu'elles ne seraient pas suffisamment complètes si nous ne donnions ici un *tableau général de la richesse en azote des différentes matières animales et végétales* pouvant permettre de comparer utilement les unes et les autres, tout en nous guidant pour l'avenir dans les divers choix que nous pourrons faire. Tous ces dosages d'azote ont été faits par ceux des princes de la science dont nous connaissons déjà les noms, et l'exactitude de ces chiffres ne peut faire l'objet d'aucun doute.

Tableau général de la richesse en azote des différentes matières premières propres à la fabrication des engrais.

MATIÈRES ANIMALES.	AZOTE CONTENU dans 1,000 parties.	
	À l'état normal ou ordinaire.	À l'état sec.
Chiffons de laine	178k 8	202k 6
Urine des urinoirs publics incomplètement desséch.	168 5	175 6
Morue lavée et pressée	168 0	187 4
Plumes	153 4	176 4
Sang sec coagulé par le feu	148 0	170 0
Râpures de cornes	143 6	157 8
Guano arrivé directement du Chili	139 0	157 5
Bourre de poils de bœuf	137 8	151 2
Chair de cheval desséchée[1]	132 5	147 0
Chair musculaire dito	130 0	142 5
Sang sec soluble	124 8	155 0
Pain de Creton	118 8	129 5
Fientes d'hirondelles[2]	111 2	» »
Débris animaux des tanneries, mélangés	107 5	» »
Rognures de cuir désagrégé	93 1	» »
Colombine	83 0	90 2
Os fondus	70 2	75 8
Morue salée et altérée	67 0	108 6
Os gras, non fondus	62 2	» »
Guano venu de Londres	54 0	70 5
Os humides	53 1	» »
Morue salée[3]	» »	50 25
Sang coagulé et pressé	45 1	170 0
Fientes de chauves-souris	44 0	» »
Poussier des batteries de laine	42 1	» »
Raie[3]	» »	38 46
Maquereau[3]	» »	37 47
Marc de colle de peaux et de tendons	37 5	36 3
Carpe[3]	» »	34 98
Litière de vers à soie	32 9	34 8
Brochet[3]	» »	32 58
Hannetons, grenouilles et sauterelles	32 9	139 5

[1] Analyses de M. Soubeiran.

[2] Analyses de M. Morière.

[3] Analyses de MM. Payen et Wood.

MATIÈRES ANIMALES (Suite).	AZOTE CONTENU dans 1,000 parties	
	à l'état normal ou ordinaire.	à l'état sec.
Harengs salés[1].	»k»	31k12
Sang liquide des abattoirs.	29 5	» »
Limande[1].	» »	28 98
Goujon[1].	» »	27 77
Hareng frais.	» »	27 30
Sang liquide des chevaux d'équarrissage.	27 1	» »
Ablette[1].	» »	26 89
Urine de cheval	26 0	125 0
Hareng frais[1].	» »	24 30
Merlan[1].	» »	24 16
Congre[1].	» »	21 72
Excréments de chèvre mélangés.	21 6	39 5
Saumon[1].	» »	20 95
Anguille	» »	20 0
Chrysalides de vers à soie.	19 4	89 9
Sole[1].	» »	19 11
Poudrette de Bercy[2].	19 8	» »
Poudrette de Montfaucon	15 6	26 7
Poudrette de Bondy, prise à la fabrique[3].	14 0	» »
Excréments de mouton mélangés.	11 1	29 9
Fumier des auberges du Midi.	7 9	20 8
Excréments de cheval mélangés.	7 4	30 2
Urine humaine, non fermentée.	7 2	231 1
Excréments solides du cheval	5 5	22 0
Résidus de colle d'os.	5 5	9 1
Merl. (sable marin)	5 1	5 2
Litière terreuse.	4 7	87 0
Urine de vache.	4 4	38 0
Excréments de vache mélangés.	4 1	25 9
Vase de la rivière de Morlaix.	4 0	4 2
Fumier de ferme pris pour type.	4 0	19 5
Goémon, dit brûlé.	3 8	4 0
Excréments solides de vache.	3 2	23 0
Coquilles d'huîtres.	3 2	4 0

[1] Analyses de MM. Payen et Wood.
[2] Analyses de M. Soubeiran.
[3] Analyses de M. Barral.

MATIÈRES ANIMALES (Suite).	AZOTE CONTENU dans 1,000 parties. à l'état normal ou ordinaire.	à l'état sec.
Engrais flamand liquide (vidanges).	2k 2	»k »
Autre engrais flamand liquide (minimum)	1 9	» »
Purin ou eau des fumiers.	0 6	15 4
Excréments de porc mélangés.	0 5	35 7
ENGRAIS DIVERS.		
Noir anglais.	69 »	80 2
Herbes marines animalisées.	24 8	27 5
Noir animal de Paris.	15 7	19 1
Noir animalisé, dit engrais hollandais (des environs	» »	» »
de Lyon).	15 6	24 8
Résidus de bleu de Prusse.	15 1	28 0
Noir animalisé récent (engrais Baronnet).	12 4	20 6
— après 10 mois de fabrication (eng. Bar.).	10 9	19 6
Noir animal des raffineries.	10 6	20 4
Engrais de poissons (ichthyo-guano).	120 0	» »
— Sussex.	14 9	» »
— de la Cie des engrais de Londres.	8 0	» »
— Derrien, de Nantes.	45 0	» »
— Lainé.	13 3	» »
— de la Cie maritime.	100 0	» »
— du Dr Abendroth, de Dresde.	45 0	» »
— Lesénéchal, de Nantes.	105 0	» »
— de la Société des engrais gradués, de Tours.	12 0	» »
Autre — — — —	29 0	» »
Autre — — — —	16 1	» »
Engrais Demolon (zoofime).	26 7	» »
MATIÈRES VÉGÉTALES.		
Tourteaux d'arachide.	83 3	88 9
— de sésame.	67 9	74 7
— de madia sativa.	56 0	57 0
— de cameline ou camomille.	55 0	59 3
— de pavots.	53 6	57 0
— de lin.	52 6	60 0
— de noix.	52 0	53 9

MATIÈRES VÉGÉTALES (Suite).	AZOTE CONTENU dans 1,000 parties. À l'état normal ou ordinaire.	À l'état sec.
Tourteaux de colza.	49k 2	55k 0
— de navette.	46 4	» »
Radicelles ou touraillons des brasseries.	45 1	49 0
Tourteaux de coton.	45 0	49 2
Trouille d'Avignon.	45 0	» »
Tourteaux de chènevis.	42 0	47 8
Graines de lupin blanc.	34 9	43 5
Tourteaux de faines.	33 1	35 3
— de hêtre.	33 0	33 3
Résidu des eaux de rouissage du chanvre.	» »	52 8
Tourbe de Mennecy.	24 0	» »
Résidu des eaux de rouissage du lin.	» »	22 4
Paille de fèves.	24 0	25 1
Tourbe de Vulcaire.	20 9	» »
Fanes de pois.	17 9	19 5
Feuilles de bruyère.	17 4	19 0
Marc de raisin.	17 1	33 1
Tourbe de mer, de Tevin (Finistère).	17 0	» »
Lupin blanc (tiges et fleurs).	16 5	18 7
Racines de trèfle.	16 1	17 7
Feuilles de poirier.	15 6	18 3
Suie de houille.	15 5	15 9
Paille de froment (partie supérieure).	13 3	14 2
Genêt (tige feuillée).	12 2	13 7
Feuilles de hêtre.	11 7	19 6
— chêne d'automne.	11 7	13 6
Buis (rameaux et feuilles).	11 7	28 9
Suie de bois.	11 3	13 1
Fanes de lentilles.	10 1	11 2
Fumier de couche épuisé.	10 8	15 7
Paille de vesce.	10 8	12 0
Tiges d'œillette.	9 5	11 0
Fanes de carottes.	8 5	29 1
Balles de froment (menue paille).	8 5	9 4
Roseaux coupés, en fleur (arundo phragmit).	7 5	10 0
Tiges de colza.	7 5	8 6
Feuilles d'acacia d'automne.	7 2	15 5

MATIÈRES VÉGÉTALES (Suite).	AZOTE CONTENU dans 1,000 parties	
	à l'état normal ou ordinaire.	à l'état sec.
Navette *.	7k 4	37k 0
Tourteau de marc d'olive.	7 5	» »
Feuilles d'acacia.	7 2	15 8
Paille de millet.	7 8	9 6
Tourbe de Saumur.	6 5	» »
Houblon cuit des brasseurs.	6 0	22 2
Marc de pommes à cidre.	5 9	6 3
Tourbe de Montoir.	5 6	» »
Fanes de betteraves.	5 0	45 0
— pommes de terre.	5 5	25 0
Tourteaux d'épuration d'huile.	5 4	5 8
Fèves *.	5 1	20 3
Fanes de madia sativa.	5 7	6 6
Sciure de bois de chêne.	5 4	7 2
Feuilles de peuplier.	5 3	11 6
Écumes des défécations de sucre.	5 5	15 7
Autres[1] — —	5 8	14 2
Pulpe de pomme de terre, pressée.	5 2	19 3
Paille de froment (entière).	4 9	5 3
— sarrasin —	4 8	5 4
— saromine.	4 8	5 4
Madia sativa (plante entière).	4 5	15 5
Paille de froment (partie inférieure).	4 1	4 5
Fumier de ferme pris pour type.	4 0	19 5
Pulpe de betterave.	3 7	12 6
Tiges sèches de topinambour.	3 7	4 3
Spergule *.	3 9	11 7
Trèfle en fleurs *.	3 7	13 0
Suc de pomme de terre expressé.	3 7	32 8
Dépôt des eaux de féculerie (quatre fois le volume des pommes de terre).	3 6	18 4
Sciure de bois d'acacia.	2 9	3 8
Paille d'avoine.	2 8	3 6
Sciure de bois de sapin.	2 5	3 1

[1] Analyse de M. E. Ducastel.

* Les astérisques indiquent surtout les engrais verts que l'on enfouit souvent pour suppléer à l'insuffisance des fumiers.

MATIÈRES VÉGÉTALES (Suite).	AZOTE CONTENU dans 1,000 parties.	
	à l'état normal ou ordinaire.	à l'état sec.
Paille d'orge.	2^k 3	2^k 6
— de riz.	2 5	3 0
Sarments de vigne.	2 8	3 8
Sarrasin *.	1 6	3 4
Paille de maïs.	1 9	2 4
Paille de seigle d'Alsace.	1 7	2 0
Tranches de betteraves, épuisées.	0 9	17 5
Eaux de féculerie (quatre fois le volume des pom-de terre).	0 7	82 8

L'examen comparatif de ces deux tableaux, auxquels nous avons ajouté, accessoirement et à titre de renseignement pour l'avenir, un autre tableau des divers engrais du commerce, établit donc incontestablement la preuve de ce point fondamental : La quantité d'azote est toujours plus considérable dans les matières animales que dans les matières végétales; et à l'égard de ces dernières, l'azote est toujours plus abondant dans les semences, fleurs ou fruits, que dans les végétaux qui ont fourni ces semences, ces fleurs ou ces fruits; et la richesse des tourteaux le prouve surabondamment, puisque ceux-ci occupent le sommet de l'échelle parmi les engrais végétaux.

Puisque les rendements que donnent les récoltes sont toujours subordonnés à l'importance des fumures; puisque les productions végétales dont les hommes et les animaux se nourrissent ont généralement une valeur commerciale d'autant plus grande qu'elles sont plus nutritives, puisque la valeur intrinsèque du sol qui les produit est toujours subordonnée à sa fertilité, et que celle-ci dépend principalement de l'abondance des matières organiques azotées, il faut donc que ce sol en soit abondamment pourvu, afin de pouvoir produire au maximum des denrées, des valeurs échangeables donnant un profit d'autant plus grand et plus assuré que ces mêmes denrées possèdent une qualité nutritive plus élevée, c'est-à-dire, à l'égard des céréales, beaucoup de poids sous un petit volume.

Mais aussi puisque chaque engrais a en quelque sorte un mode d'action spécial, puisque tous n'agissent pas de la même façon, bien qu'ayant le même élément pour base, et que la manière d'être des engrais chauds n'est pas la même que celle des engrais froids, de même que la manière dont le fumier se comporte n'est pas du tout la même que celle des autres engrais en général, il faut donc en conclure que l'azote peut exister dans chacun d'eux sous un état différent. Et, en effet, nous avons vu que dans les essais de M. Kuhlmann on avait produit une augmentation de récolte sans employer de matières organiques animales ou végétales, mais simplement des sels dont nous allons nous occuper, et contenant 26.43 et 21.37 d'azote. D'où cette première conclusion que l'azote peut se présenter et se présente réellement dans les engrais sous des états différents, comme nous allons l'établir, mais qu'en réalité il n'y a pas deux sortes d'azote, et que celui qui provient des sels ammoniacaux est absolument le même que celui que contiennent les matières organiques.

Lorsqu'on abandonne au contact de l'air une matière animale fraîche, elle ne tarde pas à s'altérer, à se corrompre et à manifester les premiers caractères de la fermentation putride. Plus le contact de l'air se prolonge et plus la décomposition s'avance rapidement, surtout si la température de l'atmosphère est un peu élevée. Tout enfin indique à nos sens le changement d'état qui s'opère. Privée de l'existence particulière qui l'animait, la matière se désorganise; la vie avait communiqué à chacun des éléments qui composait cette chose un arrangement particulier qui ne peut plus exister, puisque la vie, c'est-à-dire la cause effective qui maintenait l'équilibre, n'existe plus. Les éléments vont donc se dissocier pour se grouper dans un autre ordre et reprendre bientôt leur état primitif.

Au milieu des gaz infects qui se dégagent de cette pourriture, l'odorat perçoit très-distinctement une odeur piquante parfaitement caractérisée, provoquant le larmoiement et une cuisson vive aux yeux; en un mot, on reconnaît l'odeur ammoniacale de la raie dans les temps chauds, et celle que l'on distingue dans les écuries et les étables quand le fumier et les urines qui les imprègnent sont en pleine décomposition. C'est, en effet, de l'ammoniaque qui s'est produite, c'est-à-dire un corps très-volatil dont l'azote est devenu l'un des principaux éléments. Dans cette désorganisation générale, l'azote n'a donc fait que changer d'état, qu'entrer en combinaison avec celui des autres éléments de la matière avec lequel il avait le plus de tendance à s'unir, c'est-à-dire avec l'hydrogène, ainsi que nous l'avons établi au commencement de ce chapitre.

En d'autres termes, l'organisation végétale ou animale groupe les éléments dans un ordre déterminé, et la désorganisation ne fait que grouper les *mêmes* éléments dans un autre ordre et sans que la nature des éléments change. En un mot encore, il n'y a de différence que dans l'arrangement particulier que leur imprime l'organisation ou la désorganisation, mais ce sont encore et toujours les mêmes éléments. Toute la vie végétale et toute la vie animale sont là. Les bestiaux ne vivent que de matières végétales, et les débris en provenant suffisent pour former du sang, de la chair, de la graisse, etc., parce qu'ils en contiennent *tous* les éléments. De même qu'en fournissant au sol des matières animales, celui-ci reconstitue des végétaux, sans que les éléments qui composent les uns ou les autres fassent autre chose que changer de forme ou d'état.

L'azote, avons-nous dit, s'est uni à l'hydrogène pour former de l'ammoniaque, absolument comme le fer s'unit à l'oxygène de l'air pour former de la rouille, c'est-à-dire que l'azote ayant plus d'affinité, plus de tendance pour l'hydrogène que pour l'un des autres éléments avec lesquels il se trouve, il s'est combiné avec lui; de même que le fer trouvant dans l'air et de l'oxygène et de l'azote, il se combine au premier, parce qu'il a plus d'affinité pour lui que pour l'azote. Dans l'un et l'autre cas, il y a eu formation d'un composé nouveau, c'est-à-dire de l'ammoniaque et de la rouille, mais les éléments sont toujours restés eux-mêmes, sans que leur union les ait fait changer de nature; et, en effet, si une force supérieure à celle qui les unit vient à les séparer, toujours on retrouve l'azote et l'hydrogène dans l'ammoniaque, comme le fer et l'oxygène dans la rouille, et toujours avec tous les caractères et toutes les propriétés que chacun d'eux possédait avant son union. Et si, après les avoir ainsi séparés, on les remet en présence, et dans des conditions telles qu'ils puissent se combiner de nouveau, on obtient encore et toujours de l'ammoniaque et de la rouille.

Eh bien, dans la décomposition des matières azotées, c'est cette combinaison qui s'opère entre l'azote et l'hydrogène des matières. Le produit qui en résulte, l'ammoniaque, ne possède plus aucun des caractères des deux corps qui l'ont formé, c'est bien un produit nouveau doué de propriétés particulières que ne possédaient isolément ni l'un ni l'autre de ces corps ; ainsi, l'ammoniaque décèle une odeur des plus pénétrantes, tandis que l'hydrogène et l'azote, pris isolément, en sont complétement dépourvus. Le fer est doué d'un éclat brillant, tandis que la rouille en est entièrement privée.

En un mot, et pour ramener cet exposé à des termes simples et à une définition facile à retenir, toutes les fois que les matières animales éprouvent la décomposition, leur azote est converti en ammoniaque, et c'est de cette dernière que l'action vitale de la végétation extrait l'azote indispensable à son développement.

Je ne sais si j'aurai le bonheur de me faire bien comprendre par chacun de ceux dont les intérêts sont si étroitement liés à la connaissance de ces faits et de ces lois naturelles; mais il me semble qu'il ne peut rester de doute sur ce point très-important et tout à fait fondamental de la question qui nous occupe, à savoir, que l'azote peut exister et qu'il existe en effet dans les engrais sous des états différents, sans que pour cela sa nature change jamais, sans qu'il cesse d'être jamais lui-même, comme dans les produits du sol, quels qu'ils soient : froment, pomme de terre, riz, etc., où il conserve, malgré un arrangement qui n'est jamais le même dans les végétaux d'espèces différentes, toutes les qualités nutritives qu'il communique à nos aliments, comme il conserve dans les engrais toute la puissance fertilisante que ceux-ci transmettent aux végétaux.

En résumé, si la désorganisation des matières animales n'a d'autre effet que de convertir l'azote en ammoniaque, la végétation n'a pas d'autre effet que de reprendre l'azote, auquel l'organisation végétale rendra son état primitif, selon l'espèce végétale à laquelle il sera présenté.

Il n'y a donc pas deux espèces d'azote, puisque le même engrais peut permettre de produire indistinctement ou du froment, ou du seigle, ou de l'avoine, ou de l'orge, ou du riz, ou du maïs, ou des pommes de terre, ou des betteraves, à volonté; l'azote des fumiers ou l'azote des céréales est donc bien toujours le même, sans que sa nature change, mais seulement pouvant exister sous une forme différente et avec un arrangement nouveau, puisque après avoir servi à produire des récoltes, on pourra en obtenir une nouvelle quantité d'engrais et d'ammoniaque avec laquelle une autre phase de végétation reconstituera de nouvelles récoltes, et ainsi de suite.

C'est donc *toujours* la même loi et la même harmonie qui président à ces créations infinies, « nous offrant le spectacle d'indi« vidus sans cesse renaissants et sans cesse détruits, » car, dans chacun des exemples qui viennent de nous servir, la matière n'a fait que changer de forme et d'état; elle a pris un arrangement nouveau, mais voilà tout; elle n'a pas cessé d'être, *et elle ne peut pas cesser d'être*, quoi que nous fassions. S'il en était autrement, les hommes finiraient par rompre l'harmonie générale, en détruisant l'équilibre établi, et nous aurions ainsi le pouvoir d'amener la fin du monde; or, cela est impossible. Examinons; prenons pour exemple un fait dont l'existence est aussi évidente que celle de la lumière, et duquel nous déduirons plus tard, au profit des questions qui nous occupent, des conclusions utiles.

Le charbon qui brûle, qui se consume et disparait, n'est pas anéanti ; l'élément qui le constituait et qui est sa substance propre, le carbone enfin, n'a fait que changer de forme et d'état, sans que la nature de l'élément qui le compose ait changé ; il a fait comme le fer, il s'est combiné à l'oxygène de l'air, et comme il est volatil, presque à l'égal de l'ammoniaque, il s'est répandu dans l'atmosphère d'où les végétaux le puiseront pour en reconstituer de nouveau charbon qui servira à de nouveaux besoins. Qu'on veuille bien ne pas l'oublier, c'est là de la science mathématique de la plus rigoureuse exactitude.

La connaissance de ces lois générales et de ces différentes transformations de la matière est *absolument indispensable* pour se rendre parfaitement raison de la théorie générale des engrais, sans laquelle *rien* n'est possible, parce que la première condition pour bien exécuter, c'est de bien comprendre, et qu'en réalité il suffit de réfléchir un instant pour s'apercevoir que la théorie n'est pas autre chose que l'explication raisonnée des faits, et que, sans le concours des sciences naturelles, non-seulement nous serions dans l'ignorance la plus complète à l'égard de tout ce qui se passe autour de nous, mais encore nous nous ignorerions nous-mêmes, et nous ne saurions mettre à profit les richesses immenses que nous pouvons faire servir à la satisfaction de nos besoins de chaque jour.

Nous venons de poser en principe qu'en convertissant l'azote des matières animales en ammoniaque, par la décomposition, la nature n'avait pu avoir d'autre but que de ramener l'azote dans l'état qui convient le mieux à la végétation ; et cela est si vrai, que l'expérience des siècles est venue prouver que, bien que vivant dans une atmosphère contenant 21 p. 100 d'azote, les végétaux, sauf quelques cas exceptionnels que nous examinerons plus tard, n'empruntent rien ou presque rien de cet élément à la masse d'air qui nous environne, tandis qu'ils prennent aux fumiers et aux engrais l'azote qu'ils contiennent à l'état d'ammoniaque ; et que, de même qu'il faut aux hommes et aux animaux des aliments azotés et non de l'azote pur pour vivre, de même il faut aux végétaux des aliments azotés, sans lesquels il n'y a pas de fécondité possible, malgré la masse considérable d'azote dans l'air que nous respirons. Tous ces faits nous rendent donc raison de la présence de l'ammoniaque dans les fumiers et dans les engrais, et de l'immense utilité qu'il y aurait à produire directement de l'ammoniaque par l'azote de l'air, et à en pourvoir abondamment le sol.

Un autre exemple nous démontrera mieux l'évidence de tous ces faits, qu'il nous importe tant de bien connaître si nous voulons travailler avec fruit et profiter avantageusement de ce capital précieux qu'on nomme l'expérience, et que la science donne à tous à la seule condition de le vouloir. Si l'on répand sur une terre cultivable du cuir tanné ou de la houille, il n'y aura aucune espèce d'action, le résultat sera nul au point de vue de l'amélioration du sol. Pourtant, l'un et l'autre sont des matières azotées; c'est que là, la désorganisation ne s'opère pas, c'est que l'action de l'air et de l'eau sont insuffisantes pour dissocier les éléments et les grouper dans un ordre nouveau qui permette au sol d'en profiter. La quantité d'azote est pourtant assez considérable, mais le terrain ne saurait y gagner quoi que ce soit, parce que l'azote n'est pas là dans un état convenable.

Reprenons ces deux corps, employons, pour séparer leurs éléments, une force plus grande que celle qui les unit; soumettons-les à l'action du feu, dans un vase fermé et approprié à un travail de cette nature, et nous aurons bientôt la totalité de l'azote à l'état d'ammoniaque; et avec cette dernière, des sels comme ceux que M. Kuhlmann a employés, et avec lesquels il a pu obtenir des récoltes plus abondantes.

De là cette conséquence que l'azote des engrais peut exister et qu'il existe en effet, sous des états différents qu'il faut connaître, et que les matières azotées ne deviennent profitables à la végétation qu'autant qu'elles se décomposent et qu'elles produisent de l'ammoniaque à laquelle les végétaux prendront l'azote qui leur est *absolument indispensable*.

L'ammoniaque est donc le corps qui fournit aux principes immédiats des végétaux l'azote dont ils ont besoin. Ainsi, le *gluten*, qui communique aux farineux leur plus grande faculté nutritive, ne pourrait se produire au sein des céréales sans le secours de l'azote, et il en est de même des deux autres principes immédiats qui constituent la partie essentielle des plantes, et qui ont reçu les noms d'*albumine* et de *caséine végétale*.

Puisque la présence des matières azotées dans les engrais n'a d'autre but que de fournir de l'ammoniaque au sol et par suite de l'azote aux végétaux, voyons quelle quantité d'ammoniaque correspond à 100 d'azote, et quelle quantité d'azote correspond à 100 d'ammoniaque.

L'ammoniaque est de tous les corps connus celui qui renferme le plus d'azote; et, en effet, le chiffre le plus élevé parmi toutes les matières organiques que nous connaissons maintenant, celui de la laine, n'est que de 20 pour 100, tandis qu'il est de 82.39 dans l'ammoniaque, ou bien, si l'on veut encore, 100 d'azote sont contenus dans 121.4 d'ammoniaque. La valeur de l'ammoniaque est donc considérable, puisque l'azote, qui constitue les 82.39 de son poids, coûte aujourd'hui 4 fr. le kilog. dans le guano, ainsi que dans la plupart des autres engrais du commerce, et qu'à ce prix l'ammoniaque du guano et des engrais est vendu à raison de 3f.295 le kilog.; mais en considérant seulement le prix de revient de l'azote des fumiers, soit 1f.65 le kilog. (page 110), leur ammoniaque coûte encore 1f.359 le kilog. Et puisque 1 kilog. d'azote représente 43k.700 de froment, ou 60k.650 d'épeautre, ou 59k.200 de seigle, ou 55k.890 d'orge, etc. (voir p. 110), nous pouvons tenir pour absolument certain que 1k.214 d'ammoniaque représente la même valeur, ce qui revient à dire que 1 kilog. d'ammoniaque suffit à :

36k 0	de froment.	229k 0	de pommes de terre.
50 0	de seigle.	392 5	de betteraves.
46 0	d'orge.	24 9	de colza.
46 5	d'avoine.	24 9	de navette.
39 2	de riz.	67 0	de garance.
41 2	de maïs.	41 8	de luzerne.
		71 7	de foin.

Nous ne devrons donc plus être surpris de trouver des quantités assez considérables d'ammoniaque dans les fumiers qui ont éprouvé une décomposition fort avancée, et dans lesquels, par conséquent, la plus grande partie de l'azote des matières animales fournies par les déjections des bestiaux se trouve ainsi convertie en un produit nouveau dont nous connaissons maintenant l'origine, et sur lequel nous aurons souvent à revenir, afin d'en produire le plus possible dans les engrais, et *surtout* au plus bas prix possible.

La présence de l'ammoniaque dans les fumiers explique nécessairement la présence du même agent dans toutes les terres fertiles, dans lesquelles l'analyse constate généralement quatre dix-millièmes d'azote. Bien que ce chiffre paraisse assez minime, il n'en conduit pas moins à des quantités très-considérables d'ammoniaque par chaque hectare de terre, ainsi que le prouve le tableau suivant :

TERRES EXAMINÉES. (Analyses de M. Kroeker.)	AMMONIAQUE CONTENUE	
	Dans 100 parties de terre desséchée à l'air.	Dans 2,500 mètres cubes de terre.
		Livres.
Terre argileuse, non fumée	0,170	20 314
Autre terre argileuse	0,163	19,723
Terre supérieure d'un champ de Hohenheim	0,156	18,720
Terre inférieure d'un champ de Hohenheim	0,104	12,532
Terre argileuse, non fumée	0,149	17,953
Autre, de même nature, non fumée	0,147	17,713
Terre préparée pour de l'orge	0,143	17,446
Terre argileuse, non fumée	0,139	16,749
Terre argileuse, grasse	0,135	18,537
Autre terre argileuse, grasse	0,135	16,292
Terre vierge d'Amérique	0,116	12,044
Terre sablonneuse, non cultivée	0,096	12,000
Terre argileuse grasse, extraite du fond	0,088	11,000
Terre sablonneuse, non encore cultivée	0,056	7,028
Sable presque pur	0,031	4,045
	0,0988	11,932
	0,0955	11,552
	0,0768	9,288
Marnes diverses	0,0736	8,904
	0,0579	7,004
	0,0077	931
	0,0047	568

Il résulte de ce travail que nous empruntons à l'ouvrage de MM. Moride et Bobierre [1] ce fait bien important et auquel on ne s'attendait guère au premier abord, qu'une couche de bonne terre d'un hectare de surface et de 0m.25 seulement de profondeur, contient de 7,000 à 10,000 kilog. d'ammoniaque.

De tous les faits qui précèdent, nous devons donc conclure qu'il n'y a pas deux sortes d'azote, ni deux sortes d'ammoniaque, mais seulement que chacun de ces corps peut exister et qu'il existe en réalité dans les engrais sous des états différents, qu'il importe de bien connaître; mais que, quelle que soit son origine, c'est toujours et toujours de l'azote pouvant produire indistinctement du blé ou du seigle, de l'orge ou de l'avoine, du riz ou du maïs, etc. Il a absolument la même valeur agricole dans un engrais que dans un autre, à la condition de pouvoir fournir au sol l'ammoniaque dont il a besoin, et d'être uni, comme dans le fumier de ferme, à *tous* les autres agents nécessaires à la végétation. Croire que l'azote des fumiers, des guanos ou des poudrettes vaut moins ou plus que l'azote de tel autre engrais, c'est une erreur et une erreur grave; mais ce qui peut contribuer à en faire apprécier différemment la valeur dépend *uniquement* de l'état dans lequel l'azote se trouve, puisqu'il peut constituer ou un engrais chaud, ou un engrais froid, ou un engrais mixte, ou bien encore un engrais complet ou un engrais incomplet, et même une matière complétement inerte. Or le fumier de ferme, le prototype des engrais, possédant toutes les propriétés d'un engrais mixte et complet, c'est surtout dans cet état que nous devrons nous attacher à produire ceux dont nous aurons besoin, puisque ce n'est guère que dans ces conditions qu'ils peuvent satisfaire à tous les besoins et à toutes les phases de la végétation.

[1] *Technologie des engrais de l'Ouest*, 1848.

§ 11.

De l'humus et du terreau.

« Les agronomes ont raison d'apprécier beau-
« coup les engrais riches en humus. »

J. Girardin.

Nous avons déjà dit que l'humus n'était pas autre chose que du bois rendu soluble dans l'eau, par l'effet de la pourriture, auquel l'action vitale de la végétation reprenait ainsi les éléments constitutifs du bois pour en reformer de nouveau.

Nous savons également que les matières organiques de nature animale ne peuvent devenir utiles à la végétation qu'autant que leur désorganisation groupe dans un ordre nouveau chacun des éléments qui les composent. Eh bien! il en est absolument de même à l'égard des matières organiques de nature végétale.

Nous avons vu que les matières animales mises à l'abri des effets naturels de la désorganisation, comme le cuir tanné, restaient complétement inertes comme engrais. Eh bien! il en est encore de même à l'égard des matières végétales. C'est toujours la même loi; toujours une dans ses moyens, toujours immense dans ses résultats. Interrogeons les faits, et la vérité nous répondra.

Si l'on épand sur le sol des débris végétaux non désorganisés, leur action sera nulle tant qu'ils conserveront l'arrangement particulier que l'organisation leur a communiqué; mais, dès que la décomposition commencera, l'effet se fera sentir; c'est ainsi que les engrais verts n'ont pas et ne sauraient avoir la même action immédiate que s'ils avaient éprouvé la décomposition avant leur enfouissement dans le sol, et que la tannée, prise au moment où elle sort des fosses des tanneurs, demeure complétement inerte sur les terres, où son action est d'autant plus lente à se faire sentir, que certain agent conservateur, sur lequel nous reviendrons, ralentit ordinairement sa décomposition.

Prenons un autre exemple.

L'une des plus heureuses applications de la science moderne permet d'assurer la conservation des bois d'une manière presque indéfinie, en les soustrayant aux causes de désorganisation naturelle ; on peut dire qu'on les embaume aujourd'hui, pour les préserver de la pourriture, comme on embaume les cadavres afin d'assurer leur conservation. Et comme dans l'un et l'autre cas on s'est attaqué à cette même loi unique de désorganisation, on a obtenu les mêmes bons résultats ; aussi, les procédés dont nous parlons s'appliquent-ils maintenant avec de grands avantages dans toutes les constructions, et notamment à l'égard des bois destinés à être enfouis dans le sol, où ils éprouvaient ordinairement la pourriture avec une rapidité désespérante et souvent dangereuse, comme à l'égard des traverses qui supportent les rails des chemins de fer[1].

Si donc on prend la sciure provenant de la préparation de ces bois, et si on la répand également sur le sol, elle y restera entière comme le cuir tanné, et comme celui-ci elle résistera, même en grandes masses, ainsi que nous l'avons vu dans la forêt de Fontainebleau, aux causes les plus énergiques de désorganisation, et la végétation n'en éprouvera pas le moindre bon effet. Au contraire, les débris végétaux accumulés sur le sol à la fin de chaque automne, n'étant soustraits à aucune des influences qui peuvent amener leur décomposition, celle-ci marche rapidement, et le sol des forêts en est toujours si amplement pourvu, que cette cause suffirait presque à la fertilité des terrains forestiers,

[1] Chacun a pu voir à la dernière exposition universelle de Paris, différentes traverses de chemin de fer, de même essence, ayant séjourné pendant cinq ans dans le sol. Les traverses non préparées étaient dans un tel état de pourriture qu'il n'avait été possible de les transporter à Paris qu'en les enroulant dans toute leur hauteur avec des cordes, tandis que celles qui avaient été préparées par les procédés du docteur Boucherie, étaient encore intactes comme le premier jour, ainsi que j'ai pu m'en assurer à l'aide d'une hache. Je ne mentionne ces faits en passant, que parce qu'il y a là, pour l'agriculture, de très-grands services à attendre de l'emploi des bois ainsi préparés.

bien que d'autres circonstances y contribuent puissamment, ainsi que nous le verrons plus tard.

Nous sommes donc en présence de l'un des corps les plus utiles à la végétation, et son étude mérite toute l'attention que nous croyons devoir solliciter auprès de ceux dont les intérêts sont si étroitement liés à la question qui nous occupe.

Pour bien comprendre l'importance de l'humus à l'égard de la végétation, et par conséquent l'utilité de sa présence dans les engrais, il faut se rappeler que c'est lui qui communique à la terre *végétale* ses qualités si essentielles, et que quand un terrain est dépourvu de débris végétaux, on dit avec raison : Quel pauvre sol! il n'y a pas de terre végétale, il n'y a rien à espérer ; et tout le monde dit vrai. L'expérience que donne la pratique de chaque jour vaut mieux, quand on est bon observateur, que la meilleure des théories, et l'observation que nous rapportons ici est consacrée depuis si longtemps par l'expérience, que les gens les plus étrangers à l'agriculture la font journellement, et sans se tromper; mais ce que l'on ne sait généralement pas assez, c'est le rôle important que jouent là les matières végétales, quelle influence exerce l'humus sur l'ensemble de la végétation, et quel est son mode d'action à l'égard des matières fertilisantes du fumier et des engrais.

La terre ne peut prendre valablement la dénomination de terre végétale qu'autant qu'elle contient des débris végétaux en quantité assez considérable; sinon, elle ne constitue que des terrains peu productifs, lors même qu'elle posséderait les autres qualités d'une bonne terre arable. Il en est encore beaucoup qui sont privées de ces deux qualités. Telle était autrefois cette pauvre mais vaillante Champagne pouilleuse entièrement formée de calcaire, et que nous avons si souvent parcourue, mais que l'activité de ceux de ses plus laborieux habitants a si heureusement transformée aujourd'hui.

Nier l'influence salutaire des débris végétaux et de l'humus qu'ils fournissent, ce serait nier l'existence de la lumière, car les résultats que donne le fumier de ferme indiquent clairement que l'humus joue là un rôle important, considérable, puisque le fumier renferme jusqu'à 50 pour 100 de matières végétales, tandis qu'il ne contient que 4 d'azote pour 1,000. Donnez à un hectare de terre les 40 kilog. d'azote seulement que contiennent 10,000 kilog. de fumier; puis, à un autre hectare absolument semblable, donnez ces 10,000 kilog. et comparez.

Tous les auteurs anciens le disent avec raison : « Travaillez à « créer la terre végétale ou *humus* et amendez vos champs[1]. » De nos jours, les agronomes et les agriculteurs sont tous d'accord sur ce point, et particulièrement ceux des praticiens éclairés qui peuvent se rendre un compte exact de la fertilité et de la valeur qu'acquièrent les terrains au contact des débris végétaux.

Certains engrais, sur lesquels nous aurons à revenir, et qui avaient principalement pour base des matières végétales, ont donné, dans maintes circonstances, des résultats inespérés, tels notamment ceux que fabriquait un brave et infortuné paysan du nom de Jauffret, dont les méthodes ont rendu des services réels, de l'aveu même de ceux des agriculteurs qui ont fait usage de ces méthodes et des engrais en provenant, et qui ont eu à honneur d'en témoigner dans des termes fort dignes et parfois bien touchants.

En agriculture les faits sont tout, et nous allons les laisser parler afin d'établir tout le parti avantageux que l'on peut retirer des débris végétaux, même en se servant des idées d'un homme pauvre, à peu près privé d'instruction, mais doué d'une grande persévérance unie à l'amour du bien.

M. du Jonchay, agriculteur distingué à Moulins, raconte[2] qu'il y a moins de quinze ans, l'un des cantons les plus étendus du département de l'Allier, celui de Chevagne, dont la superficie était de plus de 37,000 hectares, n'offrait, pour ainsi dire, aux regards attristés que l'aspect d'un pays sans culture et d'une affligeante stérilité. On le nommait la Sologne du Bourbonnais.

[1] L'abbé Rozier, *Éléments d'agriculture*, 1762.

[2] *Journal d'agriculture pratique*, année 1848, p. 31.

Ce terrain de landes, nu ou couvert de bruyères, de fougères, de genêts, d'ajoncs, semblait condamné à tout jamais à ce déplorable état, lorsqu'un agriculteur d'un grand mérite, M. de Tracy, se mit résolûment à l'œuvre, et transforma entièrement, en quelques années, le pauvre canton de Chevagne, qui aujourd'hui, dit M. du Jonchay, produit des récoltes d'avoine, d'orge, de seigle, de froment, de pommes de terre et de trèfle, aussi belles que dans les meilleures parties de la France.

On croyait ce résultat si peu possible que, quelques années avant la révolution de 89, des commissaires terriers, chargés d'exécuter un travail important dans la terre de Paray, consignèrent par écrit que plusieurs champs, peu éloignés de l'habitation, étaient de qualité si mauvaise qu'on aventurerait ses dépenses en cherchant seulement à les ensemencer en bois, et que ce qu'il y avait de mieux à faire était de les laisser en pacage.

Sans doute, les amendements du sol au moyen de la marne ont contribué aux résultats énoncés par M. du Jonchay; mais les engrais végétaux obtenus par la méthode Jauffret y ont très-puissamment contribué, car M. du Jonchay s'exprime ainsi : « M. de « Tracy et moi nous avions été frappés de tout ce que le système « du pauvre paysan de Provence, Jauffret, si digne d'un meilleur « sort, pouvait offrir d'avantageux aux cultivateurs en position « d'en tirer parti et qui sauraient l'utiliser. Nous avions été ses « premiers souscripteurs, et nos fabriques d'engrais Jauffret, où « pourtant, il faut l'avouer, les procédés du maître ont été modi- « fiés par nous, continuent d'être en pleine activité. »

Ainsi, un homme d'intelligence a imaginé, un homme d'action a appliqué, et la fertilité, la vie ont été assurées à tout un canton. A côté de ces deux hommes, il s'en est trouvé un troisième, un homme de cœur et de progrès, qui a raconté ce qu'il avait vu, et chacun a fait comme M. de Tracy. MM. Bayon, de Saint-Georges, Jourdier de la Charnée, de Chabannes-Lapalisse, le colonel Beuret, Guyot, etc., l'ont imité à l'envi, et en moins de quinze ans le pays a été enrichi de 37,000 hectares, pouvant nourrir

157,450 habitants[1]. Comment, en présence de pareils résultats, ne pas désirer de s'éclairer sur chacun des points qu'embrasse dans son ensemble la question si complexe mais si utile des engrais?

Voyons donc comment les matières végétales, insolubles dans l'eau, dans l'état d'intégralité où nous les connaissons, peuvent devenir solubles et passer ensuite dans la circulation séveuse, où, sous l'influence d'une action vitale mystérieuse, elles reprendront bientôt leur forme et leur état primitif.

Chacun sait que la sciure de bois sèche ou la paille ne s'altèrent pas à l'air, et qu'elles peuvent être conservées très-longtemps dans cet état; mais si l'humidité intervient, la matière ne restera pas longtemps intacte. En pénétrant la fibre ligneuse, l'eau la gonfle, elle la ramollit, elle ouvre ses pores comme pour faciliter l'accès et l'action de l'air; bientôt celui-ci intervient à son tour, et tous deux se prêtant un mutuel appui, la désorganisation commence et se continue sans interruption, tant que les deux causes subsistent. Avec le temps, l'une des deux causes suffit, mais l'action est beaucoup plus lente.

Dans cette transformation de la matière, c'est d'abord la désagrégation qui commence; chacune des particules qui compose le tout se sépare de la particule voisine; c'est un changement de forme qui s'opère et en même temps un changement d'état, une véritable action chimique dans laquelle l'air joue le principal rôle, et dont l'effet est de séparer les éléments qui composent le ligneux, de les grouper dans un ordre nouveau, absolument comme le fait l'action de l'air sur ce charbon qui brûle et disparait sous la cendre : l'action est la même et le résultat est le même.

Si une haute température intervient, si on brûle un morceau

[1] Dans l'état actuel, le chiffre des surfaces nécessaires à l'alimentation se calcule exactement à raison de 23 ares 50 par habitant, dont la consommation moyenne en céréales de toute nature est de 2 hectolitres 82. En évaluant le produit moyen *net*, en froment, à raison de 12 hectolitres par hectare, on trouve en effet que les 2 hectolitres 82, consommés par individu, correspondent à 23 ares 50.

de bois ou un fragment de charbon, on ne fait pas autre chose qu'accélérer sa décomposition ; on déplace ses éléments, qui changent alors de forme et d'état ; mais à la température ordinaire, et sous la seule influence prolongée de l'air et de l'humidité, le résultat est absolument le même ; et dans l'un et l'autre cas, lorsque la combustion s'est entièrement complétée, on ne retrouve en définitive que des cendres.

Seulement, il y a deux produits distincts dans la décomposition du ligneux, et soit que celui-ci provienne du bois ou de la paille ; le premier est le terreau, le second est l'humus. De même que dans la décomposition des matières animales, il y a deux produits distincts, qui sont l'ammoniaque et l'azote. Le terreau est le produit de la décomposition du bois ; l'humus est le produit de la décomposition du terreau, et de même l'ammoniaque est le produit de la décomposition des matières animales, comme l'azote est le produit de la décomposition de l'ammoniaque. Ne l'oublions pas, la partie la plus importante de la nutrition des végétaux est là, car tous se nourrissent, comme nous, de matières animales et de matières végétales, avec cette seule différence qu'étant pourvus d'organes digestifs puissants, nous pouvons puiser directement dans des aliments solides et liquides les principes nutritifs nécessaires à notre subsistance, tandis que les végétaux, privés des mêmes organes, ne peuvent s'assimiler que des éléments liquides ou gazeux, et qu'autant que la décomposition a amené les aliments solides que nous leur offrons dans un état plus simple ; en un mot, nous pouvons nous nourrir avec des matières animales et avec des matières végétales dans l'état d'intégralité où la Providence nous les donne, tandis que les végétaux ne peuvent se nourrir des mêmes matières qu'autant que les éléments qui les constituent ont pu se dédoubler pour donner naissance à des produits plus simples.

Nous avons donc à considérer ici les deux états par lesquels passent les matières végétales pour servir à la reproduction d'espèces semblables à elles. Par l'effet de la pourriture, le ligneux acquiert des propriétés nouvelles et il perd celles qu'il possédait primitivement. Il était rigide et tenace dans le bois comme dans la paille, et maintenant il n'est plus que poussière; il était insoluble dans l'eau, et il y est devenu soluble. Vivant, il prenait à l'atmosphère quelques éléments dont il avait besoin pour se développer; mort, il va les lui restituer. Il a emprunté à la chaleur solaire tout le calorique dont il a eu besoin; mort, il va également le restituer à la terre, et le faire servir à la reproduction d'espèces semblables à lui.

Si le terreau, quelle que soit son origine, est traité par l'eau, celle-ci en dissout une matière brune plus ou moins foncée, dans laquelle on retrouve *exactement* tous les éléments du bois. Ce nouveau produit n'est pas autre chose que l'humus, c'est-à-dire la partie soluble du terreau; c'est, en un mot, du bois en dissolution, tout prêt à reconstituer d'autre bois ou d'autre paille sous l'influence du mouvement vital imprimé à la végétation.

Toutefois l'eau pure en dissout peu; mais si l'eau est chargée d'ammoniaque, ou plutôt d'un sel ammoniacal sur lequel nous aurons occasion de revenir, mais que nous laissons de côté, quant à présent, afin de simplifier les démonstrations qui nous occupent, la dissolution de l'humus est alors très-abondante, et, comme nous le verrons dans la suite, toutes les eaux pluviales étant chargées d'ammoniaque, et cette dernière se trouvant d'ailleurs toute formée dans les fumiers, dans les engrais fermentés, aussi bien que dans le sol lui-même, ainsi que nous venons de le voir il y a quelques instants, il en résulte que la dissolution de l'humus s'opère au sein de la couche arable, avec une très-grande facilité, et avec une certitude d'autant plus grande que l'humus s'unit dans ce cas avec l'ammoniaque, de laquelle les végétaux ont toujours besoin.

La science a fait beaucoup pour élucider toutes ces questions; elle a mis en évidence bien des faits douteux ou controversés, et démontré, dans une suite de travaux nombreux de la plus haute importance, quel était le mode d'action des matières organiques à l'égard de la végétation. C'est ainsi qu'un savant très-distingué, et qui a rendu à la science et à l'agriculture d'importants services à raison de ses recherches sur la végétation, M. Th. de Saussure, avait prouvé une première fois que la partie soluble du terreau était absorbée directement par les racines des plantes.

La série d'expériences minutieuses entreprises par le savant physiologiste, et consignées dans ses *Recherches sur la végétation* et dans la *Bibliothèque universelle de Genève*, déc. 1840, p. 340 à 350, ne pouvait guère laisser d'incertitude sur l'évidence des faits observés, et confirmés depuis par MM. Wiegmann et Trinchinetti. Cependant, des doutes s'élevèrent dans l'esprit de l'illustre chimiste de Giessen, M. Liébig, qui contesta quelques-uns des points consignés dans les travaux de M. de Saussure. La question fut reprise en 1849 par M. E. Soubeiran, et les recherches du savant professeur de l'École de pharmacie de Paris, confirmèrent entièrement les conclusions de M. de Saussure et celles de MM. Wiegmann et Trinchinetti[1].

Après M. Soubeiran, M. Malaguti, professeur de chimie à la Faculté de Rennes, et l'un des hommes qui certainement possède le mieux la chimie agricole, s'est livré à de nouvelles études sur le même sujet, et est venu confirmer les conclusions de MM. de Saussure et Soubeiran[2].

Les plantes sur lesquelles ces messieurs ont opéré sont des fèves, des haricots, de l'aveine, une lampsane et des grains de cressonnette. Dans l'un et l'autre cas, l'absorption de l'humus a été directe, comme on devait s'y attendre, et les résultats consignés dans chacun des mémoires ne peuvent laisser aucune espèce de doute à cet égard. Il est donc parfaitement prouvé main-

[1] Le travail de M. Soubeiran est intéressant à plus d'un titre, et la Société centrale d'agriculture de la Seine-Inférieure l'a couronné par une médaille d'or de la valeur de 1,500 fr. Nous engageons donc tous ceux qui s'occupent des questions d'engrais, ou qui y ont un intérêt direct, à consulter ce travail. *Travaux de la Société d'agriculture de la Seine-Inférieure*, CXVI[e] cahier, 1er trimest. 1850; et *Journal d'agriculture pratique*, 1er semest. 1851, p. 185.

[2] Même recommandation pour le travail de M. Malaguti. *Journal d'agriculture pratique*, 1er semest. 1852, p. 250.

tenant que l'humus concourt directement à la nutrition végétale, en lui fournissant les éléments nécessaires pour reconstituer de nouvelle paille, ou de nouveau bois, ou de nouvelles feuilles.

Mais l'humus n'est pas seulement un aliment précieux pour les végétaux, car sa formation au sein du terreau est toujours accompagnée de produits gazeux dont l'importance est capitale à l'égard du pouvoir fécondant que le fumier communique si bien à toutes les terres, et cette importance est à considérer attentivement dans la production des engrais, à peine de ne produire que des engrais incomplets, dépourvus des riches qualités agricoles du fumier de ferme.

Nous avons déjà dit, et nous revenons à dessein sur ce fait, que le charbon, qui se consume et disparaît sous l'action d'une température élevée et sous l'influence de l'air, ne fait que changer de forme et d'état sans que l'élément qui le constitue ait cessé d'être. Dans ce cas, en effet, le charbon se combine tout simplement avec l'oxygène de l'air, comme le fer lorsqu'il se transforme en rouille sous la même influence; seulement, de la combinaison du charbon avec l'oxygène résulte un gaz acide qui se répand dans l'atmosphère, et dont l'influence est mortelle lorsqu'il est prédominant dans les lieux où on le respire. Témoin ces asphyxies de tous les jours à l'aide du charbon. Et il est si vrai que l'élément combustible du charbon, ou le carbone proprement dit, n'a pas été détruit, et qu'il n'a fait que changer de forme et d'état, que si l'on reprend le gaz acide carbonique résultant de la combustion, et si on en sépare les deux éléments qui le constituent, comme les chimistes peuvent le faire avec la plus grande facilité, on retrouve exactement la quantité de carbone pur qui communiquait au végétal sa combustibilité, et toute la quantité d'oxygène prise à l'air pour opérer la combustion de ce carbone.

Eh bien, dans la décomposition du bois ou de la paille sous l'influence de l'air et de l'humidité, l'action est la même et les résultats sont absolument identiques. Dans ce cas aussi, l'oxygène de l'air s'unit lentement au carbone des matières végétales.

il le brûle, il se combine avec lui, comme il le fait à l'égard du charbon incandescent au milieu du foyer; il dégage également de la chaleur, mais peu à la fois, ainsi que le prouve l'échauffement naturel du fumier et des matières végétales humides retenant dans leurs interstices d'assez grandes quantités d'air, comme le foin vert, dont l'échauffement va trop souvent jusqu'à allumer l'incendie.

C'est donc une véritable combustion qui s'opère quand les matières végétales se transforment en terreau. Et il est si vrai que le résultat de cette combustion est le même que celui de la combustion du charbon, et qu'il donne également naissance à du gaz acide carbonique, que trop fréquemment encore les couches de champignons établies dans les caves deviennent aussi des causes journalières d'asphyxie.

Si donc on recueille avec soin les gaz résultant de la combustion lente des matières végétales, on trouve, comme dans la combustion rapide du charbon, du gaz acide carbonique, et si, comme nous venons de le dire, on sépare les deux éléments qui constituent ce gaz, on retrouve exactement la quantité de carbone par qui communique aux matières végétales leur combustibilité, ainsi que la quantité d'oxygène nécessaire pour opérer la combustion de ce carbone et l'amener à l'état gazeux.

Eh bien, l'action vitale imprimée à la végétation n'a pas d'autre effet sur l'acide carbonique que de séparer les éléments qui constituent ce dernier, de se les approprier, de les grouper dans un ordre nouveau, de fixer, de retenir le carbone avec lequel elle va reconstituer ainsi de nouvelle paille, ou de nouveau bois, ou de nouvelles feuilles.

Comment pourrait-il en être autrement, puisque, comme nous l'avons vu précédemment, *tous* les végétaux et toutes les matières végétales contiennent du carbone auquel ils doivent la propriété de s'enflammer à une température élevée. Le chêne sec en contient 49.43 pour 100; le froment 46; la paille de froment 38; le foin sec 40.73; la betterave sèche 40, etc. Où la végétation puiserait-elle des quantités aussi considérables, si elle ne les trouvait à portée de ceux de ses organes qui peuvent les retenir et les transmettre à la séve?

Le carbone, avons-nous dit, est l'élément combustible du charbon (dont le diamant est le véritable type, puisque celui-ci n'est pas autre chose que du carbone dans son plus grand état de pureté, mais seulement avec un autre arrangement, sous une autre forme et dans un autre état que celui qui nous est offert par les végétaux), c'est donc un corps solide; mais puisque nous savons que les végétaux étant dépourvus d'organes digestifs assez puissants, ils ne peuvent, comme nous, se nourrir directement de matières solides, il faut nécessairement, et nous l'avons prouvé, que ces matières soient converties en produits liquides ou gazeux; or, la décomposition du ligneux, soit qu'il provienne du bois, ou de la paille, n'a pas d'autre effet que de présenter le carbone à la végétation, dans l'un ou l'autre de ces états. C'est ainsi que la combustion lente ou pourriture a précisément pour résultat de rendre le carbone soluble dans l'humus, puisque celui-ci en contient de 53 à 56 pour 100, et de l'amener également à l'état gazeux dans l'acide carbonique contenant lui-même 27 pour 100 de carbone, ainsi que l'ont établi les travaux de MM. Dumas et Stas.

Et il est si bien démontré aujourd'hui qu'aucune matière organique animale ou végétale ne peut concourir à la nutrition des plantes sans un dédoublement préalable, que, pour nous servir d'une comparaison à peu près analogue et non moins juste que celle que nous avons prise précédemment à l'égard de l'inertie des cuirs tannés et de la houille, nous ajouterons que le charbon de bois, encore plus riche en carbone que l'ammoniaque n'est riche en azote, demeure complétement inerte sur les terres, parce que l'état dans lequel il se trouve le tient à l'abri de la décomposition. Le soufre, sur lequel nous reviendrons également, est encore dans le même cas. Toutes les récoltes en contiennent; mais il est absolument certain que le soufre en nature demeurerait sans action sur les terres, parce que, dans cet état, il ne peut être absorbé par les racines des végétaux, qui ne s'en emparent qu'autant que le soufre forme certaines combinaisons gazeuses pouvant être dissoutes, comme l'acide carbonique, par les eaux pluviales.

Dans ce cas, les racines absorbent l'acide carbonique; les végétaux retiennent ainsi le carbone et rejettent l'oxygène, à la faveur duquel ce carbone avait été rendu gazeux, de même qu'en prenant le soufre à l'état de combinaison gazeuse pouvant être dissoute par les eaux pluviales, celui-ci est retenu au profit de la végétation. D'où cette conclusion générale à l'égard de tous les engrais, qu'il ne suffit pas que ceux-ci contiennent les éléments nécessaires à la nutrition des végétaux, mais qu'il faut encore et surtout se préoccuper de l'*état* dans lequel ces éléments existent.

Le rôle que joue l'acide carbonique dans la nature est immense; il suffit à lui seul pour faire naître les plus graves réflexions et les idées les plus pieuses. L'acide carbonique est produit en si grandes masses par la respiration des hommes et des animaux, par la décomposition des matières organiques, par les végétaux vivants qui l'expirent la nuit, par un nombre infini de sources terrestres et maritimes, par chacun de nos innombrables foyers, ainsi que par ces autres foyers terribles, les volcans, qui sans cesse en vomissent dans l'atmosphère des torrents incalculables, que l'on ne peut se défendre d'un sentiment profond d'admiration quand on songe que Dieu a doué les végétaux de la merveilleuse faculté de décomposer ce gaz mortel, de retenir précisément son carbone afin de le faire servir à la reproduction de nouvelles espèces et pour la satisfaction de nos besoins, tout en nous rendant, dans son état de pureté primitive, l'oxygène si absolument indispensable à la respiration. Écoutons la parole des grands maîtres, et nous y puiserons de grands enseignements : « Ainsi, des bouches de ces volcans, dont « les convulsions agitent si souvent la croûte du globe, s'é« chappe sans cesse la principale nourriture des plantes, l'acide « carbonique [1]. »

[1] Dumas et Boussingault, *Statique chimique des êtres organisés.*

« C'est dans un but aussi sublime que sage que la vie des « plantes et celle des animaux se trouvent intimement liées « l'une à l'autre par des moyens d'une simplicité admirable... « Ces deux questions embrassent deux des phénomènes les plus « merveilleux de la nature, cause essentielle et effective de la « vie et de la conservation des plantes et des animaux, et dont « l'action combinée et non interrompue se perpétue d'une ma- « nière admirable et persistera jusqu'à la fin des temps [1]. »

Ce n'est donc pas seulement par leurs racines que les plantes se nourrissent de carbone en puisant dans le sol celui que leur fournit abondamment la combustion lente des débris végétaux, mais encore par le carbone que les feuilles et toutes les parties vertes empruntent à l'acide carbonique de l'air, sous l'influence des rayons solaires.

« Le carbone provient essentiellement de l'acide carbonique, « soit qu'il ait été emprunté à l'acide carbonique de l'air, soit « qu'il provienne de cette autre partie d'acide carbonique que « la décomposition spontanée des engrais développe sans cesse « au contact des racines... A coup sûr, quand a germé le gland « qui a produit, il y a cent ans, le chêne qui fait notre admi- « ration maintenant, le terrain sur lequel il était tombé ne ren- « fermait pas la millionième partie du charbon que le chêne « lui-même renferme aujourd'hui. C'est l'acide carbonique de « l'air qui a fourni le reste, c'est-à-dire la masse à peu près « entière [2]. »

La présence de l'acide carbonique dans l'air que nous respirons se révèle chaque jour à nos yeux par un fait que tout le monde a certainement pu observer dans le cours de la vie, mais sans que chacun ait pu s'en rendre un compte exact. Prouvons ce fait. Lorsqu'on fait éteindre de la chaux au moyen de l'eau, le liquide surnageant qui reçoit le contact de l'air est bientôt recouvert d'une légère croûte blanchâtre, d'une pellicule dont l'é-

[1] J. Liebig, *Chimie appliquée à la physiologie végétale et à l'agriculture.*
[2] Dumas et Boussingault, *Statique chimique des êtres organisés.*

paisseur va sans cesse en augmentant. Si on la brise, elle gagne rapidement les couches inférieures du liquide, comme le font tous les corps lourds, et une seconde, puis une troisième et une quatrième pellicule se succèdent sans interruption. Il s'est passé là un fait analogue à celui que l'on observe lorsque le fer se combine avec l'oxygène de l'air pour former de la rouille, ou lorsque l'azote des matières animales en décomposition se combine avec l'hydrogène pour former de l'ammoniaque, car c'est un changement d'état qui s'est opéré, un corps nouveau qui est résulté de l'union de deux autres corps. Voyons ce qu'est celui-ci.

Comme tous les alcalis (potasse, soude, ammoniaque, etc.), la chaux est caractérisée principalement par la tendance toute naturelle qu'elle possède de s'unir aux acides, de se combiner avec eux; or, le gaz carbonique répandu dans l'atmosphère étant le seul acide que la chaux y rencontre, elle se combine avec lui; et le fait est si vrai, que si l'on reprend ces pellicules, et si on les met en présence d'un acide plus énergique que le gaz carbonique, celui-ci est expulsé de sa combinaison avec la chaux, et l'acide le plus énergique prend sa place. Témoin ces bouillonnements que l'on observe lorsqu'on répand un acide sur le sol. Dans ce cas, l'acide carbonique reprend son état primitif, en retournant à l'atmosphère comme tous les corps gazeux.

Au lieu de le restituer à l'atmosphère, comme le fait la combustion du charbon ou la pourriture des matières végétales, ainsi que les volcans et toutes les autres sources terrestres et maritimes, recueillons-le à l'aide de l'un de ces mille moyens que la chimie met à notre disposition, décomposons-le, séparons les éléments qui le constituent, et nous retrouverons *très-exactement* la quantité de carbone par qui communique aux matières végétales leur combustibilité, ainsi que la quantité d'oxygène nécessaire pour opérer la combustion de ce carbone et l'amener à l'état gazeux.

La présence de l'acide carbonique gazeux au sein de notre atmosphère est donc un fait incontestable, et les innombrables analyses qu'en ont faites les chimistes de tous les temps et de tous les pays ne peuvent laisser subsister aucune espèce de doute. De nos jours, les princes de la science ont repris l'étude de toutes ces grandes questions, et les travaux des Berzélius, des Boussingault, des Dumas, des Gay-Lussac, des Lavoisier, des de Saussure, des Thénard, etc., etc., ont constamment confirmé, mais avec une plus grande précision, les résultats obtenus par leurs illustres devanciers.

En abandonnant la chaux au contact de l'air, elle a donc bien réellement emprunté à celui-ci de l'acide carbonique gazeux qu'il renfermait, elle l'a solidifié; or, c'est là ce que fait l'action vitale de la végétation, à l'aide des racines et des feuilles, elle absorbe l'acide carbonique existant dans le sol ou répandu dans l'atmosphère, et c'est alors que les plantes le décomposent, comme nous décomposons l'air en le respirant, qu'elles le solidifient à leur tour ; qu'elles retiennent le carbone dont elles ont absolument besoin pour reconstituer leur charpente, pour reproduire, je me répète encore, de nouveau bois, ou de nouvelle paille, ou de nouvelles feuilles, selon l'espèce de végétal qui s'assimile ce carbone, de même que l'azote prend, dans chaque espèce de végétal, l'arrangement particulier qui convient à l'organisation de chacune des espèces, dans lesquelles, finalement, on retrouve toujours plus tard et le même carbone et le même azote pouvant servir indéfiniment à la constitution de nouveaux êtres ou de nouvelles espèces. C'est donc toujours, depuis la création du monde, la même matière qui se meut sans cesse, qui est indestructible, impérissable, quoi que nous fassions, et que nous pouvons faire servir indéfiniment à tous nos besoins, à la seule condition d'acquérir, par le travail, la science nécessaire pour savoir les mettre à profit.

L'absorption, par les parties vertes des végétaux, du carbone répandu dans l'atmosphère à l'état d'acide carbonique, n'a pas pour nous un intérêt aussi direct que la présence de l'acide carbonique dans les couches supérieures de la terre arable, mais ces deux faits n'en devaient pas moins être signalés ; car il n'est guère possible de s'occuper sérieusement de la production des engrais sans connaître au moins les conditions générales de l'alimentation des végétaux, puisque l'art du fabricant d'engrais consiste uniquement à savoir préparer les aliments qui sont utiles à la végétation.

Les faits qui précèdent nous conduisent donc à cette première conclusion que, par l'effet de la pourriture ou combustion lente, les matières végétales se transforment d'abord en terreau, et agissent ensuite comme engrais en fournissant au sol de l'humus soluble que les plantes s'assimilent directement, et qu'enfin la formation de cet humus a toujours pour résultat la transformation d'une partie du carbone des matières végétales en acide carbonique. Nous venons de dire : *une partie du carbone*. En effet, tout le terreau ne peut pas se convertir entièrement en humus, et il arrive un moment où il ne reste plus qu'un terreau charbonneux insoluble et incapable de concourir au développement de la végétation. Tel est le terreau épuisé des jardiniers, dont les marchands de poudrette font un si scandaleux abus, afin d'augmenter le volume et le poids de leur marchandise. En fait, la plus grande partie de l'azote des matières végétales passe dans l'humus, et celui-ci en contient jusqu'à 2.50 p. 100; or, on comprend que, privé des deux agents qui constituent sa plus grande valeur agricole, un pareil résidu n'est plus qu'un *caput mortuum* pour la végétation, et que son introduction dans les poudrettes constitue une de ces fraudes si nombreuses, contre lesquelles on ne saurait trop prémunir les agriculteurs et appeler toutes les sévérités de la justice. Nous reviendrons encore sur cette question.

Nous venons d'expliquer la formation de l'humus et d'indiquer son rôle principal, nous avons expliqué également la formation de l'acide carbonique; mais avant de parler de leurs différents modes d'action, prouvons d'abord leur existence dans toutes les terres contenant des débris végétaux en voie de transformation.

L'existence éphémère de l'Institut agronomique de Versailles a laissé quelques travaux utiles, parmi lesquels nous trouvons les analyses de M. Verdeil sur la richesse en humus des terres de Versailles, contenant en moyenne 45-14 p. 100 de matières organiques renfermant elles-mêmes 0 kil. 128 d'humus sec par mètre carré, à 0m,33 de profondeur [1]; soit 1,280 kil. par hectare.

Le tableau communiqué à l'Académie des sciences par M. Verdeil nous donne les chiffres suivants pour les matières organiques des différentes terres du domaine :

Désignation des terres.	Matières organiques pour 100.	
Mail	45 00	Moyenne de 45-14 donnant elle-même 54-86 pour 100 des cendres.
Faisanderie	70 50	
Gazon	35 00	
Avenue de la Reine	44 00	
Potager	37 00	
Satory	35 00	
Argile de Gallie	48 00	
Calcaire de Gallie	47 00	
Tourbe	46 00	
Sablière	47 40	

De son côté, M. J. Girardin a analysé différentes terres des environs de Rouen, et nous extrayons des travaux du célèbre professeur les chiffres suivants à l'égard de l'humus.

HUMUS DES TERRES DE LA NORMANDIE.

(*Analyses de M. J. Girardin, de Rouen* [2]).

Origine des terres.	Humus soluble azoté.	Humus insoluble.	
Petit Quevilly	0, 10	2,708	Pour 100.
Chartreux	0,105	3,549	
Franqueville	0, 23	2,000	
Ile d'Elbeuf	0, 47	17,500	

On comprend que dans toutes les terres fertiles contenant des quantités importantes de matières organiques en voie de transformation, et fournies au sol par le fumier ou par les engrais, l'acide carbonique gazeux provenant de la décomposition de ces matières doit nécessairement être mélangé, dans des rapports assez considérables, à l'air que l'action des labours introduit

[1] De Gasparin, *Principes d'agronomie*, p. 126.
[2] J. Girardin, *Mélanges d'agriculture*, t. I, p. 300.

dans le sol en le soulevant. MM. Boussingault et Lévy ont eu la pensée d'analyser l'air ainsi emprisonné dans les interstices de différentes terres arables, et leurs recherches les ont conduits à des résultats fort intéressants pour la science et pour la pratique agricole. Voici d'ailleurs le tableau extrait du mémoire adressé à ce sujet à l'Académie des sciences, en 1852, par MM. Boussingault et Lévy :

NATURE DES TERRES.	ACIDE CARBONIQUE CONTENU dans 100 parties d'air confiné.		VOLUME de l'air confiné dans un hectare.	VOLUME de l'acide carbonique contenu dans l'air d'un hectare.
	En volume.	En poids.		
			mètres cubes.	litres.
Terre récemment fumée. . .	2 27	3 42	824	18,695
Autre terre récemm. fumée.	9 78	14 18	824	80,545
Champ de carottes.	1 00	1 40	815	8,154
Vignes.	0 96	1 45	988	9,488
Forêt de Goersdorff.	0 86	1 30	412	3,540
Loam sous-sol de la forêt. .	0 83	1 28	247	2,051
Sable sous-sol de la forêt. .	0 24	0 37	309	741
Asperges anciennem. fumées.	0 80	1 21	817	6,538
Asperges récemment fumées.	1 54	2 35	817	12,586
Sol très-riche en terreau. . .	3 65	5 44	1,472	53,457
Champ de betteraves.	0 86	1 31	825	7,085
Champ de luzerne.	0 83	1 26	772	6,408
Champ de topinambours. . .	0 67	1 01	721	4,828
Prairie.	0 79	3 71	366	10,139

Dans une intéressante communication à la Société centrale d'agriculture de la Seine-Inférieure sur cette question, M. Girardin s'exprime ainsi : « Dans le sol, l'air est constamment plus « chargé d'acide carbonique ; par exemple, la moyenne obtenue « dans les cultures qui n'avaient pas été fumées depuis une an- « née serait, par mètre cube, de 9 litres de gaz acide carbonique « contenant près de 9 grammes de carbone, c'est-à-dire 22 à 23 « fois autant que l'air normal.

« Dans les sols récemment fumés, la différence a été bien plus

« grande encore, puisque l'air pris dans la terre d'un champ où « le fumier était incorporé depuis neuf jours renfermait 98 litres « d'acide carbonique par mètre cube, soit 53 grammes de car- « bone, ou environ 245 fois autant que dans l'air extérieur. »

« Le développement de cette quantité, relativement consi- « dérable, d'acide carbonique dans l'air engagé dans la terre « végétale, provient évidemment, en grande partie, de la com- « bustion lente du carbone des matières organiques, telles que « l'humus, les débris des plantes, les engrais... »

« Il ressort donc de ces recherches que l'absorption de l'air « par les terres est d'une indispensable nécessité pour la con- « version des matières organiques enfouies en principes nutritifs, « et que, par conséquent, plus on développe cette puissance « d'absorption dans les terres, plus on les rend fertiles. D'où « encore l'efficacité des labours, qui contribuent plus que tout « autre moyen à accroître la porosité du sol, et par suite l'ab- « sorption des gaz atmosphériques. Et de même que les labours « sans engrais ne pourraient suffire toujours et longtemps pour « assurer de bonnes récoltes, de même aussi les engrais sans « labours deviendraient à peu près inutiles[1]. »

On ne peut donc douter que, pour être fertiles, les terres doivent être pourvues de matières organiques des deux règnes; qu'au contact de l'air et de l'humidité, le carbone des matières végétales se brûle absolument comme le fait le charbon dans un foyer, c'est-à-dire en produisant de l'acide carbonique, et que la présence des matières végétales est absolument indispensable au sol pour que les végétaux trouvent l'acide carbonique à portée de leurs organes, afin d'en extraire le carbone et le faire servir à la reconstitution de nouvelles espèces végétales.

L'acide carbonique et l'humus n'ont pas seulement pour effet de concourir directement à l'alimentation des végétaux, car chacun d'eux possède en outre un mode d'action spécial parfaitement déterminé, et d'une importance réelle à l'égard des autres

[1] J. Girardin, *Faits nouveaux de chimie agricole.*

agents fécondants avec lesquels ils se trouvent au sein du fumier et des engrais.

L'acide carbonique, dont nous connaissons bien maintenant la formation à la surface des terres, offre surtout l'avantage de faciliter la dissolution de différentes substances minérales dont nous allons bientôt nous occuper, comme étant également indispensables à la constitution des végétaux, mais dont la présence dans les engrais deviendrait tout à fait illusoire, si l'acide carbonique n'intervenait pas pour les rendre solubles et à même d'être introduits, par les racines des plantes, dans la circulation séveuse.

L'humus, tel qu'il existe dans les matières végétales en voie de transformation, est caractérisé principalement par la propriété de s'opposer à la décomposition trop rapide des matières animales, de s'unir à l'ammoniaque que celles-ci dégagent toujours abondamment, et d'absorber, avec une grande énergie, l'oxygène de l'air et les autres gaz provenant de la décomposition des matières animales.

Plus nous avancerons dans l'étude de la question qui nous occupe, et plus nous reconnaîtrons là des propriétés éminemment précieuses; mais nous pouvons constater dès à présent qu'il faut qu'elles soient bien grandes pour que le fumier de ferme, relativement si pauvre en matières animales et principalement en azote, mais si riche en humus, soit doué d'une efficacité et d'une durée qu'on ne rencontre dans aucun autre engrais. Si le fumier de ferme possède des qualités agricoles suffisantes pour qu'il soit possible de l'appliquer indéfiniment, et toujours avec succès, à tous les terrains et à tous les systèmes de culture, c'est qu'évidemment sa composition vaut mieux que celle d'aucun autre engrais ; or elle est surtout caractérisée par une forte proportion de débris végétaux pouvant fournir au sol de grandes quantités d'humus et d'acide carbonique, dont l'abondance se révèle précisément en une production de paille relativement très-forte, par la raison que le carbone sert principalement à la constitution de cette dernière, ou plutôt à la fibre ligneuse qui forme sa charpente.

C'est ainsi que le fumier, contenant en moyenne 35,8 de carbone, peut être employé en quantités considérables sans crainte de voir les céréales verser aussi fréquemment qu'avec les guanos ou les poudrettes, qui n'apportent au sol que des quantités insignifiantes de carbone. En effet, une fumure annuelle de 10,000 kilog. de fumier de ferme apporte au sol 3,580 kilog. de carbone, dont moitié peut-être en humus soluble, tandis qu'on donne à la même surface de terre de 2 à 300 kilog. de guanos ou de poudrettes contenant le chiffre dérisoire de 20 à 30 kilog. de carbone et pas un atome d'humus. Quelle aberration, et comment ne pas protester contre de pareilles erreurs! Heureusement, nous ne sommes pas seul de cet avis, car M. Malaguti, l'éminent professeur de la faculté de Rennes pense avec nous que, « par une évidente contradiction, le guano est un engrais « pour tous les cultivateurs[1]. » Poursuivons, nous verrons bien si quand tout le monde a tort, tout le monde a raison.

Le fumier de ferme pècherait plutôt par l'excès contraire; et, en effet, quand on considère qu'une fumure triennale de 30,000 kilog. est ordinairement le produit de 11,295 kilog. de foin, de 2,823 kilog. de paille, de 3,342 kilog. de déjections solides sèches, et de 12,540 kilog. d'urines contenant plus de 90 pour 100 d'eau, on trouve certainement un excès de matières végétales, ou plutôt une quantité insuffisante de matières animales.

Un *grand excès* de débris végétaux dans le sol nuit à la végétation, et la raison en est simple : l'air confiné dans l'intérieur des terres contient bientôt une trop forte proportion d'acide carbonique, dont les végétaux souffrent autant que les hommes. Dans ce cas, les cendrettes de chaux, semées à la volée, agissent avec beaucoup de succès, et par les motifs que nous avons indiqués dans ce chapitre pour prouver la présence de l'acide carbonique au sein de notre atmosphère. La chaux absorbe l'excès d'acide carbonique, et il en résulte du carbonate de chaux ou

[1] Malaguti, *Chimie agricole*, p. 74 (Leçons professées au cours d'agriculture de Rennes).

craie. Mais, pour produire des accidents de cette nature, il faut que les terres contiennent au moins 25 pour 100 de leur poids de terreau, et ce cas est extrêmement rare. Les terres les plus productives n'en contiennent guère au delà de 5 à 8 pour 100, et le minimum est rarement inférieur à 4 pour 100. Thaër, l'un des agronomes les plus distingués de l'Allemagne, en a trouvé de 5 à 6 pour 100 dans de bonnes terres argileuses, et jusqu'à 11.50 pour 100 dans des terres extrêmement fertiles [1].

Si la longue expérience acquise par l'emploi du fumier de ferme, si riche en matières végétales, ne peut laisser subsister aucun doute sur l'efficacité et, par conséquent, sur l'absolue nécessité d'alimenter le sol d'engrais végétaux pouvant fournir aux plantes et l'humus et le carbone *dont elles ne sauraient se passer*, il s'en faut pourtant que chacun tienne compte de ces vérités dans l'emploi ou dans la fabrication des engrais, car ils sont généralement dépourvus d'humus, et c'est là un fait fort regrettable. Ce reproche justifié ne s'adresse pas seulement aux engrais fabriqués spécialement par l'industrie, mais encore à ceux que les cultivateurs trouvent très-souvent sous leurs mains, et qu'à défaut de savoir utiliser d'une manière convenable, en les associant à tous les matériaux qui leur manquent, pour composer un véritable engrais complet, ils rejettent trop souvent avec une légèreté impardonnable. Ainsi, il nous a été assuré qu'à une époque peu éloignée, les cultivateurs normands des environs d'Elbeuf et de Louviers, émerveillés des résultats que les tontisses de draps leur avaient donnés, n'employaient exclusivement que ces déchets à la fumure de leurs terres. Mais il advint bientôt que l'humus du sol disparut presque complétement, et alors les tontisses de draps devinrent aussi inefficaces que si l'on eût employé des cailloux ; on renonça bien vite à ces matières, si précieuses pourtant, en criant à la fraude, à la laine altérée par les fabricants et par les teinturiers, et l'abandon le plus irréfléchi fit bien vite place à l'engouement des premiers jours. Au risque

[1] Les 5 p. 100 de terreau représentent 250,000 kilog. par hectare, à 0.33 de profondeur.

de nous répéter encore, disons une fois de plus que l'ignorance est la mère de bien des mécomptes.

Qui ne se rappelle d'ailleurs cet autre engouement pour les chiffons de laine, dont le prix s'éleva de 6 fr. à 28 fr. les 100 kilog. en moins de deux années. Aujourd'hui personne n'en parle plus, et il semble, en vérité, qu'il en est un peu des engrais comme des modes.

Chaque fait porte avec lui un enseignement pour quiconque se donne la peine de réfléchir; or, de ces faits et de ceux qui précèdent, nous devons conclure que si les engrais manquent d'humus, les végétaux s'attaquent à celui que contient le sol, et, avec la disparition de l'humus naturel des terres, s'en va leur richesse accumulée par le temps, et bientôt les engrais les plus énergiques ne manifestent plus leur action que par une impuissance déplorable et toujours ruineuse pour ceux qui ont fait trop bon marché des conseils sages, et qui tôt ou tard se repentiront amèrement d'avoir cédé à un entraînement irréfléchi et à des promesses toujours environnées des séductions les plus trompeuses.

Mais, qu'on veuille bien le remarquer pourtant, il ne s'agit point ici de faire prévaloir les conceptions ou la conviction d'un seul homme, car aujourd'hui un fait agricole quel qu'il soit ne peut plus être une simple affaire d'opinion ou d'appréciation personnelle; tous, sans exception, sont soumis au contrôle de cette expérience accumulée qui fait le fond, la richesse des connaissances humaines. *Tout* aujourd'hui se réduit à des questions de fait facilement appréciables. Une idée fausse peut bien encore se produire; mais, si elle est neuve, il est absolument impossible qu'elle se propage, même avec l'appui d'un grand nom. La lutte n'est donc pas contre les faits nouveaux, mais contre des erreurs, des fautes dont l'ignorance des masses est la seule cause.

Heureusement l'importance de ces questions grandit de jour en jour, et pénètre davantage dans l'esprit de ceux dont l'intelligence est assez développée pour pouvoir goûter le charme de l'étude dans les moments où les loisirs le permettent, sans préjudicier à des travaux urgents; mais il n'est pas un seul agriculteur éclairé dont l'expérience ne soit venue sanctionner tous ces faits, et particulièrement les hommes supérieurs qui sont à la tête du mouvement agricole en France.

« Il est bien démontré que l'azote, les sels ammoniacaux, « ou les phosphates et les alcalis, ne forment pas seuls la ri- « chesse d'un engrais, et qu'il faut tenir compte de l'humus « soluble [1]. »

« Toujours sous le point de vue de la nutrition des plantes, « on ne pourra regarder comme indifférent l'absence ou la pré- « sence d'une certaine proportion de terreau, car l'humus qui « y est contenu est composé de diverses substances dont l'azote « dose de 1.50 à 2 pour 100 de son poids, d'eau à saveur sucrée « et de matières minérales en solution dans l'eau, c'est-à-dire « tout ce que nous trouvons dans la séve avant qu'elle ne soit « élaborée par les feuilles; il est donc bien la véritable nourri- « ture que les plantes reçoivent par les racines [2]. »

« Enfin, il y a des terrains que nous avons appelés terrains « *effrités*, et qui manquent de terreau. On sait que ce sont les « plus infertiles. Cela ne peut paraître étonnant quand on ré- « fléchit que le terreau, qui n'est que le débris de corps orga- « nisés en voie de fermentation, contient tous les éléments de « la végétation, et que, par les progrès de la décomposition, « il s'y forme sans cesse de nouveaux composés solubles pro- « pres à servir d'aliments aux plantes, et que nous désignons « par le mot *humus*. Les terrains riches contiennent de 5 à 6 « pour 100 de terreau dans leur couche arable, c'est-à-dire de « 150,000 à 180,000 kilog. par hectare. Ainsi, dans un terrain « aride qui ne contiendrait pas de terreau, il ne s'agirait de « rien moins que de lui donner ce poids de débris végétaux [3]. »

Selon M. Malaguti, « on a raison de dire que l'humus est un « aliment pour les végétaux, car il leur fournit les principes les

[1] Barral, *Journal d'agriculture pratique*, 1er semestre, 1854, p. 164.
[2] De Gasparin, *Cours d'agriculture* et *Principes d'agronomie*.
[3] De Gasparin, *Journal d'agriculture pratique*, 2e semestre, 1852, p. 8.

« plus importants de leur existence... Enfin, par son état po-
« reux, il condense les gaz fertilisants, qui, sans lui, se disper-
« seraient dans l'air [1]. »

Voilà certainement des noms qui font autorité dans la science agricole. Voyons les faits pratiques constatés par des agriculteurs éclairés, et laissons parler d'abord M. Malingié.

« M. Delot, cultivateur à Bersée (Nord), possédait une éten-
« due de plusieurs hectares de terre médiocre, plus forte que
« légère, sans calcaire, mais sans aridité. Il y récolta alterna-
« tivement et consécutivement des fèves et du froment pendant
« vingt-deux ans ; onze fois des fèves fumées uniquement avec
« 1,600 kilog. de tourteaux de colza à l'hectare ; onze fois du
« froment, sans aucun engrais. Il faisait labourer son champ par
« son fermier, n'achetait aucun fumier, ne fumait qu'avec du
« tourteau, dans la proportion indiquée, et vendait ses récoltes
« sur pied. Il m'assura que le produit des dernières années était
« aussi beau que celui des premières, et que cette expérience
« de vingt-deux ans lui avait prouvé que sa terre pouvait se
« soutenir, avec la fumure de 1,600 kilog. de tourteaux à l'hec-
« tare, tous les deux ans. Cette expérience avait fait une vive
« impression sur mon esprit, et m'avait convaincu d'une chose,
« à savoir : que, dans une position donnée, on pouvait se passer
« de paille pour fumer ses champs [2]. »

Quelques mots d'explication nous paraissent nécessaires.

Nous avons vu précédemment que des hommes, dont le nom fait autorité en agriculture, avaient contesté aux tourteaux de graine en général les qualités des engrais complets. C'est une opinion que nous ne partageons pas, par la raison que la décomposition des tourteaux au sein de la terre donne, comme le fumier de ferme, du terreau, et plus tard de l'humus et de l'acide carbonique, puis de l'azote, des phosphates, et *tous* les autres principes minéraux du fumier ; or nous disons qu'à raison même

[1] *Cours de chimie agricole*, p. 76 et 77.

[2] Malingié-Nouel, directeur de la ferme école de la Charmoise. *Journal d'agriculture*, 1er semestre, 1852, p. 244.

de leur composition, les tourteaux constituent peut-être, après le fumier, les engrais les plus complets, car la seule qualité qui leur manque est de n'être pas un composé d'engrais chauds et d'engrais froids, comme le fumier d'étable, c'est-à-dire de ne pas constituer, comme celui-ci, un engrais mixte proprement dit; mais nous n'en maintenons pas moins que, de tous les engrais que le cultivateur peut trouver en dehors de la ferme, les tourteaux sont incontestablement les plus complets. Et si l'on voulait nous opposer les résultats que l'on a signalés contre l'emploi des tourteaux, nous répondrions par cet autre résultat d'une pratique successive de vingt-deux années, et il nous semble que ce fait, assez commun d'ailleurs, a bien aussi son importance.

A des faits on ne peut opposer que des faits; or, en voici d'autres qui corroborent ceux que nous venons de signaler, qui prouvent que les matières végétales ont une grande valeur agricole comme engrais, et qu'il est impossible de contester l'absolue nécessité de leur présence dans les engrais complets. Laissons parler M. de Gasparin.

« A Bouquet (Gard), la culture repose *entièrement* sur l'engrais « de buis. On veille attentivement à ce qu'on n'en arrache pas « les racines, et tous les habitants de la commune ont droit d'aller « en couper pour leur provision. C'est à qui, par son activité, en « recueillera une plus grande quantité. L'exemple que nous ve- « nons de citer se reproduit dans quelques communes de la « Drôme, des Basses-Alpes, de l'Ain, etc.[1]. »

Empruntons encore une autre citation au savant agronome.

« Il est aussi des cas nombreux où les terrains, dépouillés de « leurs principes charbonneux, ne dégagent pas une quantité « d'acide carbonique en rapport avec les besoins de la végétation. « On voit échouer alors les engrais azotés, mais dépourvus de « carbone, qui ne communiquent que peu de développement « aux plantes, tandis que les fumiers composés, et même les

[1] De Gasparin *Cours d'agriculture*, t. I, p. 555

« terreaux, rendent au sol la fertilité qui lui manquait. Comparez « les plantes jardinières crues sur un sol sablonneux richement « fumé de poudrette et celles qui ont poussé sur un terreau avec « le même engrais, et vous serez convaincu de la justesse de ces « vues[1].

« Les pommes de terre, cultivées dans un terrain riche en « humus, sont farineuses, dit M. Liébig, parce qu'elles gagnent « alors beaucoup de fécule[2]. »

En citant ici les faits que M. Malingié a portés à la connaissance du monde agricole, nous n'avons eu en vue qu'une seule chose : prouver l'heureuse influence des matières végétales comme engrais, et il nous semble que le doute n'est guère possible. D'ailleurs, nous allons laisser parler d'autres praticiens.

M. Puvis s'exprime ainsi, sur ce sujet, dans son *Traité des amendements*, p. 521, 524, 528[3] : « Les engrais qui contiennent

[1] Même ouvrage et même volume, p. 606.

[2] *Chimie appliquée à la physiologie végétale et à l'agriculture*, p. 154.

[3] L'auteur de cet excellent livre n'a à nos yeux, comme dans l'opinion d'un très-grand nombre de personnes, que le tort de s'être appesanti, avec beaucoup trop de persistance, sur l'une des illustrations scientifiques de l'Allemagne, et de l'avoir fait avec assez de mauvais goût. Le reproche que nous formulons ici est dur, mais il est mérité. Les rigueurs enfantent les rigueurs. Il faut savoir ne pas tout oser quand il s'agit d'un homme dont le nom est une gloire. M. Puvis était d'autant moins fondé à faire du rigorisme, qu'il a lui-même appuyé des idées au moins singulières, sur la création spontanée du phosphate de chaux par les terrains calcaires, sous l'influence de la végétation. Si de pareilles opinions venaient malheureusement à s'accréditer, nous arriverions bientôt à vouloir faire de la culture *sans engrais*, ainsi que le proposait bien sérieusement l'un de ces marchands de poudres homœopathiques si justement flagellés, et contre lesquels, d'ailleurs, M. Puvis s'est élevé avec autant de force que de raison, mais au sujet desquels il a commis la faute de vouloir expliquer leurs ridicules prétentions en en faisant remonter la responsabilité à un homme honorable à tous égards, et qui n'était nullement en cause dans le débat.

Non, la matière ne crée pas la matière, et de même que nous ne créons pas celle dont se composent les choses dont nous nous servons, de même les végétaux ne créent pas celles dont ils sont composés. Comme nous, ils rendent les matières dans un état où elles peuvent être consommées, mais voilà tout. Sous ce rapport, les végétaux ne sont producteurs qu'au même titre

« le plus d'azote, manquant d'une proportion convenable d'hu-
« mus, dépouillent le sol de son humus naturel, dépensent leur
« effet sur la récolte actuelle et laissent le sol plus épuisé qu'il
« ne l'était avant leur application, pendant qu'au contraire, si
« on lui donne, pour le cours de l'assolement, une dose d'engrais
« riche en humus comme le fumier d'étable, et contenant autant
« d'azote que les engrais perazotés, le sol reste fécond pendant
« toute sa durée et conserve plus tard encore des proportions
« d'humus et de substances fixes dues à cet engrais.

« Nous devons donc conclure que les engrais qui donnent nais-
« sance à l'humus, dont la composition principale est le carbone,
« doivent avoir le premier rang parmi les aliments des végétaux,
« et par conséquent parmi les engrais.

« Le carbone est l'élément le plus essentiel de la vie végétale,
« et les engrais qui le contiennent dans un état où il peut deve-
« nir soluble sont le produit le plus essentiel et le plus indis-
« pensable à la formation et aux produits des végétaux que
« l'homme cultive pour satisfaire à ses besoins. »

Dans une discussion fort intéressante sur l'utilité et la valeur de l'humus des fumiers, M. Villeroy rappelle que non-seulement « les forestiers ne fument pas leurs bois, mais encore qu'ils s'op-
« posent tant qu'ils peuvent à l'enlèvement des feuilles; ils sa-
« vent que les feuilles et tous les débris végétaux qui pourrissent
« sur le sol y forment de l'humus qui concourt puissamment à la
« nutrition et à la prospérité de la végétation. C'est cet humus
« qui donne surtout aux feuilles mortes une grande valeur pour
« les forêts; c'est de la décomposition des feuilles et de tous les
« autres débris végétaux que provient cette richesse qu'on trouve
« dans le sol des forêts défrichées [1]. »

En thèse générale, où trouver la vérité, si ce n'est dans les faits et dans l'ensemble des opinions émises sur ces faits par les

que nous; car, comme nous, ils ne produisent que des utilités, c'est-à-dire que dans tous les cas la matière ne fait jamais que changer de forme et d'état.

[1] *Journal d'agriculture pratique*, 1er semestre, 1852, p. 211 et 353.

hommes spéciaux qui ont étudié les questions sur lesquelles on veut s'éclairer. Et ici, l'unanimité est complète, non pas seulement dans les opinions, mais dans les faits. C'est donc avec raison que nous condamnons les engrais qui ne contiennent pas la moindre quantité d'humus, comme les guanos et les poudrettes, et parce que les faits sont contre eux, parce que l'expérience les condamne.

Il n'y a pas d'organisation végétale possible sans carbone, et dès lors nous ne concevons pas plus les engrais qui en sont dépourvus que nous ne concevrions un engrais sans azote.

En résumé, et pour ramener toutes ces démonstrations à des termes aussi simples et aussi succincts que possible, nous disons : Le terreau est le produit de la décomposition du ligneux, comme l'ammoniaque est le produit de la décomposition des matières animales ; et l'humus est le produit de la décomposition du terreau, comme l'azote est le produit de la décomposition de l'ammoniaque.

Ou bien encore : Les matières organiques végétales ou animales ne peuvent contribuer à l'alimentation des végétaux qu'autant qu'elles se décomposent et qu'elles sont ramenées à l'état de principes solubles ou gazeux.

L'humus est le dernier terme de la décomposition des matières végétales, comme l'ammoniaque est le dernier terme de la décomposition des matières animales.

La pourriture, ou combustion lente des végétaux, a pour résultat final de produire de l'acide carbonique au moyen du carbone de ces végétaux, comme la pourriture des matières animales a pour résultat final de produire de l'ammoniaque au moyen de l'azote de ces matières.

L'humus n'est pas autre chose que du bois rendu soluble, que les végétaux absorbent directement, et auxquels il fournit ainsi un aliment indispensable. Et le ligneux, en se transformant en humus, produit dans le sol une source continuelle d'acide carbonique dont l'importance est capitale pour fournir à la végétation le carbone dont elle ne saurait se passer, et pour opérer la dissolution de différents sels minéraux desquels nous allons nous occuper.

L'humus exerce en outre la plus heureuse influence sur la marche de la végétation, en ce qu'il retient l'humidité, mais particulièrement l'oxygène de l'air avec une grande force, et surtout parce qu'il s'empare de l'ammoniaque des matières animales, pour la transmettre à la végétation, au lieu de la laisser s'évaporer en pure perte dans l'atmosphère.

Le rôle de l'humus est enfin de la plus grande importance pour les végétaux, en ce qu'il tempère la décomposition des matières animales, dont il règle en quelque sorte le mouvement, et que, sous son influence, l'ammoniaque est distribuée à la plante à mesure de ses besoins.

Et comme conclusion dernière : Tout engrais incapable de fournir de l'humus est un engrais incomplet, dont l'emploi a pour conséquence immédiate d'épuiser le sol de sa richesse naturelle, au détriment de sa fertilité et de sa valeur réelle.

SECTION II.

Des principes inorganiques, ou minéraux, qui entrent dans la constitution des végétaux.

---

§ 1er.

Aperçu général.

> « Si quelques lecteurs se fatiguent de vous « entendre parler fumier, purin, poudrette, etc., « tous les vrais agriculteurs vous liront avec « intérêt et seront reconnaissants de vos efforts « pour éclairer la question la plus importante, « la question la plus fondamentale de l'agri- « culture. »
>
> F. Villeroy.

L'agent de décomposition le plus énergique pour les matières organiques des deux règnes est le feu. Si donc on soumet un produit végétal ou animal quelconque à une température élevée et au contact de l'air, il se brûle, et le carbone, qui constitue essentiellement la charpente des végétaux, se résout, comme nous l'avons vu précédemment, en un nouveau corps gazeux, qui reprend sa forme primitive en retournant à l'atmosphère à l'état d'acide carbonique.

Dans ce cas, la totalité de la matière qui constituait le végétal n'a pas disparu, puisqu'il reste des cendres. Si l'on soumet ces cendres à l'action de l'eau ordinaire, de manière à les lessiver, on trouve que l'eau en dissout une substance minérale, un alcali énergique, la potasse, que toutes les ménagères connaissent, sinon chimiquement, au moins par ses caractères extérieurs ou propriétés physiques. Toutes les plantes terrestres donnent ce résultat, mais les plantes marines fournissent plus spécialement de la soude, c'est-à-dire un autre alcali non moins puissant que la potasse.

Dans l'exemple qui vient de nous servir, la matière des cendres n'est pas complétement épuisée, puisqu'il reste, après leur lessivage, d'autres substances également de nature minérale, mais incapables de se dissoudre dans l'eau ordinaire. Ces dernières sont assez nombreuses. Nous allons en désigner quelques-unes seulement, et sauf à expliquer plus tard ce qu'est chacune d'elles, et quelle est son utilité particulière pour les principales espèces végétales qui composent la généralité des cultures. Ces matières sont : la silice, le phosphate de chaux, le carbonate de chaux, la magnésie, l'alumine, l'oxyde de fer, etc., etc., mais toutes existant dans des rapports, avec des arrangements et sous des états différents, selon chaque espèce de végétal. De même, comme nous l'avons vu précédemment, l'azote et le carbone existent dans des rapports, avec des arrangements et sous des états différents, selon chaque espèce de végétal.

Pour se bien pénétrer l'esprit de l'évidence de ces faits, il suffit de considérer avec un peu d'attention la composition des cendres des principales espèces végétales qui servent à la nourriture des hommes et des animaux.

Nous allons en donner une nomenclature assez étendue, non pas seulement pour fournir ici la preuve des faits généraux que nous venons d'énoncer, mais afin de faciliter dans l'avenir l'étude de chacune des applications particulières auxquelles peut donner lieu la fabrication des engrais.

COMPOSITION DES CENDRES DE FROMENT ET DE PAILLE DE FROMENT.

(*Analyses de MM. Berthier et de Saussure.*)

Sur 1,000 parties,

4-40 pour 100 de cendres pour le froment, et 4-30 pour 100 pour la paille.

	Berthier.	de Saussure.
Phosphate de chaux et de magnésie	0025	0062
Phosphate de potasse.	0000	0030
Sulfate de potasse	0004	0020
Chlorure de potassium.	0032	0030
Carbonate de potasse.	traces	0125
Silicate de potasse.	0130	0000
Carbonate de chaux (ou craie). . .	0096	0010
Silice (ou sable).	0715	0645
Oxydes métalliques.	0000	0010
Pertes.	0000	0078

Les rapports dans lesquels existent les matières minérales, même dans des espèces végétales semblables, peuvent varier à l'infini, selon la nature des espèces et selon la nature des terres sur lesquelles ces espèces ont été cultivées. Ceci explique les différences de quantités trouvées par les auteurs qui ont analysé différentes variétés de froment récolté sur des terrains différents; mais nous allons voir que les mêmes matières minérales se retrouvent néanmoins dans les produits végétaux appartenant aux mêmes familles.

COMPOSITION DES CENDRES DE PAILLE DE FROMENT.

(*Analyses de Sprengel.*)

3-518 de cendres pour 100 de paille.

		Rapport pour 100.
Potasse.	0 020	0 57
Soude.	0 029	0 83
À reporter. . . .	0 049	1 40

Report.	0 049	1 40
Chaux.	0 230	6 82
Magnésie.	0 032	0 91
Silice.	2 872	81 58
Acide phosphurique.	0 170	4 84
Acide sulfurique.	0 137	1 04
Chlore.	0 030	0 85
Fer et Alumine.	0 090	2 36
Poids égal.	3 518	100 00

Quelques mots d'explication nous paraissent nécessaires pour l'intelligence de ce qui va suivre.

Il doit sembler aux personnes qui sont étrangères aux notions de chimie, qu'on ne retrouve pas précisément dans l'analyse de Sprengel les mêmes substances que celles indiquées par les analyses de Berthier et de Saussure, dans lesquelles on indique des phosphates, des sulfates et des silicates dont les noms ne figurent pas dans cette dernière analyse. Pourtant cette différence n'est pas réelle, elle n'est qu'apparente, et en voici les raisons : Sprengel n'a pas fait autre chose que pousser ses analyses plus loin que Berthier et de Saussure ; il a décomposé en acide phosphorique et en chaux le phosphate de chaux qu'il avait obtenu, de même qu'il a décomposé en acide sulfurique et en potasse le sulfate de potasse qu'il avait trouvé, et décomposé également en acide silicique (ou silice) et en potasse le silicate de potasse que lui avaient donné les cendres.

Ces différences ne sont d'ailleurs que le résultat des perfectionnements introduits dans les procédés analytiques depuis les premières analyses de Berthier et de Saussure, ainsi que nous allons le voir encore dans les résultats analytiques suivants :

COMPOSITION DES CENDRES DE FROMENT.

(Analyses de MM. Boussingault et de Saussure.)

Sur 1,000 parties.

De Saussure.		Boussingault.	
Phosphate de chaux et de magnésie.	0445	Acide sulfurique.	0010
		Acide phosphorique. . . .	0470
A reporter. . . .	0445	A reporter. . .	0480

De Saussure.	
Report.	0445
Phosphate de potasse. . . .	0320
Sulfate de potasse.	traces.
Chlorure de potassium. .	0002
Carbonate de potasse. . .	0150
Silicate de potasse. . . .	0005
Oxydes métalliques. . . .	0002
Pertes.	0076
	1000

Boussingault.	
Report. . . .	0480
Chlore.	traces.
Chaux.	0029
Magnésie.	0159
Potase.	0295
Soude	traces
Silice ou acide silicique. .	0013
Pertes.	0024
	1000 [1]

COMPOSITION DES CENDRES DE PAILLE DE SEIGLE.

(*Analyses de Sprengel.*)

2-795 de cendres pour 100 de paille [2].

		Rapport pour 100
Potasse.	0 032	1 141
Soude.	0 011	0 398
Chaux.	0 178	6 373
Magnésie	0 012	0 430
Terre siliceuse.	2 297	82 241
Acide phosphorique.	0 051	1 827
Acide sulfurique.	0 170	6 087
Chlore.	0 017	0 608
Alumine et fer.	0 025	0 895
Somme égale. . .	2 793	100 000

COMPOSITION DES CENDRES DE PAILLE D'ORGE.

(*Analyses de Sprengel.*)

5-144 de cendres pour 100 de paille.

		Rapport pour 100
Potasse.	0 181	3 500
Soude.	0 048	0 933
Chaux.	0 554	10 770
Magnésie.	0 076	1 477
Terre siliceuse.	3 856	74 961
Acide phosphorique	0 060	1 166
Acide sulfurique.	0 118	2 294
Chlore.	0 072	1 400
Alumine.	0 146	2 838
Oxyde de fer.	0 014	0 272
Oxyde de manganèse.	0 020	0 389
Somme égale. . . .	5 144	100 000

[1] Ces chiffres correspondent, par hectare, à 12 k 9 d'acide phosphorique, 8 k 1 de potasse et soude, 4 k 4 de magnésie.

[2] *Annales de Roville.*

COMPOSITION DES CENDRES D'ORGE ET DE PAILLE D'ORGE.

(*Analyses de de Saussure.*)

1-80 de cendres pour 100 de grains, et 4-20 pour 100 de paille.

Orge (grains).		Orge (paille).	
Phosphate de chaux. . . .	0 325	Phosphate de chaux. . .	7 80
Phosphate de potasse. . .	0 092	Sulfate de potasse. . . .	3 50
Sulfate de potasse. . . .	0 015	Chlorure de potassium. .	0 30
Chlorure de potassium . .	0 005	Carbonate de potasse. . .	16 00
Carbonate de potasse. . .	0 180	Carbonate de chaux. . .	12 50
Silice.	0 335	Silice.	57 00
Oxydes métalliques. . .	0 005	Oxydes métalliques. . .	0 50
Pertes.	0 027	Pertes.	2 20
	1 000		100 00

COMPOSITION DES CENDRES D'AVOINE ET DE PAILLE D'AVOINE.

(*Analyses de M. Boussingault*[1].)

3-98 de cendres pour 100 de grains, et 5-09 pour 100 de paille.

Avoine (grains).		Avoine (paille).	
Acide carbonique.	1 7	Acide carbonique.	3 2
Acide sulfurique.	1 0	Acide sulfurique.	1 1
Acide phosphorique. . . .	14 9	Acide phosphorique. . . .	3 0
Chlore.	0 5	Chlore.	4 7
Chaux.	3 7	Chaux.	8 3
Magnésie.	7 7	Magnésie.	2 8
Potasse.	12 9	Potasse.	24 5
Soude.	00 0	Soude.	4 4
Silice.	53 3	Silice.	40 0
Alumine et oxyde de fer. .	1 3	Alumine et oxyde de fer.	2 1
Charbon, humidité, perte.	1 3	Charbon, humidité, perte.	2 9
	100 0		100 0

[1] Cette analyse, et toutes celles du même auteur, ont été prises dans son *Traité d'Économie rurale*, l'un des meilleurs ouvrages d'agriculture que nous possédions.

COMPOSITION DES CENDRES DE MAÏS ET DE PAILLE DE MAÏS.

(*Analyses de de Saussure.*)

8-40 de cendres pour 100 de grains, et 1 pour 100 de paille.

Maïs (grains).		Maïs (paille).	
Phosphate de chaux et de magnésie.	5 00	Phosphate de chaux et de magnésie.	56 00
Phosphate de potasse. .	9 70	Phosphate de potasse. .	47 50
Sulfate de potasse. . . .	1 50	Sulfate de potasse. . . .	0 20
Chlorure de potassium. .	2 50	Chlorure de potassium.	0 30
Carbonate de potasse. .	32 00	Carbonate de potasse. .	14 00
Carbonate de chaux. . .	1 00	Silice.	1 00
Silice.	18 00	Oxydes métalliques. . . .	0 12
Oxydes métalliques. . .	0 50	Pertes.	0 88
Pertes.	5 00		100 00
	100 00		

COMPOSITION DES CENDRES DE POIS ET DE HARICOTS.

(*Analyses de M. Boussingault.*)

3 de cendres pour 100 de pois, et 3-50 pour 100 de haricots

Pois (grains).		Haricots (grains).	
Acide carbonique. . . .	0 5	Acide carbonique. . . .	2 30
Acide sulfurique.	4 7	Acide sulfurique.	1 30
Acide phosphorique. . . .	30 1	Acide phosphorique. . .	26 80
Chlore.	1 1	Chlore.	0 10
Chaux.	10 1	Chaux.	5 80
Magnésie.	11 9	Magnésie.	11 50
Potasse.	35 3	Potasse.	49 10
Soude.	2 5	Silice.	1 00
Silice.	1 5	Alumine et oxyde de fer.	traces.
Alumine et oxyde de fer. .	traces	Charbon, humidité, perte	1 10
Eau et perte.	2 5		100 00
	100 0		

COMPOSITION DES CENDRES DE PAILLE DE POIS ET DE PAILLE DE SARRAZIN.

(*Analyses de Sprengel.*)

4-971 de cendres pour 100 de paille de pois, et 3-203 pour 100 de paille de sarrazin.

Pois (paille).		Rapport p. 100.	Sarrazin (paille).		Rapport p. 100.
Potasse.	0 235	4 727	Potasse.	0 332	10 365
Soude.	traces.	0 000	Soude.	0 062	1 935
Chaux.	2 730	54 919	Chaux.	0 704	21 979
A reporter. .	2 966	59 646	A reporter. .	1 098	34 279

Pois (paille).		Rapport p. 100.
Report.	2 966	57 646
Magnésie	0 342	6 880
Alumine	0 060	1 207
Oxyde de fer	0 020	0 402
Oxyde de manganèse	0 007	0 141
Silice	0 996	20 036
Acide sulfurique	0 337	6 779
Acide phosphorique	0 240	4 828
Chlore	0 004	0 081
Somme égale.	4 971	100 000

Sarrasin (paille).		Rapport p. 100.
Report.	1 098	34 279
Magnésie	1 202	40 340
Alumine	0 026	0 811
Oxyde de fer	0 015	0 468
Oxyde de manganèse	0 032	0 999
Silice	0 140	4 372
Acide sulfurique	0 217	6 774
Acide phosphorique	0 288	8 99[illegible]
Chlore	0 095	2 965
Somme égale	3 203	100 000

COMPOSITION DES CENDRES DE TRÈFLE ET DE VESCE.

Trèfle, 7-76 p. 100 de cendres.
(*M. Boussingault.*)

Acide carbonique	25 0
Acide sulfurique	2 5
Acide phosphorique	6 3
Chlore	2 6
Chaux	24 6
Magnésie	6 3
Potasse	26 6
Soude	0 5
Silice	5 3
Alumine et oxyde de fer	0 3
	100 0

Vesce, 5-101 p. 100 de cendres.
(*Sprengel.*)

		Rapport p. 100.
Potasse	1 810	35 485
Soude	0 052	1 019
Chaux	1 955	38 346
Magnésie	0 324	6 352
Alumine	0 013	0 274
Oxyde de fer	0 009	0 176
Oxyde de manganèse	0 008	0 157
Silice	0 442	8 665
Acide sulfurique	0 122	2 392
Acide phosphorique	0 280	5 489
Chlore	0 084	1 647
Somme égale	5 101	100 000

COMPOSITION DES CENDRES DE FOIN ET DE SAINFOIN.

Foin, 6 à 6 20 pour 100 de cendres.
(*M. Boussingault.*)

	I	II
Acide carbonique	9 0	5 5
Acide phosphorique	5 3	5 3
Acide sulfurique	2 4	2 9
Chlore	2 5	2 8
Chaux	20 1	15 4
A reporter	39 4	31 9

Sainfoin. Analyses de Reich.
(*Annales de physiq. et de pharmacie d'Allemagne.*)

Potasse	5 40
Soude	16 27
Chaux	24 82
Magnésie	6 86
Chlorure de sodium (sel marin)	1 75
A reporter	55 10

Foin 6 à 6 20 pour 100 de cendres.
(*M. Boussingault.*)

Report. . .	39 4	51 9
Magnésie.	6 0	8 5
Potasse.	16 1	27 3
Soude.	1 2	2 3
Silice.	35 7	29 2
Oxyde de fer.. . . .	1 5	0 6
Pertes.	2 1	0 1
	100 6	100 0

Sainfoin. Analyses de Reich.
(*Annales de physiq. et de pharmacie d'Allemagne.*)

Report . . .	55 10
Acide phosphorique. . .	20 06
Phosphate de fer. . . .	2 65
Acide sulfurique . . .	1 54
Acide carbonique. . .	11 45
Silice.	0 88
Charbon	8 54
	100 00

COMPOSITION DES CENDRES DE POMME DE TERRE ET DE TOPINAMBOUR.

(*Analyses de M. Boussingault.*)

5 90 de cendres pour 100 de pommes de terre, et 5 94 pour 100 de topinambours.

Pommes de terre.

Acide carbonique. . . .	13 4
Acide sulfurique. . . .	7 1
Acide phosphorique. . .	11 3
Chlore.	2 7
Chaux.	1 8
Magnésie.	5 4
Potasse.	51 5
Soude	traces.
Sicile.	5 6
Alumine et oxyde de fer.	0 5
Charbon et perte. . . .	0 7
	200 0[1]

Topinambours.

Acide carbonique. . . .	11 0
Acide sulfurique. . . .	2 2
Acide phosphorique. . .	10 8
Chlore.	1 6
Chaux.	2 5
Magnésie.	1 8
Potasse.	44 5
Soude.	traces.
Silice.	13 0
Alumine et oxyde de fer.	5 2
Charbon et perte. . . .	7 6
	200 0[2]

[1] [2] En faisant correspondre ces chiffres à un hectare, on trouve :

	POUR LES		
	Pommes de terre.	Betteraves.	Topinambours.
Acide phosphorique.	13^{k} 9	12^{k} 0	35^{k} 6
— sulfurique.	8 8	3 2	7 3
Chaux.	2 2	14 0	7 6
Potasse et soude.	63 5	89 9	146 8
Magnésie.	6 7	8 8	5 9
Chlore.	3 3	10 4	5 3
	98^{k} 4	138^{k} 3	208^{k} 5

COMPOSITION DES CENDRES DE BETTERAVE ET DE NAVET.

(*Analyse de M. Boussingault.*)

Betterave 6 24 pour 100 de cendres.		Navet 7 58 pour 100 de cendres.	
Acide carbonique. . . .	16 1	Acide carbonique. . . .	14 0
Acide sulfurique. . . .	1 6	Acide sulfurique. . . .	10 9
Acide phosphorique. . .	6 0	Acide phosphorique. .	6 1
Chlore	5 2	Chlore.	2 9
Chaux.	7 0	Chaux	10 9
Magnésie.	4 4	Magnésie.	4 3
Potasse.	39 0	Potasse.	35 7
Soude.	6 0	Soude.	4 4
Silice.	8 0	Silice.	6 4
Alumine et oxyde de fer.	2 5	Alumine et oxyde de fer.	1 2
Charbon et perte. . .	4 2	Charbon et perte. . . .	5 3
	100 0[1]		100 0

COMPOSITION DES CENDRES DE LUZERNE ET DE COLZA.

(*Analyses de M. Lassaigne.*)		(*Analyses de Sprengel.*)	
Luzerne, 6-5 pour 100 de cendres.		Colza, 5-872 pour 100 de cendres.	
Sels de potasse (sulfates et chlorures).	180	Potasse.	0 885
Phosphate de chaux. . . .	110	Soude.	0 550
Carbonate de chaux (craie).	330	Chaux.	0 810
Silice.	30	Magnésie.	0 120
Sulfate de chaux (plâtre). .	traces.	Alumine, manganèse et fer.	0 090
	630	Acide phosphorique. . . .	0 382
Parties combustibles.	9,350	Acide sulfurique.	0 317
	10,000	Chlore.	0 440
		Silice.	0 080
			5 872

COMPOSITION DES CENDRES DE RAY-GRASS.

(*Analyses de MM. Way et Ogston.*)

7-34 de cendres pour 100 de plante sèche.

Silice.	27 15
Acide phosphorique.	8 73
Acide sulfurique.	3 20
Acide carbonique.	0 49
Chaux.	9 64

[1] Voir la note de la page précédente.

Magnésie.	2 88
Peroxyde de fer.	0 21
Potasse.	24 67
Chlorure de potassium.	13 80
Chlorure de sodium.	7 25

Enfin, dans un travail remarquable sur l'*examen comparatif des tourteaux de graines oléagineuses*, au double point de vue de l'alimentation des bestiaux et de l'engraissement des terres[1], MM. Girardin et Soubeiran nous ont appris que les différents tourteaux rendaient depuis 5 jusqu'à 12.50 pour 100 de cendres, que celles-ci contenaient elles-mêmes depuis 1.20 jusqu'à 10 pour 100 de sels minéraux solubles, et depuis 90 jusqu'à 98.8 de sels insolubles, dans l'ensemble desquels on trouvait également de la potasse, du phosphate de chaux, des sulfates, des chlorures, des sels calcaires, etc.

L'examen attentif de chacune de ces analyses nous montre donc que les matières minérales qui font partie de la constitution des végétaux sont presque toujours les mêmes, mais que, cependant, les espèces du même groupe semblent réclamer certaines substances préférablement à d'autres; ainsi, la silice et les phosphates sont abondants dans les graminées; la chaux, dans le trèfle, dans les pois et dans les pommes de terre; la potasse, dans les navets, les betteraves, les topinambours et le maïs, etc.

M. Girardin s'exprime ainsi à cet égard : « Les plantes marines « et maritimes exigent du sel marin ou chlorure de sodium; les « céréales veulent des alcalis, des phosphates et de la silice gé- « latineuse; le tabac, les pois, le trèfle, la luzerne, le sainfoin, « ont besoin d'une grande proportion de chaux, tandis que pour « le maïs, les navets, les betteraves, les pommes de terre, les to- « pinambours, la vigne, c'est au contraire de la potasse qu'il « faut; et depuis qu'on a reconnu l'existence constante du soufre « dans l'albumine végétale, il est évident que les matières sul-

[1] *Journal d'agriculture pratique*, 1er semestre 1851, p. 89.

« furées ou sulfatées sont aussi nécessaires pour toutes les plantes « sans exception[1]. »

Les analyses pratiquées tous les jours sur les différents produits du sol confirment constamment ces faits, et démontrent de la manière la plus évidente que les mêmes matières minérales se retrouvent toujours dans les végétaux de même espèce.

Toutes ces matières viennent évidemment du sol, duquel la végétation les a extraites pour ses besoins, et pour les faire servir à la constitution des plantes. Et en effet, si l'on soumet à l'analyse les terres sur lesquelles on a récolté des végétaux, on y trouve absolument chacune des substances minérales qui entrent dans la composition des produits récoltés, ainsi que l'établit le relevé suivant :

[1] *Faits nouveaux de chimie agricole* et *Théorie scientifique des labours.*

ANALYSES DES TERRES DE VERSAILLES PAR M. VERDEIL[1].

	COMPOSITION DES CENDRES.										
	Mail.	Faisanderie.	Gazon.	Avenue de la Reine.	Potager.	Satory.	Argile de gallie.	Calcaire de gallie.	Tourbe.	Sablière.	Moyennes des cultures.
Sulfate de chaux. . .	48 92	51 49	48 45	45 75	36 60	18 70	18 75	17 21	24 43	22 51	31 06
Carbonate de chaux.	25 00	33 29	6 08	6 08	12 35	24 23	43 61	48 50	30 61	34 59	26 90
Phosphate de chaux.	4 17	2 16	2 78	6 52	11 20	18 50	3 85	9 00	0 92	8 40	6 69
Oxyde de fer.	1 53	0 47	1 21	2 00	traces.	3 72	0 95	traces.	8 15	1 02	1 61
Alumine.	0 62	traces.	» »	traces.	traces.	0 80	1 55	» »	traces.	» »	0 30
Chlorure de sodium et de potassium .	7 65	3 35	6 19	11 15	18 51	» »	9 14	6 21	6 06	4 05	7 58
Silice.	5 49	13 67	25 71	15 61	19 60	21 60	5 00	5 50	8 75	15 38	18 65
Potasse et soude. . .	3 17	4 25	5 06	4 15	7 25	4 65	7 00	» »	7 45	6 37	5 01
Magnésie.	» »	» »	» »	» »	traces.	» »	7 60	8 32	» »	» »	1 59
Pertes.	2 45	9 14	4 35	7 66	» »	» »	» »	3 26	16 65	7 78	» »
	100 00	100 00	100 00	100 00	100 00	100 00	100 00	100 00	100 00	100 00	» »

[1] *Comptes rendus de l'Académie des Sciences*, t. XXXV, p. 95.

D'où l'on déduit encore les chiffres suivants pour l'une des terres ci-dessus, soit celle de la sablière[1] :

	Par hectare, la terre pesant [illegible] kil., le tiers de mèt. cub.
Acide sulfurique.	86k 65
Acide phosphorique.	25 83
Chlore.	12 10
Chaux.	219 15
Magnésie.	000 00
Potasse et soude.	58 50
Silice.	165 60
Alumine et fer.	6 80

D'un autre côté, on sait aujourd'hui de la manière la plus positive, suivant les données fournies par M. Boussingault, que :

108 k.	de matièr. minér.	sont enlevées	au sol par une récolte	d'avoine.
123	—	—	—	pommes de terre.
199	—	—	—	betteraves.
222	—	—	—	froment.
310	—	—	—	trèfle.
330	—	—	—	topinambours.

A l'égard du froment, 100 de celui-ci exigent :

Acide phosphorique	1k 580	Total des matières minérales nécessaires à la constitution de 100 k. de froment, 15 k. 650.
Chlorures.	0 080	
Chaux	1 250	
Magnésie	1 070	
Potasse et soude.	2 080	
Silice	9 450	
Alumine et fer.	0 140	

Il est donc nécessaire, indispensable même, de restituer au sol chacun des matériaux que les récoltes lui enlèvent, à peine d'épuiser sa richesse naturelle.

[1] De Gasparin, *Principes d'agronomie*, p. 116.

C'est là une de ces vérités qui n'ont pas besoin de démonstration, que chacun sent, mais sur lesquelles pourtant on ne saurait trop s'arrêter, car on ne les néglige que trop dans l'application usuelle. Pourtant, il peut suffire de l'absence d'un seul des principes minéraux dont les végétaux ont besoin, pour que la stérilité en devienne la conséquence, et sans qu'on en soupçonne la cause, comme cela arrive journellement avec les engrais incomplets, dont l'emploi prolongé fait baisser progressivement les récoltes, tandis qu'il peut suffire de restituer au sol l'un des corps qui lui manquent, et que les récoltes lui ont enlevé, pour lui rendre, comme par enchantement, toute sa fertilité première.

Qui n'a vu les effets de la chaux ou de la marne sur les terrains qui manquent de calcaire? qui ne connait les effets du plâtre? Qui ne sait aujourd'hui l'influence remarquable exercée par le phosphate de chaux sur les terrains dépourvus de phosphates? N'avons-nous pas rapporté précédemment (p. 89) qu'en fournissant à des terrains destinés à la culture de la vigne des engrais purement azotés, les récoltes avaient presque complétement dépouillé le sol de la potasse qu'il contenait originairement, et qu'il avait également suffi de la lui restituer pour lui rendre sa fécondité. N'avons-nous pas cité également (p. 89) un fait dont parle M. de Gasparin au sujet du phosphate de chaux dont on avait privé le sol par suite d'une exportation considérable de lait, et auquel on rendit toute sa richesse au moyen du phosphate de chaux, et cela sans le concours d'aucun autre engrais azoté ou simplement riche en humus.

Comment, dès lors, le doute subsisterait-il à l'égard de l'influence que les matières minérales exercent sur l'ensemble de la végétation et sur l'abondance ou sur la pénurie des récoltes? Comment surtout ne pas se montrer plus soucieux de ses intérêts, en fournissant trop souvent à la terre des engrais incomplets qui n'ont jamais produit et ne produiront jamais qu'en tarissant les sources de la richesse accumulée du sol. « Les matières minérales sont absolument nécessaires au développement orga-

« nique; lorsqu'elles viennent à manquer, l'accroissement ne « peut avoir lieu ou s'arrête, la plante languit et meurt faute de « nourriture convenable[1]. »

Il nous semble qu'en présence de ces faits, il ne peut rester la moindre incertitude sur l'absorption des matières minérales du sol par les végétaux, et encore moins de nier leur influence directe sur la végétation, ni de refuser aux plantes le pouvoir d'extraire du sein de la terre les matériaux dont elles ont besoin, de se les assimiler, et encore moins de contester que ces matériaux sont indispensables à l'organisation végétale.

D'ailleurs, n'avons-nous pas une ligne toute tracée et un engrais-type à imiter, le fumier de ferme, dans les cendres duquel nous trouvons précisément les matières minérales que l'analyse a découvertes dans tous les produits végétaux que nous venons d'examiner.

COMPOSITION DES CENDRES DE FUMIER

(Analyses de M. Boussingault.)

Acide carbonique	20	1,000 parties.
Acide phosphorique	30	
Acide sulfurique	19	
Chlore	6	
Silice, sable, argile	664	
Chaux	86	
Magnésie	36	
Alumine et oxyde de fer	61	
Potasse et soude	78	

Il résulte également des vérifications faites par l'éminent agronome, qu'une fumure de 49,086 kilog. de fumier, contenant 20.70 pour 100 d'humidité, et rendant à l'état sec 32 pour 100 de cendres, représente 3,272 kilog. de matières minérales ainsi composées :

[1] Girardin et Dubreuil, *Cours d'agriculture.*

Sable et silice	2,238k	
Acide phosphorique	98	
Acide sulfurique	62	Total des cendres contenues dans 49,086 kil. de fumier, 3,272 kil.
Chlore	20	
Chaux	281	
Magnésie	118	
Potasse et soude	255	
Oxyde de fer	200	

Cette fumure s'appliquant à un assolement quinquennal, il en résulte que chacune des cinq années reçoit, par hectare de terre, 654k 400 de matières minérales, et dans les rapports suivants :

Sable et silice	447k 600	
Acide phosphorique	19 600	
Acide sulfurique	12 400	
Chlore	4 000	Total des matières minérales, par hectare et par an, 654 kil. 400.
Chaux	56 200	
Magnésie	23 600	
Potasse et soude	51 000	
Oxyde de fer	40 000	

654 kilog. de matières minérales sont donc fournies annuellement au sol et à chaque hectare de terre qui reçoit du fumier, tandis que la plupart des engrais incomplets, dont on chante les louanges, représentent à peine la moitié de ce poids, et n'apportent guère au sol que la centième partie des principes minéraux dont les récoltes ont besoin.

Il nous paraît impossible de pouvoir contester l'heureuse influence que ces matières exercent sur les qualités fécondantes du fumier de ferme, alors surtout qu'elles composent précisément chacun des corps que nous avons trouvés dans les cendres des différents produits que donnent les récoltes. Ce n'est donc pas par système, mais par raison que nous voulons qu'il ne soit employé et fabriqué que des engrais complets ayant la même composition que le fumier de ferme, et capables, par conséquent, de suffire à toutes les récoltes en leur apportant *tous* les matériaux dont elles ont besoin, c'est-à-dire afin qu'elles ne tarissent jamais les sources de fécondité du sol. S'écarter de ce but, c'est se mettre en opposition avec les faits acquis, c'est dédaigner les enseignements que nous a légués le passé, c'est se montrer inintelligent et peu soucieux de ses intérêts, c'est encourir enfin les déceptions auxquelles on doit toujours s'attendre quand on a contre soi la raison et l'évidence des faits.

« Une plante a beau trouver la quantité d'ammoniaque qui « lui est nécessaire, elle n'aura qu'une végétation maladive dans « un sol en apparence fertile, si elle ne trouve en même temps « les doses de phosphates, d'alcalis, de chaux, de soufre, de « fer, de silice soluble, proportionnelles à cette quantité d'am- « moniaque[1]. »

« Une plante quelconque viendra donc d'autant mieux dans « un terrain que celui-ci lui fournira, en proportion plus conve- « nable, les matières minérales qui lui sont indispensables[2]. »

« Dès que les substances minérales contenues dans les graines « ne suffisent plus à leur accroissement, celles-ci commencent à « languir; elles fleurissent quelquefois, mais ne portent jamais « de graines. MM. Wiegmann et Polstorf firent végéter plusieurs « espèces végétales dans du sable *pur*, par une humecta- « tion convenable du sable avec de l'eau exempte d'ammo- « niaque. L'orge et l'avoine atteignirent une hauteur d'un pied « et demi; elles fleurirent sans porter de graines, et se fanèrent « après la floraison. Les vesces arrivèrent à dix pouces, fleu- « rirent et poussèrent des gousses qui ne contenaient pas de « graines. Le tabac, semé dans ce sable, se développa réguliè- « rement; mais il n'atteignit qu'une hauteur de cinq pouces, de « juin en octobre. Les petites plantes n'eurent que quatre feuilles « et point de tige. »

« Plus tard, ces messieurs reprirent le même sable et pré- « parèrent avec lui un terroir artificiel en y ajoutant plusieurs

[1] De Gasparin, *Principes d'agronomie*, p. 116.

[2] J. Girardin, *Faits nouveaux de chimie agricole*.

« sels produits dans un laboratoire ; ils y semèrent les mêmes « plantes et les virent s'y développer avec beaucoup de vigueur. « Le tabac poussa une tige de plus de trois pieds de haut, ainsi « que beaucoup de feuilles ; il commença à fleurir le 25 juin, et, « le 10 août, il eut des graines qui se développèrent si bien, « qu'au 8 septembre on a pu en prendre des capsules avec les « graines parfaitement développées. On a obtenu le même succès « avec l'orge, l'avoine, le sarrasin et le trèfle ; ces plantes pous« sèrent avec vigueur, fleurirent et donnèrent de la graine par« faitement mûre. »

« Les sels employés ayant été retrouvés dans les végétaux, « dans leurs tiges, leurs feuilles et leurs graines, il est donc « hors de doute qu'ils sont indipensables à leur accroissement « et à leur existence [1]. »

Tous ceux qui nous ont précédés dans la carrière ne nous ont-ils pas appris que les amendements sont pratiqués de temps immémorial, afin de restituer au sol les quantités de matières minérales dont les récoltes le dépouillent sans cesse. L'usage de la marne et de la chaux ne remonte-t-il pas à la plus haute antiquité ? et peut-il être permis d'ignorer aujourd'hui que leur emploi *seul* a très-souvent suffi pour doubler les récoltes sur des terrains dans lesquels le calcaire manquait complétement ?

Les Grecs connaissaient cinq à six espèces de marne. Au temps de Pline, les peuples de la Gaule, nos ancêtres, et ceux de la Grande-Bretagne pratiquaient les marnages avec le plus grand succès. La chaux, dit le grand historien, était en usage sur les terres où l'on cultivait les oliviers, les vignes et les cerisiers, dont les fruits étaient ainsi rendus plus précoces (*Cerasos præcoces facit, cogitque maturescere calx admota radicibus ; quæ sanè et oleis et vitibus utilissima reperitur*). Les habitants des Gaules, et notamment les Poitevins et les Éduens, employaient également la chaux à la fertilisation des terres (*Pictones et Ædui calce uberrimos fecere agros*). Varron, l'un des plus an-

[1] J. Liebig, *Chimie appliquée à la physiologie végétale et à l'agriculture*, p. 214, 215 et 216.

ciens auteurs géoponiques, rapporte qu'en allant en Germanie il a vu sur les bords du Rhin des laboureurs fumant leurs terres avec de la craie blanche. Plus près de nous, un sublime pétrisseur de terre, un homme de génie auquel rien n'a manqué, ni la misère, ni les persécutions, et qui, en revanche, nous a laissé l'art des poteries, Bernard Palissy enfin, le type et le modèle de tous ces *rêveurs* tant dédaignés dans l'infortune, mais qui cherchent toujours et sans cesse, qui fouillent la matière et remuent les idées, nous parle des bons résultats obtenus sous ses yeux, dans les Ardennes, par l'emploi de la chaux, qui, aujourd'hui encore, se continue dans les arrondissements de Givet, Fumay, etc., avec beaucoup trop d'ardeur, ainsi que nous le verrons bientôt. De nos jours, le *rêve* du grand artiste et de l'homme de bien s'accomplit, l'union de la science et de l'agriculture se consolide de jour en jour; c'est que les enseignements que le temps nous a laissés ne sont pas lettre morte pour tout le monde. Écoutons ce qu'en dit M. A. Puvis, dans son *Traité des Amendements :* « Dans les marnages les plus réguliers, les plus anciens « d'un pays d'agriculture classique, du département du Nord, le « sol reçoit tous les vingt ans, en moyenne, 160 hectolitres de « marne pierreuse qui contient trois quarts à peu près de carbonate de chaux. C'est donc 6 hectolitres par an qu'on donne « au sol flamand pour lui faire continuer ses produits avec la « même énergie. »

N'avons-nous pas vu en effet (p. 103), que 1,000 kilog. de filasse de chanvre prennent au sol 682 kilog. de chaux; que 8,000 kilog. de trèfle en emportent 152 kilog.; que 3,000 kilog. de froment en enlèvent 34 kilog., et que 29,000 kilog. de pommes de terre en extraient 66 kilog.?

En parlant ici de la chaux, nous ne voulons que prendre un exemple à l'égard de l'une des substances minérales les mieux connues par les bons effets qu'on en obtient sur les terrains qui en sont dépourvus, par suite de l'exportation continuelle qui s'en fait sous forme de récoltes. Mais pour rendre la démonstration plus complète et faire ressortir davantage l'utilité réelle des autres matières minérales qui doivent fixer spécialement notre attention, prenons la composition du froment et de sa paille, d'après les analyses de M. Boussingault.

	Grain. 100 kil	Paille. 200 k. 750.	Plante entière. 300 k. 750.
Acide phosphorique.	1^{k} 14	0^{k} 44	1^{k} 58
Acide sulfurique.	0 02	0 08	0 10
Potasse.	0 72	1 28	2 00.
Soude	traces.	0 04	0 04
Chlore.	traces.	traces.	traces.
Chaux.	0 07	1 18	1 25
Magnésie.	0 39	0 68	1 07
Silice	0 03	9 42	9 45
Alumine et fer.	0 00	0 14	0 14
Matières organiques. . . .	97 63	187 57	285 15
	100^{k} 00	200^{k} 750	300^{k} 750

Mais allons plus loin, appuyons-nous sur des faits plus généraux, « et pour cela appelons l'attention des agriculteurs sur les « chiffres du tableau suivant, qui, en démontrant la quantité de « matière minérale enlevée au sol par telle ou telle culture, im« pliquent nécessairement l'obligation de les lui restituer par « les engrais [1]. »

Ou les faits n'ont pour nous la moindre signification, ou nous devons conclure que certaines matières minérales sont enlevées périodiquement au sol par les végétaux, que la terre en est appauvrie d'autant, et que l'emploi des engrais incomplets a pour résultat final d'amener l'épuisement lent, mais certain du sol. Puisque ces matériaux sont indispensables à la production des récoltes, puisque la végétation ne saurait s'en passer, sans un préjudice réel pour les produits que nous cultivons, il faut donc en tenir compte dans la préparation des engrais, et c'est dans ce but que nous continuerons l'étude particulière de chacun de ces corps, afin de bien nous rendre compte de leur importance immédiate au point de vue de la nutrition végétale, et par conséquent du développement des végétaux.

[1] Moride et Bobierre, *Technologie des engrais de l'Ouest*, p. 12.

MATIÈRES MINÉRALES ENLEVÉES AU SOL PAR DIVERSES CULTURES FAITES A BECHELBRONN SUR UN HECTARE.

NATURE DES RÉCOLTES.	Récolte sèche.	Cendres dans 100 parties de la récolte.	Quantités de cendres par hectare.	ACIDES Phosphorique.	ACIDES Sulfurique.	Chlore.	Chaux.	Magnésie.	Potasse et soude.	Silice.	Alumine et oxyde de fer.
	kil.	kil.	kil.	kil.	kil.	kil.	kil.	kil.	kil.	kil.	kil.
Pommes de terre. .	3,083	4 0	123 4	13 0	8 8	3 5	2 2	6 7	65 3	6 9	18 6
Betteraves.	3,172	6 3	199 8	12 0	5 2	10 4	14 0	8 8	89 9	16 0	5 0
Navets dérobés, demi récolte.	716	7 6	54 1	3 3	3 9	1 6	3 9	2 3	20 6	3 3	0 7
Topinambours. . . .	5,300	6 0	350 0	38 6	7 3	5 3	7 6	5 9	140 8	42 9	47 2
Froment.	1,148	2 4	27 3	12 0	0 3	0 0	0 8	4 4	8 1	0 4	» »
Paille de froment .	2,790	7 0	195 3	6 0	2 0	1 2	16 6	9 8	18 6	132 0	2 0
Avoine.	1,064	4 0	42 6	6 4	0 4	0 2	1 6	3 3	5 3	22 7	0 6
Paille d'avoine. . .	1 283	5 1	65 4	1 9	2 7	3 1	5 4	1 8	18 9	26 2	1 4
Trèfle.	4,029	7 7	310 2	19 5	7 7	8 1	76 5	19 5	84 1	16 4	0 9
Pois fumés.	998	3 1	30 9	9 3	1 5	0 3	3 1	3 7	11 7	0 3	traces.
Haricots à l'état normal.	1,580	3 3	33 3	14 8	0 7	0 1	3 2	6 4	27 1	0 6	d°.
Fèves d°.	2,121	3 0	63 6	21 8	1 0	0 5	3 2	3 5	28 7	0 3	d°.

§ II.

Du phosphate de chaux.

> « Découvrir de nouveaux gisements d'engrais
> « dans la nature, c'est rendre un service signalé
> « à l'agriculture d'abord, et comme consé-
> « quence à l'humanité tout entière, intéressée à
> « voir augmenter la masse des subsistances. »
>
> J. Barral.

Lorsqu'on brûle au contact de l'air un fragment de phosphore, il se produit un phénomène chimique absolument semblable à celui que nous avons indiqué en parlant de la combustion du charbon; comme ce dernier, le phosphore disparaît, mais il n'est pas anéanti; il n'a fait, comme toujours, que changer de forme et d'état. Ainsi que le charbon, il s'est combiné avec l'oxygène de l'air, et comme dans le premier cas il s'est produit un corps nouveau doué de propriétés nouvelles, ne rappelant aucune de celles que possédaient isolément les deux corps dont il est formé; en un mot, il en est résulté un acide énergique qui tire son nom, comme tous les autres acides, de la substance qui lui a donné naissance, et que les chimistes ont appelé acide phosphorique.

Dans cette circonstance, 100 de phosphore ont pris à l'air 125.20 d'oxygène, avec lesquels ils se sont combinés pour produire 225.20 d'acide phosphorique, dont la composition, exprimée en centièmes, est celle-ci : Phosphore, 44.44 ; — Oxygène, 55.56. — Total, 100.

Dans la combustion du charbon, l'acide carbonique produit est gazeux, tandis que l'acide phosphorique est solide; voilà toute la différence. C'est lui qui répand dans l'air ces vapeurs blanches, infectes et malsaines, résultant de la combustion des pâtes phosphorées qui servent — malheureusement — à la fabrication des allumettes chimiques.

Si l'on voulait recueillir de l'acide phosphorique, il suffirait de brûler un fragment de phosphore sous une cloche de verre contenant de l'air sec. Dans ce cas, les fumées provenant de la combustion se résolvent bientôt en petits flocons blancs, rappelant absolument l'aspect de la neige, et tapissent la paroi interne de la cloche. Je ne cite ce fait qu'afin de prouver que les vapeurs blanches sont bien un corps solide et non un gaz.

En enlevant à l'acide phosphorique tout l'oxygène qu'il a pris à l'air pour se constituer, on retrouve exactement la quantité de phosphore brûlé et la quantité d'oxygène absorbé, avec lesquels on peut reproduire indéfiniment les mêmes réactions. C'est sur ce principe qu'est fondée la fabrication du phosphore servant à la préparation des allumettes.

Comme l'acide carbonique, et comme tous les acides en général, l'acide phosphorique a une tendance très-prononcée à s'unir avec les alcalis, au nombre desquels il faut principalement compter la potasse, la soude, la chaux, l'ammoniaque et la magnésie.

En s'unissant à la chaux, ou à la potasse, ou à la soude, ou à la magnésie, l'acide phosphorique perd alors toutes ses propriétés primitives, et il en acquiert de nouvelles dans lesquelles on ne retrouve plus aucun des caractères que possédait isolément chacun des corps dont la nouvelle substance est formée, et les combinaisons résultant de cette union prennent alors les noms de phosphate de chaux, de phosphate de potasse, de phosphate d'ammoniaque, etc.

Le phosphate de chaux n'est donc pas autre chose qu'une combinaison d'acide phosphorique et de chaux, de même que le carbonate de chaux, ou craie, n'est autre qu'un composé d'acide carbonique et de chaux; de même encore le sulfate de chaux, ou plâtre, n'est que le résultat de la combinaison de l'acide sulfurique avec la chaux.

L'acide phosphorique et la chaux peuvent se combiner dans des rapports différents, et produire du phosphate de chaux dans lequel l'un des deux corps constituants peut se trouver en excès par rapport à l'autre; mais celui qui doit fixer plus spécialement notre attention est celui que l'on trouve tout formé dans les os des animaux, et dont la composition, toujours constante, est représentée par 100 parties d'acide phosphorique, combinées à 106.451 de chaux, selon la détermination qu'en a faite le grand Berzélius. Exprimée en centièmes, la composition du phosphate de chaux des os se réduit à ces chiffres : Acide phosphorique, 46.15; — Chaux, 53.85.

Tout le monde connait le phosphate de chaux, car tout le monde a vu des os brûlés, dont le phosphate de chaux forme principalement la base. Nous avons dit, il y a quelques instants, que le feu était l'agent de décomposition le plus énergique pour les matières organiques des deux règnes; or, en brûlant les os au contact de l'air, on détruit la matière organique, on brûle tout à la fois la graisse et la gélatine qui composent une partie de leur masse, et il reste la matière inorganique ou minérale, essentiellement formée de phosphate de chaux et d'un peu de carbonate de chaux. Comment une matière terreuse comme le phosphate de chaux est-elle parvenue jusque dans notre organisme, et comment est-elle venue composer le squelette humain, la charpente sans laquelle il nous serait impossible de nous soutenir, de nous mouvoir et d'accomplir aucune de nos fonctions? c'est ce que la suite va nous apprendre.

Toutes les bonnes terres paraissent contenir du phosphate de chaux, mais en quantités très-variables. M. Berthier, dont les nombreux travaux ont tant contribué à enrichir la chimie végétale et la chimie minérale, a trouvé jusqu'à 0.50 p. 100 de phosphate de chaux dans une terre de Furnes. De son côté, M. Boussingault en a trouvé 0.35 p. 100 dans une riche terre hollandaise, destinée à la culture du lin. M. Schweitzer a constaté également que les dunes de Brighton contenaient 1 millième de phosphate de chaux. Enfin, nous avons vu (p. 177) que les terres de Versailles, dont nous avons donné l'analyse, avaient également décelé des quantités notables de phosphate de chaux. Nous devons donc considérer ce composé comme faisant partie intégrante de tous les sols arables.

Les chiffres que nous venons d'indiquer ici sont tout à fait exceptionnels, et la plupart des terres n'accusent *malheureusement* à l'analyse que des quantités assez faibles de phosphate de chaux. Nous disons malheureusement, parce que les faits agricoles les mieux constatés établissent, sans aucune espèce de doute, que la présence du phosphate de chaux contribue puissamment à la fertilité des terres, et que, toutes autres conditions étant égales, les terrains les plus riches en phosphate de chaux sont généralement les plus favorables à la culture des céréales, dont elles augmentent sensiblement les rendements, et qu'au contraire celles qui en sont complétement dépourvues, comme dans une partie de la Bretagne et de la Vendée, sont impropres à produire des graminées, et acquièrent cette faculté dès qu'on leur fournit l'élément qui leur manque. Des faits nombreux vont bientôt l'établir.

Si nous nous reportons aux analyses des cendres dont nous avons publié les résultats (p. 167 à 175), nous trouvons que *toutes*, sans exception, indiquent la présence de l'acide phosphorique et des phosphates dans des rapports assez considérables. Voici d'ailleurs un autre résumé, pris également sur 100 parties de cendres.

ACIDE PHOSPHORIQUE CONTENU DANS LES CENDRES DES RÉCOLTES.

(*Analyses de M. Boussingault*[1].)

Nature des récoltes[2].	Acide phosphorique p. 100 de cendres.
Froment (grains).	46 98
Pois fumés	39 10
Fèves.	34 27
Haricots.	26 75
Avoine.	15 02
Pommes de terre.	11 27
Topinambours.	10 79
Trèfle	6 28
Navets, demi-récolte dérobée.	6 07
Betteraves.	6 00
Paille de froment.	5 07
Paille d'avoine	2 91

[1] Ces différents produits proviennent des cultures de M. Boussingault, et ont été récoltés à sa ferme de Bechelbronn, en 1841.

[2] *Économie rurale*, t. II, p. 329.

En parlant des éléments pris au sol par différentes récoltes *complètes*, nous avons vu (p. 103), quelles étaient les diverses quantités de substances minérales nécessaires à la constitution des produits du sol. Si nous nous reportons également à ce tableau, emprunté aux *Principes d'agronomie* de M. de Gasparin, nous trouvons, pour l'acide phosphorique, les résultats suivants :

Plantes récoltées.	ACIDE PHOSPHORIQUE[1] Pris au sol.	Correspondant à	
Blé..	47k 40	102k 715	de phosphate des os.
Fèves.	36 05	78 120	—
Pommes de terres (tubercules). .	36 56	79 223	—
Colza.	73 57	159 426	—
Tabac (feuilles, tiges et racines).	35 40	76 714	—
Trèfle sec.	39 00	84 515	—
Chanvre (filas.), 55,920k de plant. sèche.	55 88	126 737	—

De pareils chiffres méritent de fixer l'attention, car ils donnent au phosphate de chaux, au point de vue des différents produits du sol, une importance réelle.

Si l'on parcourt attentivement les divers tableaux que nous venons de faire passer sous les yeux du lecteur, on est frappé d'un fait qui est général à l'égard de *toutes* les plantes sans exception, c'est que, comme l'azote, les phosphates sont *toujours* plus abondants dans les graines que dans les tiges. Ainsi, on trouve dans les cendres du froment, à l'état de phosphates divers (de potasse, de soude, de chaux, de magnésie, de fer. — Analyses de M. Will), jusqu'à 46.98 d'acide phosphorique, tandis que sa paille n'en contient que 3.07. L'avoine en fournit 15.02, et sa paille n'en renferme que 2.91 ; orge, 32.50 ; sa paille, 7.80 ; pois, 30.1 ; leur paille, 4.82. Eh bien ! il en est de même à l'égard de *toutes* les graines qui composent notre alimentation et celle des animaux dont nous nous nourrissons.

[1] Pour plus d'intelligence, nous avons converti, dans cette dernière colonne, l'acide phosphorique en phosphate de chaux des os, et à raison de 216.70 de phosphate des os pour 100 d'acide phosphorique.

Un fait qui remonte à peine à deux ans va nous prouver que les phosphates des céréales se retrouvent plus tard dans la farine et dans le pain.

Des recherches faites par ordre du gouvernement au laboratoire de l'École des mines, sur le pain et les farines consommées à Paris, ont conduit M. Rivot, professeur de chimie de cette institution, à déterminer les quantités de phosphates contenues dans les cendres du pain. Il résulte des intéressantes recherches de M. Rivot[1] que le pain analysé donnait normalement 0.662 pour 100 de cendres, contenant elles-mêmes, comme le froment, 45.50 pour 100 d'acide phosphorique ; soit, les 3/1000e environ du poids du pain.

Dieu n'a rien fait en vain, et ce ne peut être inutilement que la science infinie qui a si merveilleusement présidé à la création du monde ait mis le phosphate de chaux dans les graines et dans tous les aliments dont les hommes et les animaux se nourrissent. Et en effet, si nous observons un instant la marche du phosphate de chaux dans l'alimentation, et la manière dont il se comporte dans l'organisme animal, nous le voyons venir constituer notre propre substance, et particulièrement la charpente osseuse et les dents.

Pour prouver ce fait, un savant illustre, M. Flourens, a fait une expérience aussi curieuse qu'instructive. Le phosphate de chaux des os a la propriété de retenir avec force certaines matières colorantes, et notamment la belle couleur rouge obtenue de la garance. Du phosphate de chaux pur fut donc fortement coloré par ce moyen, et incorporé dans les aliments de jeunes chiens, que l'on soumit à ce régime pendant plusieurs mois. On continua pendant un temps à peu près égal le régime ordinaire de ces animaux, puis on revint au régime du phosphate ainsi coloré, et ainsi de suite. Quelque temps après, on immola ces malheureuses bêtes sur l'autel de la science, qui en recueillit bientôt un enseignement précieux. En pratiquant transversalement la section des os, on retrouva dans l'épaisseur des tissus

[1] *Annales de chimie et de physique*, mai 1856.

osseux une partie du phosphate de chaux coloré, formant autant d'anneaux concentriques d'une belle couleur rouge[1].

Voilà comment le phosphate de chaux du sol passe dans notre organisation, comment la substance de la terre devient la nôtre, comment cette cendre des morts, la poussière de nos aïeux, revit en nous, et comment nous revivrons un jour dans la substance de nos descendants.

Pour se bien convaincre que les phosphates sont toujours plus abondants dans les graines que dans les fleurs, tiges ou feuilles qui ont produit ces graines, pour conserver la certitude que les phosphates contenus dans les aliments passent dans l'organisme de tous les animaux, et que les quantités surabondantes se retrouvent plus tard dans les déjections, il suffit de considérer que l'urine humaine, ainsi que celle des carnivores et des granivores, contient divers phosphates en quantités notables, tandis que l'urine des herbivores en contient peu et en est quelquefois

[1] Cette utile expérience a donné depuis l'idée d'introduire également du phosphate de chaux en nature dans le régime alimentaire des personnes dont les blessures sont occasionnées par la cassure des os. Les résultats ont été, dit-on, satisfaisants, et on peut le croire sans peine.

Nous profiterons de cette circonstance pour constater à regret que trop souvent le monde condamne avec beaucoup de légèreté des expériences qui ne semblent inutiles que parce qu'on les comprend mal, contre lesquelles les rigoristes crient à la cruauté, et dans lesquelles on ne voit ordinairement qu'affaires de passe-temps et de curiosité. L'exemple que nous venons de citer est certainement de nature à bien démontrer cette vérité qui restera éternelle, à savoir que quand un fait scientifique se produit, si minime qu'il soit, *nul* ne peut dire quelles en seront les conséquences. Au contraire, chaque fait nouveau bien établi doit être considéré comme un bienfait; car c'en est un, fût-il même une erreur, puisqu'il apporte un enseignement de plus, et que l'expérience est un capital, aussi bien pour la société que pour les hommes qui la composent.

La machine électrique a été considérée pendant longtemps comme un joujou inutile, et c'est grâce à elle que l'immortel Franklin est parvenu à maîtriser la foudre et à nous placer à l'abri des dangers auxquels elle nous expose.

Les mêmes réflexions s'appliquent également à la pile de Volta, avec laquelle on produit aujourd'hui des choses admirables, devenues l'objet d'un commerce immense.

exempte. Ainsi, les excréments humains, dont l'analyse a été faite par l'un des hommes les plus illustres de son siècle, par l'immortel Berzélius, ont donné, sur 1,000 parties, 150 de cendres contenant au delà de 100 parties de phosphate de chaux, de magnésie et de soude, tandis que les cendres de bouse de vache, dont nous donnons ici la composition, n'indiquent que 29.4 en phosphate de chaux, de magnésie et de fer, et qu'au contraire le cheval, mangeant de l'avoine, laisse dans les cendres de son crottin 41.25 de phosphate de chaux et de magnésie.

COMPOSITION DES CENDRES DE

BOUSE DE VACHE. (*Analyses de Haidlen.*)		CROTTIN DE CHEVAL. (*Analyses de Jackson.*)	
Phosphate de chaux.	10 9	Phosphate de chaux. . . .	5 66
— magnésie. . .	10 0	— magnésie. .	18 75
— fer..	8 5	Carbonate de chaux.. . . .	36 25
Chaux.	1 5	Silice..	40 00
Sulfate de chaux.	3 4		100 00
Chlorure de potassium-cuiv.	traces		
Silice.	63 7		
Perte.	1 5		
	100 0		

Nous venons de voir que le phosphate de chaux se rencontrait dans toutes les matières végétales dont les hommes et les animaux se nourrissent; or les plantes marines ne font point exception à cette règle. Si nous continuons notre examen sur la chair des animaux qui font principalement la base de l'alimentation humaine, nous retrouvons encore le phosphate de chaux, car la viande fraîche de bœuf en contient 0.08 pour 100.

Toutes les parties solides et liquides du corps humain, c'est-à-dire *tous* les organes et tous les principes immédiats dont ils sont formés, sont dans le même cas. Le cerveau en renferme près de 2 pour 100; les dents, plus de 60 pour 100; les os, près de 55 pour 100; la liqueur séminale, 3 pour 100; le sang, 0.30 chez l'homme et 0.10 chez le bœuf; l'urine humaine, 0.60 de phosphates divers (celles du lion, du tigre et du léopard ont donné 1.080); le foie en fournit 0.47; la bile de bœuf, 0.11;

la salive, les larmes, les divers mucus, et *toutes* les autres matières provenant des sécrétions, en contiennent dans des rapports variables. Il en est de même des ligaments, des cartilages, de la peau, des ongles, des poils et des cheveux[1].

Partout et à tous les degrés de l'échelle animale, on trouve le phosphate de chaux; aussi bien chez les reptiles que chez les poissons, chez les insectes que chez les crustacés, et aussi bien chez les carnivores que chez les ruminants, et même chez les mollusques.

Rien n'est plus propre à faire ressortir toute l'importance du phosphate de chaux, au point de vue de l'organisation animale, que l'examen de la composition chimique du lait et des œufs, que nous prenons à dessein pour exemples. En effet, les matières salines du lait, dont nous donnons ici les noms, tout en indiquant les rapports dans lesquels ces substances existent, nous montrent que les phosphates entrent en moyenne pour près de 60 pour 160 dans le poids des cendres.

COMPOSITION DES CENDRES DE LAIT DE VACHE.

(*Analyses de M. J. Liebig*[2].)

I. 1000 parties de lait ont fourni	67 7	de cendres.	Moyenne des cendres, 58 35.	
II. 1000 —	49 0	—		

Les cendres avaient la composition suivante :

	I.	II.	
Phosphate de chaux. . . .	47 14	50 81	Moyenne des phosphates, 59 22 p. 100.
— magnésie. . .	8 57	9 43	
— fer.	1 45	1 04	
Chlorure de potassium. . .	29 38	27 05	
Sel marin.	4 89	5 03	
Soude.	8 57	6 64	
Perte.	0 02	0 00	
	100 00	100 00	

[1] Ces différents chiffres émanent des grands maîtres, et ont été pris dans ceux de leurs ouvrages devenus les plus classiques, MM. Berzélius, Dumas, Thénard, Regnault, Pelouze, Frémy, Girardin, Payen et Liebig, *Traités de chimie*. Dans chacune de ces analyses, le phosphate de chaux est accompagné des phosphates de potasse et de soude, de magnésie et de fer.

[2] *Chimie appliquée à la physiologie végétale et à l'agriculture.*

L'exemple qui nous a servi précédemment à l'égard de l'alimentation des jeunes enfants et des végétaux trouve ici une nouvelle application. Chez l'enfant ou chez l'animal qui naît, les organes de la digestion n'ont point la vigueur nécessaire pour pouvoir s'assimiler directement le phosphate de chaux que contient le pain dont s'alimentent les adolescents et les adultes. Pourtant l'organisation des jeunes sujets a besoin de se développer sans efforts, et leur alimentation réclame, plus impérieusement qu'aucune autre, les éléments nécessaires à la consolidation du système osseux; mais une science de laquelle rien n'égale, une sollicitude infinie pour nous et une prévoyance sans bornes, se sont chargées d'y pourvoir, et, comme nous le montrent les analyses qui précèdent, le lait de la mère apporte deux fois la vie à l'enfant[1].

L'organisation de l'oiseau dans sa coquille est non moins digne d'intérêt pour nous[2]. L'analyse du blanc et du jaune d'œuf ont donné, sur 1,000 parties, les résultats suivants :

[1] Les efforts que fait la science pour nous dévoiler la vérité ont presque toujours les plus heureux résultats pour l'humanité tout entière. Dès que la composition du lait a été bien connue, et que l'on a pu se rendre un compte exact du rôle important qu'il jouait dans l'organisme animal, un saint Vincent de Paul de génie, un véritable bienfaiteur de l'humanité, dont nous déplorons d'avoir perdu le nom, a eu la pensée de frictionner avec certains agents thérapeutiques les mamelles des chèvres employées à l'allaitement de pauvres enfants abandonnés, qui naissent avec le germe de ces souillures honteuses qui ne sont que le juste châtiment d'autres souillures morales. On ne pouvait administrer directement et sans danger les substances nécessaires à la guérison, aujourd'hui on les fait passer ainsi dans la composition du lait, qui n'en prend, d'ailleurs, que des quantités minimes.

[2] Si nous nous arrêtons à quelques-unes de ces questions, il faut qu'on sache bien qu'il s'agit ici de graver dans la mémoire des faits utiles desquels nous déduirons plus tard d'utiles enseignements.

COMPOSITION DES CENDRES DE BLANC ET DE JAUNE D'ŒUF.

(Analyses de Prout[1].)

Blanc d'œuf.

	I.	II.	III.	
Acide sulfurique.	0.29	0.15	0.18	*Blanc.* Moyenne des cendres, 4.73.
Acide phosphorique.	0.45	0.46	0.48	
Chlore.	0.94	0.93	0.87	
Potasse et soude (carbonates). .	2.92	2.23	2,72	
Chaux et magnésie — . .	0.30	0.25	0.32	
Cendres totales.	4.90	4.72	4.57	

Jaune d'œuf.

	I.	II.	III.	
Acide sulfurique.	0.21	0.06	0,19	*Jaune.* Moyenne des cendres, 5.29.
Acide phosphorique.	3.56	3.50	4.00	
Chlore.	0.39	0.28	0.44	
Potasse et soude (carbonates).	0.50	0,27	0.31	
Chaux et magnésie — .	0.68	0,61	0.67	
Cendres totales.	5.34	4.72	5.81	

Ici encore nous trouvons *tous* les éléments des os, c'est-à-dire l'acide phosphorique et la chaux, s'unissant, vers le neuvième jour de l'incubation, pour constituer l'ossification de l'animal, et la continuer à mesure que son organisation le réclame. Le phosphate de chaux est pourtant insoluble de sa nature, mais la Providence a des ressources immenses pour assurer la croissance et la multiplication des races et des espèces, et l'état dans lequel elle tient le phosphate de chaux en dissolution dans certaines sécrétions est encore inconnu. Mais il est certain, toutefois, que si, à la sortie de leurs coquilles, les oiseaux ne trouvaient, comme les autres animaux, des aliments phosphatés capables de consolider leurs os, ils périraient infailliblement. L'œuf ne contenait que les quantités de phosphates rigoureusement nécessaires à une première organisation, et il faut de toute nécessité que l'animal, quel qu'il soit, en

[1] Berzélius, *Traité de chimie*, t. VII, p. 578.

prenne à de nouvelles sources, pour pourvoir au développement régulier de tous ses organes et de toutes les parties solides et liquides de son corps, dans chacune desquelles nous avons trouvé des phosphates.

« Lorsqu'on nourrit un jeune pigeon de graines de blé qui « ne renferment pas la partie essentielle des os, savoir, le phos- « phate de chaux, et qu'on empêche l'animal de prendre la « chaux ailleurs, ses os deviennent de plus en plus minces et « rigides, si bien qu'en prolongeant ce régime on peut le faire « mourir[1]. »

Dans les fermes, on observe tous les jours des faits semblables. Les jeunes veaux peuvent à peine se soutenir, leurs membres sont gélatineux et sans consistance. Soumis à l'analyse, leurs os n'indiquent que des quantités assez faibles de phosphate de chaux ; mais à mesure que l'ossification se complète, à mesure que l'animal puise dans le lait de sa mère les aliments phosphatés dont il ne saurait se passer, sa charpente se consolide et se développe en même temps que son corps, et bientôt il trouve dans une organisation complète les moyens de satisfaire lui-même à tous ses besoins, et de remplir chacune des fonctions que la nature lui a assignées.

Il faut donc de toute nécessité que la consolidation des os augmente avec le poids de l'animal, sinon l'équilibre serait détruit, aucune fonction ne pourrait se faire selon les vues de la Providence, car le développement des organes et des membres s'opérerait irrégulièrement et d'une manière incomplète.

Privée des aliments calcaires indispensables à la formation de ses œufs, la poule mange les coquilles qu'elle peut trouver. Ici la poule satisfait également à un besoin naturel, à un instinct dont elle est particulièrement douée pour assurer la reproduction de son espèce.

De tous ces faits, nous devons nécessairement conclure qu'à tous les points de vue possibles, le phosphate de chaux a une

[1] Chossat, *Rapport à l'Académie des sciences*, Juin 1842.

très-grande importance, puisqu'il constitue un agent précieux de fécondité aussi absolument indispensable à l'alimentation humaine qu'à l'élève du bétail, l'une des branches les plus importantes de l'agriculture. « Sans phosphates, il ne se for- « merait ni sang, ni lait, ni os, ni fibre musculaire[1]. »

L'action du phosphate de chaux paraît avoir pour effet de produire des céréales d'un poids assez considérable. Il ne faudrait peut-être pas chercher ailleurs l'explication des causes qui ont valu au guano, dans ces dernières années, une vogue importante, puisqu'il est, de tous les engrais du commerce, celui qui contient le plus de phosphates, puisque les grains les plus lourds sont généralement les plus estimés, et ceux par conséquent qui donnent à la vente le plus de profit. Il est à remarquer, en effet, que les matières végétales les plus nutritives sont précisément celles dans lesquelles le phosphate de chaux existe en plus forte proportion.

C'est à raison de ces faits, que l'on dit en Bretagne, en parlant des engrais phosphatés : « Le noir animal fait grainer le « froment, la poudrette pousse à la paille[2]. »

Le phosphate de chaux qui fait partie de la charpente osseuse des hommes et des animaux, et celui qui se trouve dans toutes les parties du corps des uns et des autres, vient donc de la même source. Les végétaux le prennent au sol, l'homme et les animaux le prennent aux plantes et le restituent plus tard à la terre. « On ne peut voir sans admiration, pour la simplicité « sublime de toutes ces lois de la nature, que les animaux em- « pruntent toujours ces éléments aux plantes elles-mêmes[3]. » Toujours nous retrouvons le même mouvement perpétuel et la même loi universelle : une dans ses moyens, simple dans ses effets, immense dans ses résultats. Mais il suffit de réfléchir un instant pour comprendre qu'il est tout à fait impossible qu'une masse assez considérable de phosphates ne soit pas perdue pour

[1] J. Liebig, *Chimie appliquée à l'agriculture*, 2e édit., p. 297.

[2] A. Bobierre, *Considérations sur l'emploi des engrais*.

[3] Dumas et Boussingault, *Statique chimique des êtres organisés*.

la terre. Tous ceux qu'on exporte sous la forme de récoltes, de bestiaux, de laitage et de produits de toute espèce, ne sont certainement pas compensés par les fumiers que peut produire l'exploitation la mieux entendue ; car le fumier de ferme, dans son état normal ordinaire, ne contient que 0.41 pour 100 de phosphate de chaux. Ces chiffres correspondent donc à 193 kilog. de phosphates pour une fumure de 30,000 kilog. employée par assolement triennal, ou seulement 41 kilog. par hectare et par an : or nous avons vu (p. 191) que différentes récoltes enlevaient au sol depuis 76 kilog. de phosphates (le tabac) jusqu'à 160 kilog. (le colza).

L'épuisement du sol, causé par une exportation de phosphates plus considérable que l'importation, s'explique donc parfaitement aujourd'hui, et est appuyé d'ailleurs par des faits incontestables. En 1842, un agriculteur anglais établissait[1] que le lait de chaque vache exportait 7k5 de phosphates, qu'un veau du poids moyen de 40 kilog. en exportait à son tour 2k5 au minimum, soit au total 10 kilog. par chaque vache, ou 30 kilog. pour les trois vaches nourries par hectare de terre; or, comme les déjections solides et liquides des vaches sont peu riches en phosphate de chaux, par la raison que la plus grande partie de celui pris aux aliments passe dans le lait, il en est résulté que les prairies du Cheshire, bien que recevant tout le fumier des vaches laitières, ne purent retrouver leur ancienne fertilité qu'après avoir reçu des doses assez considérables d'os pulvérisés.

Les terrains granitiques, argileux ou siliceux des départements de l'ouest, dans lesquels les phosphates font défaut, nous offrent encore de bien curieux exemples de l'importance des phosphates et de l'absolue nécessité d'en fournir au sol pour lui faire produire d'abondantes récoltes, et notamment des céréales. Dans toutes ces contrées, et notamment dans la Bretagne, la Mayenne et une partie de la Vendée, l'emploi du noir d'os ayant servi au

[1] *Revue britannique*, 1842, p. 205.

raffinage des sucres, donne, depuis quarante ans, des résultats tellement merveilleux, que les matières employées aujourd'hui valent jusqu'à 25 fr. l'hectolitre, alors qu'au commencement de ce siècle, les raffineurs étaient obligés de payer pour les faire enlever.

Nous ne pouvons entrer ici dans les détails que comporte la question des défrichements que nous n'avons pas pratiquée spécialement. Nous ne pouvons donc que signaler des résultats sommaires et indiquer les chiffres recueillis par des hommes spéciaux et par des praticiens d'une grande habileté.

Chez M. Rieffel, à Grand-Jouan, on a obtenu en quatre ans, sur des défrichements pratiqués avec les engrais phosphatés, un produit moyen de 50 hectolitres de froment, 25 de colza, 40 d'avoine, et 8,000 de paille, pouvant s'élever de 17 à 1,800 fr. Les frais de toute nature, d'engrais, de travail, de moisson, resumés sur les lieux, s'élèvent de 7 à 800 fr., en sorte qu'il resterait 1,000 fr. de produit net en quatre ans, ou 250 fr. par hectare et par an. Et à la place d'une terre inculte valant à peine dans le pays 200 fr. l'hectare, on en a une autre défrichée en bon état, et sur laquelle les agriculteurs pensent qu'on pourrait avec avantage continuer encore pendant deux ans la culture au noir d'os. Après ces quatre ans, on fait entrer la terre dans l'assolement général de la ferme, et on la cultive avec les engrais d'étable[1].

Ainsi, constatons ce fait : pour que le fumier de ferme agisse efficacement, il faut *d'abord* fournir au sol le phosphate de chaux qui lui manque. Laissons continuer M. Puvis.

M. Gaulier a fumé un défriché avec trente-six voitures à trois chevaux, ou 40,000 kilog. au moins de fumier par hectare, et la récolte a été beaucoup moins belle que la partie qui n'avait reçu que du noir d'os.

Voyons si ce sont là des faits isolés auxquels le hasard ou quelques circonstances fortuites auraient prêté un concours inaperçu ?

[1] Puvis, *Traité des amendements*, p. 193 et suivantes.

Les résultats obtenus ne se bornent plus à de simples expériences; ils sont répétés sur des centaines d'hectares par de nombreux propriétaires, et se reproduisent annuellement depuis quatre ou cinq ans. M. de Gourey, qui a vérifié les faits sur les lieux mêmes, en a le premier rendu compte à la Société centrale d'Agriculture de Paris. M. Millet, correspondant de cette société dans le département d'Indre-et-Loire, a été chargé par elle de les vérifier, et son rapport les a confirmés en tous points. M. Chambardel, directeur de la ferme-école de Marolles, qui a en culture 90 hectares défrichés par ce procédé, a rendu compte à la Société de sa culture et de ses produits. M. Moll, ancien professeur de l'école de Roville, maintenant professeur d'agriculture au Conservatoire des Arts et Métiers, et propriétaire exploitant dans l'Indre-et-Loire d'une terre sur le même plateau, a fait sur son sol des défrichements qui lui ont donné les mêmes résultats.

Il en a été de même, dans les mêmes contrées, chez MM. Gaulier, Brok, de Marseuil, de Gaudru, du Jonchay, etc., etc., et, depuis cette époque, l'agriculture de l'Ouest est entrée dans une voie de progrès où s'efforcent de la maintenir des hommes d'initiative et de talent, qui ont certainement mérité la reconnaissance du pays, en opposant à un système de fraude aussi scandaleux qu'immoral les mesures répressives les mieux justifiées, dans l'intérêt même du commerce des engrais.

M. A. Bobierre, de Nantes, auquel nous allons emprunter quelques renseignements statistiques, est particulièrement de ce nombre; mais pour être juste envers chacun, nous devons déclarer aussi que c'est grâce aux efforts tentés à Nantes par M. Ferdinand Favre, et à Paris par M. Payen, sur la valeur agricole des résidus de raffinerie, que l'agriculture française s'est enrichie de cette belle et utile application, l'une des plus heureuses parmi celles dont la science peut se glorifier à juste titre.

Toute l'importance agricole du phosphate de chaux, dont le noir d'os est si riche, peut se résumer dans les chiffres suivants, relevés par nous sur le *Tableau général du commerce de la*

France, et indiquant les quantités de résidus de raffinerie importées :

1837	1,020,463[k]	Total général 110,444,403[k], ou, en moyenne et par année, 11,044,440[k].	1846	7,936,641[k]	Total général 77,104,716[k], ou, en moyenne et par année, 7,710,471[k].
1838	11,081,351		1847	11,214,802	
1839	12,370,327		1848	7,802,497	
1840	13,425,431		1849	8,340,020	
1841	13,844,130		1850	7,133,839	
1842	15,869,119		1851	7,017,998	
1843	14,306,622		1852	7,980,429	
1844	13,886,371		1853	7,452,012	
1845	11,279,310		1854	6,757,164	
1846	7,936,641		1855	5,251,314	

Pour juger de la décroissance dans la moyenne de nos importations annuelles durant la dernière période décennale, comparativement à la période précédente, et apprécier la part que prend l'agriculture de l'Ouest dans tous ces chiffres, il suffit de considérer ceux indiqués par M. Bobierre, d'après des renseignements obligeants dus à M. le Directeur des douanes de Nantes.

	PROVENANCES		
Années.	Étrangères.	Françaises.	Total.
1840. . .	11,428,927[k]	5,643,057[k]	17,071,984[k]
1841 . .	11,199,711	4,642,609	15,842,320
1842. . .	11,823,012	4,345,698	16,168,710
1843. . .	11,422,493	4,144,397	15,566,890
1844. . .	12,624,650	8,407,645	21,032,285
1845. . .	9,010,945	6,703,808	15,715,553
1846. . .	7,326,115	8,195,242	15,521,357
1847. . .	9,359,504	7,179,687	16,539,191
1848. . .	6,960,775	6,869,727	13,830,502
1849. . .	7,913,410	9,833,012	17,746,422
1850. . .	5,886,906	9,115,070	15,001,976
1851. . .	6,304,899	10,791,919	17,096,818
1852. . .	6,682,459	10,217,203	16,899,662
1853. .	1er semestre.	. . . . . .	6,168,316

Il résulte de l'examen de ces chiffres deux faits importants :

une augmentation du double dans la production des noirs d'origine française (et par des raisons que nous examinerons plus tard), et en même temps réduction de moitié dans le chiffre des importations. Enfin, ces chiffres établissent également que

Sur les 14 m^ll^. de k^os^, entrés en France en 1840, l'Ouest en a cons. 11 m^ll^.
— 13 — 1841 — 11 —
— 15 — 1842 — 11 —
— 14 — 1843 — 11 —
— 15 1844 12 —
Et ainsi de suite jusqu'à. 1852

En présence d'une telle quantité d'acide phosphorique, annuellement introduite dans les terrains de la Bretagne, de la Mayenne, de la Sarthe et de la Vendée, il serait difficile, on en conviendra, dit avec raison M. Bobierre, de révoquer en doute son action sur les récoltes de blé, de sarrasin, de choux et de pommes de terre. Lorsque la pratique consacre avec persévérance, et depuis vingt années, des millions à une opération, c'est que cette opération a sa raison d'être[1].

Aujourd'hui, en effet, tous les noirs, résidus des raffineries de Paris, de Bordeaux, de Marseille, du Havre, d'Orléans, de Londres, de Libourne, de Hambourg, d'Amsterdam, de Stettin, de Kœnigsberg, de Venise, de Saint-Pétersbourg, de Riga et de New-York approvisionnent sans cesse le marché de Nantes, devenu le centre d'un commerce considérable, dans lequel de nombreuses fortunes ont été réalisées assez rapidement.

Nous sommes donc réellement en présence de l'un des corps les plus importants au point de vue de l'utilité générale, et de l'un des agents les plus précieux dont l'agriculture puisse disposer.

Dans l'état naturel où nous le connaissons, le phosphate de chaux est insoluble dans l'eau, et déjà nous savons que les végétaux ne peuvent admettre dans la circulation séveuse que des corps en dissolution. Comment dès lors le phosphate de chaux

[1] *Considérations sur l'action des engrais.*

est-il absorbé par les plantes? C'est ce que nous ont révélé les patientes recherches et les travaux si utiles de MM. Berzélius, Boussingault, Dumas, Lassaigne, de Saussure, et plus récemment ceux de M. Bobierre.

Berzélius a constaté que les eaux de la source de Carlsbad contenaient jusqu'à 0,0016 gr. de phosphate de chaux, que celui-ci était dissous à la faveur de l'acide carbonique provenant des couches souterraines, et que dans leur parcours à travers les montagnes, ces eaux dissolvaient plusieurs milliers de livres de phosphate de chaux, à raison du pouvoir que possède l'eau d'absorber son propre volume d'acide carbonique gazeux. MM. Boussingault et Dumas, en faisant réagir directement de l'eau chargée d'acide carbonique sur du phosphate de chaux, ont en effet obtenu la solubilité du sel calcaire, à l'égard duquel l'eau distillée demeure complétement inerte comme dissolvant. Des recherches du même ordre ont été entreprises par MM. Dumas et Lassaigne sur des lames d'ivoire, auxquelles l'acide carbonique a enlevé le phosphate de chaux, pour ne plus laisser que la gélatine et un peu de carbonate de chaux[1].

Un très-grand nombre d'acides minéraux, et la plupart des acides végétaux, peuvent dissoudre également le phosphate de chaux, et notamment l'acide acétique, ou vinaigre, dont la formation accompagne presque toujours l'organisation ou la désorganisation végétale; mais le rôle de l'acide acétique est assez limité, tandis que l'acide carbonique est en réalité le véhicule *principal* à l'aide duquel le phosphate de chaux est mis à portée des racines, qui le distribuent ainsi à la plante à mesure de ses besoins. D'autres acides organiques dissolvent également le phosphate de chaux, et l'acide lactique contenu dans le lait en est une preuve de plus. Mais en dehors des acides proprement dits, certains sucs de nature végétale ou animale sont également doués de cette

[1] C'est sur ce principe qu'est basée aujourd'hui la fabrication des biberons artificiels. Encore une application nouvelle due à des recherches scientifiques, et un véritable service rendu à bien des mères de famille, auxquelles l'emploi des éponges n'occasionnait que de trop nombreuses tribulations.

propriété. Tels sont, notamment, dans l'économie animale, le sperme, les urines, le blanc et le jaune d'œuf. Parmi les liqueurs de nature végétale, on peut citer aussi les infusions d'orge germée obtenues du malt des brasseurs, et dans lesquelles on retrouve en effet une grande partie du phosphate de chaux que contenait l'orge. Ce fait s'observe parfaitement en opérant sur du malt récent; mais lorsqu'il est préparé depuis plusieurs mois, et qu'il y a eu formation d'acide lactique au contact de l'air humide, le phosphate de chaux est plus abondant encore.

Différents sels ammoniacaux, ainsi que le chlorure de sodium, ou sel marin, sur lesquels nous reviendrons dans la partie professionnelle, sont également doués de la propriété de dissoudre le phosphate de chaux.

En signalant ces faits, nous voulons indiquer que divers corps jouissent de la même faculté dissolvante envers le phosphate de chaux, mais à l'égard de la végétation des céréales au sein de cet immense réservoir d'acide carbonique que l'on nomme la terre, *c'est principalement* ce dernier agent qui joue le rôle le plus important, et c'est ici qu'apparaît à nouveau l'utilité des engrais végétaux dans le sol, c'est-à-dire la nécessité *absolue* de la terre végétale, de l'humus enfin, qui sont des sources constantes d'acide carbonique, sans lesquelles le phosphate de chaux, ainsi que nous allons le voir, n'agirait sur les récoltes que d'une manière incomplète, puisqu'il ne recevrait d'autre acide carbonique que celui des eaux pluviales, dont les quantités sont d'abord très-variables, et sont ensuite bien minimes quand on les compare à celles que fournissent les débris végétaux en voie de pourriture ou de combustion lente.

Avec les seules ressources de la ferme, l'agriculture ne dispose que de bien minimes quantités de phosphate de chaux, puisque, comme nous venons de le voir (p. 200), les 10.000 kilog. de fumier consacrés à la fumure annuelle d'un hectare ne lui en apportent que 41 kilog. Et aujourd'hui que les avantages résultant de l'emploi du phosphate de chaux sont établis par des faits nombreux, *toutes* les matières premières qui pouvaient fournir à l'agriculture ce précieux auxiliaire lui font à peu près défaut, sinon en fait, au moins à raison de leur prix exorbitant et d'une rareté bien manifeste.

Posons des chiffres.

Les noirs d'os des résidus de raffinerie contiennent en moyenne 60 p. 100 de phosphate de chaux, et, vers 1820, ils valaient 2 fr. l'hectolitre du poids de 95 kil., ou 2 fr. 11 les 100 kil. Abstraction faite de la richesse en azote, nous avons ainsi le phosphate de chaux à raison de 3 fr. 52 les 100 kil. Les mêmes résidus ont été cotés à Nantes, en 1857, jusqu'à 24 fr. l'hectolitre, soit 25 fr. 30 les 100 kil., contenant 60 kil. de phosphate de chaux, dont le prix d'achat est alors de 42 fr. 20 les 100 kil., au lieu de 3 fr. 52 que nous venons de trouver. En présence de pareils chiffres, on est forcé de se demander comment l'agriculture pourrait nous livrer ses produits sans augmentation de prix. Poursuivons toujours, car l'emploi des noirs de raffinerie n'est guère que spécial aux départements de l'Ouest. Voyons à un point de vue plus général.

Il y a dix ans à peine, les os se vendaient commercialement 10 fr. les 100 kil. Ils dosent en moyenne 55 p. 100 de phosphate de chaux, dont le prix de revient était par conséquent de 18 fr. 35 les 100 kil., en n'envisageant que la valeur *seule* du phosphate de chaux. Aujourd'hui, le prix a doublé, et à coup sûr il augmentera encore; la raison en est simple, et la voici :

Partout en Europe on a épuisé les masses d'os dont on pouvait disposer pour l'agriculture directement, ou pour la fabrication de la gélatine, ou pour différentes autres industries, comme celles du noir animal, du phosphore, etc. Or, on n'improvise pas des animaux, et depuis longtemps déjà, on a été jusqu'à explorer de glorieux débris, on a scandaleusement fouillé des champs de bataille. L'Angleterre s'est vue forcée d'aller chercher dans l'Amérique du Sud des quantités immenses d'os, dont le transport a déterminé pendant longtemps un mouvement maritime inconnu jusqu'ici pour des débris de cette nature. Aujourd'hui, on reconnait partout la nécessité de rendre au sol les quantités prodigieuses de phosphate de chaux enlevées par les récoltes pendant plusieurs siècles, sans lui avoir restitué une partie des os en provenant, et il faut à tout prix rétablir l'équilibre.

En France, la situation est à peu près la même. Nous ne produisons pas assez d'os pour satisfaire à nos besoins. De 1827 à 1836, nous avons dû en importer 46,242,898 kil. Durant la seule année de 1836, le chiffre s'est élevé à 7 millions de kilogrammes. Jamais à aucune époque nos importations d'os n'ont été aussi considérables que durant ces dernières années, puisque le chiffre a triplé, et que chaque jour nous recevons des chargements nombreux d'os en nature venant de Hambourg, de Russie, de Buénos-Ayres, de partout enfin où il est possible d'en trouver encore. En un mot, les besoins augmentent sans cesse, et les ressources diminuent de jour en jour. Voilà la situation *vraie* à l'égard des os, et il y a là certainement un danger pour l'avenir de l'industrie sucrière, et surtout pour la fabrication des gélatines d'os créée par Darcet, car nous ne voyons aucune espèce de raison pour que cette situation change autrement que par l'influence que pourra exercer une circonstance heureuse, qui est l'événement agricole du moment, c'est-à-dire l'exploitation des gisements de phosphate de chaux naturels renfermés dans le sol, et dont la découverte est assez récente.

L'importance agricole du phosphate de chaux, à quelque point de vue qu'on l'envisage, nous impose l'obligation d'entrer ici dans des détails circonstanciés, et d'apporter aussi les faits utiles que nous avons eu soin de recueillir, afin de nous faire une conviction sérieuse, basée sur des faits certains.

Mais d'abord, un mot.

Il y a véritablement des heures marquées pour les choses d'ici-bas. Au moment où il semble que la substance minérale la plus nécessaire à la constitution des céréales va manquer partout, la terre s'ouvre; et, suivant un dicton populaire bien vrai dans le cas qui nous occupe, et toujours également vrai à l'égard des libéralités providentielles, nous n'avons qu'à nous baisser et à ramasser.

La France possède les gisements de phosphate de chaux les

plus considérables qui existent à la surface du globe. Ce n'est pas là un fait ordinaire, c'est un événement des plus heureux; c'est quelque chose de plus que la découverte d'une mine d'or, car avec de l'or on n'obtient pas des céréales quand il n'y en a plus, tandis qu'avec des récoltes on a tout, même de l'or, même quand il semble qu'il n'y en a plus.

« C'est ainsi que la Providence a mis en réserve, dans son « économie solidaire et admirable de la création, des trésors « inépuisables qui semblent attendre, pour se révéler, que la « civilisation et le progrès permettent d'en profiter [1]. »

Parcourons rapidement l'historique de cette découverte, que nous voyons *certainement* appelée à prendre date parmi les grands faits de ce siècle, grâce à la coopération active de la science, envers laquelle nous serons bientôt redevables de ce nouveau bienfait.

Les phosphates de chaux naturels sont connus depuis longtemps des minéralogistes, sous des noms différents, selon l'origine qu'on leur attribue, et aussi selon la composition qu'on leur a reconnue. On les désigne généralement sous les noms d'*apatite*, de *phosphorite* et de *coprolythes*; mais il nous paraît probable que la dernière dénomination sera rejetée, car il est encore difficile de prouver péremptoirement que les concrétions appelées coprolythes proviennent d'excréments de grandes races d'animaux disparues de la surface de la terre à l'époque du déluge. Déjà, en Angleterre, où l'on exploite ces gisements depuis dix à douze ans, on leur refuse cette origine, et on les considère comme des phosphorites, c'est-à-dire comme un minerai pur et simple.

L'apatite présente à l'œil des formes cristallines régulières, tandis que la phosphorite et les coprolythes n'en offrent aucune. L'apatite est formée de 45 d'acide phosphorique combiné à 55 de chaux. La phosphorite a la même composition que le phosphate des os, c'est-à-dire 46.15 d'acide phosphorique et 53.85 de chaux.

[1] C.-E. Royer, *Statistique agricole de la France*, p. 64.

L'apatite parait être le minerai le plus anciennement connu parmi ceux que nous venons de désigner. Il en existe un gisement considérable en Espagne, à Logrozan et à Truxillo, province de l'Estramadure. Sa composition, d'après une analyse faite en Angleterre en 1843, sur deux échantillons très-riches, se résume ainsi :

Phosphate de chaux.	81 15	100
Fluorure de calcium.	14 00	
Peroxyde de fer	3 15	
Silice.	1 70	

C'est là un minerai d'une richesse extraordinaire. Le banc qui l'a fourni n'a pas moins de 4 mètres d'épaisseur, et s'étend à plusieurs milles de longueur (1 mille = 1,609^{m}315). Ces intéressantes constatations ont été faites, en 1842, par M. Daubeny, professeur de chimie à l'Université d'Oxford, et par M. le capitaine Widrington, tous deux délégués de la Société royale d'Agriculture d'Angleterre [1]. Les Anglais exploitent aujourd'hui l'apatite que la Suède leur fournit en quantités considérables.

L'Angleterre possède également, dans les comtés de Suffolk, de Norfolk, du Hertfordshire et du Lincolnshire, des dépôts de coquilles fossiles mélangées de sable vert, également riches en phosphate de chaux, et qui sont devenus l'objet d'un commerce considérable.

Voici dans quels termes s'explique à ce sujet M. E. de Beaumont :

« Au commencement de l'année 1848, M. Wiggins annonça « à la Société géologique de Londres que, près Ramsholt-Creek,

[1] Quelques-uns des renseignements qui précèdent, et une partie de ceux qui vont suivre sur l'historique des phosphates naturels, sont extraits d'une série d'articles remarquables publiés dans les numéros suivants du *Moniteur universel* : 24 et 25 juillet, 25 août 1856 ; 11 et 12 février, 26 et 27 mars 1857, par l'un de nos géologues les plus distingués, M. Élie de Beaumont, de l'Académie des sciences, auteur, avec M. Dufrénoy, son collègue, d'une *Description géologique de la France*.

« Sutton et en quelques autres points du Suffolk, on avait trouvé « de grandes quantités de dents, d'ossements et de substances « coprolythiques ou excrémentielles. En Angleterre, un pareil « fait ne pouvait passer inaperçu. Ces débris, riches en phos- « phate de chaux, sont maintenant recueillis, dit-il (22 mars « 1848), pour être employé dans l'agriculture. Mais on ne s'est « pas borné à les employer en nature, et on les mêle avec l'acide « sulfurique. » (C'est là un procédé dont nous allons bientôt examiner la valeur.) « Ce compost est devenu, dit-on, un article « régulier de commerce. Il est coté dans les annonces agricoles « et offert à raison de 6 à 7 livres sterling (150 à 175 fr.) la « tonne, prix qui, pour le dire en passant, ne s'écarterait que « faiblement de celui auquel les résidus de noir animal sont « vendus à Nantes pour le même usage, et qui, comme ce der- « nier, fait probablement ressortir le prix de l'acide phospho- « rique supposé pur à environ 50 cent. le kilog. La valeur « vénale de la substance étant, d'après ce qu'on vient de rap- « porter, beaucoup plus grande que celle de la houille, c'est là « un gîte minéral d'une grande richesse, et dont l'exploitation « est susceptible de donner des bénéfices considérables. »

Les prix indiqués par M. de Beaumont établissent la valeur agricole du phosphate de chaux, en Angleterre, à raison de 23 cent. le kilog., puisqu'un kilogramme d'acide phosphorique est contenu dans 2k 167 de phosphate de chaux des os. Dans quelques instants, nous reviendrons sur ces chiffres, car nous avons des éléments assez sérieux pour établir un prix de revient.

Le sol français n'a rien à envier à ses voisins sous le rapport de ces précieuses richesses agricoles; car, dès l'an III, le *Journal des Mines* signalait à l'attention publique un gisement de pyrites situé sur la rive méridionale du Pas-de-Calais, entre Saint-Pol et Wissant, dans lequel M. Berthier, alors professeur de chimie à l'École des Mines, trouvait des quantités assez considérables de phosphate de chaux. Cette richesse en phosphates obligea même M. Flachat, propriétaire de l'établissement dans lequel les pyrites étaient converties en sulfate de fer commercial, à renoncer à cette fabrication, dont la marche était entravée par la présence du phosphate de chaux.

Je ne serais pas étonné, a dit plus tard l'éminent professeur de l'École des Mines, de voir un jour l'usine établie par M. Flachat, sur la côte de Wissant, dans le but de traiter les pyrites en rejetant le phosphate de chaux, relevée pour utiliser le phosphate de chaux avec le concours des pyrites.

Ce coup d'œil d'un homme d'une intelligence élevée est assez remarquable, car sa prédiction est en train de s'accomplir.

On trouve également dans les *Annales des Mines* (année 1820, 1re série, t. V, p. 197) que M. Berthier a trouvé jusqu'à 57.3 pour 100 de phosphate de chaux dans des nodules de chaux phosphatée que contient la chaux chloritée du cap la Hève, près le Havre.

Il existe également dans les environs de Bouvines (Nord) un calcaire chlorité contenant 8.03 de phosphate de chaux, et dont voici la composition d'après l'*Essai géologique pratique sur la Flandre française*, par M. Meugy, ingénieur des mines, à Lille :

Chaux.	40 20	
Acide carbonique. . . .	32 90	
Sable vert.	10 00	
Alumine et oxyde de fer.	13 00	
Acide phosphorique. . .	3 70	ou 8,02 de phosphate des os.
Alcalis.	traces.	
	100 00	

Le compte rendu de la vingtième session du congrès scientifique, tenu à Arras en 1853, a révélé également l'existence de gisements considérables de chaux phosphatée dans le nord de la France, et notamment aux environs de Lille. M. Sens, ingénieur des mines, à Arras, en a signalé un dans le Bas-Boulonnais, « dans une bande de terrain qui commence à Wissant, sur les « bords du Pas-de-Calais, et qui va se terminer à la côte de la « Manche, un peu au midi de Boulogne. »

Le plus important est celui qui a été signalé à la même époque et à l'occasion du même congrès, par M. de Lanoue, chimiste-géologue à Raismes (Nord). Il résulte, en effet, de la communication de M. de Lanoue que le calcaire ou la craie des environs de Lille contient une substance appelée *tun*, dans laquelle l'analyse a révélé des richesses de 19 à 32.50 de phosphate de chaux. A l'appui de ses intéressantes communications, M. de Lanoue a produit des échantillons d'une roche de cette nature, prise à une profondeur de 15 à 30 mètres, formant une couche moyenne de 0.90 d'épaisseur et s'étendant à plusieurs lieues aux environs de Lille. « C'est, ajoute M. de Lanoue, la plus considérable accumulation d'acide phophorique qui, jusqu'à ce jour, ait été signalée sur le globe. » Les analyses de M. de Lanoue ont été répétées à l'École des Mines par M. Rivot, et elles ont donné les résultats suivants :

Phosphate de chaux.	58 70	100
Carbonate de chaux (craie). .	32 50	
Argile.	1 50	
Eau et perte	7 50	
Oxyde de fer.	traces.	

Les plus grandes carrières des environs de Lille sont celles d'Anappe et de Lazennes, à 6 kilom. de cette première ville; elles sont à 15 mètres au-dessous du sol et s'étendent à 7 kilom. de longueur.

Si l'honneur d'avoir signalé le premier l'existence de gisements considérables de phosphates de chaux naturels en France appartient incontestablement à M. Berthier, il faut néanmoins reconnaître que, durant ces dernières années, MM. Élie de Beaumont, Meugy, Seus et de Lanoue ont puissamment contribué à mettre en évidence la possibilité de l'exploitation pratique de ces gisements, et d'avoir tiré de l'oubli les faits signalés par M. Berthier. Il y a donc là un service réel rendu au pays, et tout ce qui peut contribuer pour une part quelconque aux améliorations agricoles et aux progrès utiles mérite d'être accueilli avec reconnaissance.

Quoi qu'il en soit, il est certain que c'est d'après ces indications de la science que des hommes d'action se mirent à l'œuvre, et que M. Nesbitt, chimiste-agricole à Londres, et MM. de Molon et Thurneyssen, de Paris, explorèrent le sol français, en commençant par les contrées indiquées par MM. Meugy, Sens et de Lanoue. Un premier brevet fut d'abord pris en France, le 11 juillet 1841, par M. Robin Morhéry, médecin à Loudéac (Côtes-du-Nord); puis un second brevet fut demandé pour le même objet, le 8 décembre 1854, par MM. Nesbitt et Foucault. Il en fut enfin de même, le 29 mai 1856, par M. de Molon, au nom de M. Thurneyssen, lequel, un mois après, faisait arriver à l'usine de la Villette le premier bateau de nodules coprolythiques destinés à une vaste exploitation industrielle. Un peu plus tard, M. Thurneyssen annonça à l'Académie des Sciences[1], en collaboration avec M. de Molon, la découverte de nouveaux gisements d'une puissance, d'une étendue et d'une richesse bien supérieures à tous ceux indiqués jusqu'ici, et présentant, en effet, un système régulier d'observations indiquant des recherches nombreuses, dont le résultat est l'existence de gîtes immenses de phosphate de chaux dans toute l'étendue du bassin dit anglo-parisien, dont Paris est le centre, et qui embrasse 39 départements dans la circonférence que forment autour de Paris les villes et bourgs suivants : Honfleur, Argentan, Alençon, le Mans, La Flèche, Angers, Loudun, Châtellerault, Melun, Sancerre, Auxerre, Bar-sur-Seine, Saint-Dizier, Clermont-en-Argonne, Vouziers, Rethel, Rosoy et Aubenton.

En un mot, le précieux minerai paraît suivre exactement la même ligne que les bancs de craie qui, en France, s'étendent depuis Mézières jusque vers Bourges, en s'éloignant ensuite vers le Nord et l'Ouest, pour se retrouver dans la Seine-Inférieure et dans plusieurs comtés Est de l'Angleterre; car, dans une communication de M. de la Tréhonnais, correspondant du *Journal d'Agriculture pratique* pour l'Angleterre, il est dit que : « Des « recherches sont faites maintenant partout où la nature géo-

[1] Comptes-rendus des séances, 5 janvier 1857.

« logique du sous-sol fait supposer l'existence de ces gisements « phosphoriques ; car on a découvert que ce n'est pas seulement dans le *crag* calcaire des comtés de l'Est de l'Angleterre « que l'on trouve les phosphates, mais aussi et surtout dans la « couche supérieure du sable vert qui se trouve immédiatement « au-dessous de la craie inférieure, et c'est dans cette couche « que nous les avons récemment découverts en grande quantité « au pied des collines crayeuses des comtés de Hertfordshire « et de Lincolnshire. Les phosphorites triturés et pulvérisés, « tels qu'on les livre au commerce, donnent une proportion « moyenne de 25 à 30 pour 100 d'acide phosphorique, ce qui « donne de 52 à 63 pour 100 de phosphate de chaux. »

En France, c'est principalement dans les différentes espèces de craie (blanche-marneuse-chloritée) et dans une variété particulière de sable vert et d'argile que l'on trouve des rognons ou nodules, souvent empâtés dans la masse terreuse qui les enveloppe, et dont le volume, aussi bien que le poids, la richesse et la couleur, paraissent dépendre de la nature des terrains qui les contiennent. Nous en avons vu de petites montagnes, et leur grosseur varie entre celle d'une noisette et celle d'un œuf d'autruche. Leur forme est irrégulière, bien que toujours un peu arrondie; les uns ont l'aspect des excréments du chien, plus ou moins contournés et plus ou moins renflés ou étranglés dans leur longueur; d'autres ressemblent à de petites pommes de terre ou à des rognons proprement dits; mais, à première vue, tous les gens du monde les prendraient pour des cailloux plus ou moins réguliers. Leur couleur est également très-variable; les uns ont une teinte ocreuse sale ou de rouille; d'autres sont gris-gris ou gris-ardoise, ou présentent une nuance vert foncé presque noire. Toujours ils sont recouverts d'une légère couche terreuse, très-adhérente, qui empêche de reconnaître leur couleur véritable, celle du vert très-foncé, pour les nodules les plus riches. Vus en masse, il est assez facile de juger de leur richesse par leur couleur, car plus ils sont fortement colorés et plus ils contiennent d'acide phosphorique. Il en est de même de leur poids, toujours d'autant plus considérable que la quantité d'acide phosphorique est plus grande. Ces nodules sont généralement assez durs, et leur dureté est encore un indice de leur qualité. Leur cassure, d'aspect pierreux, n'offre aucun caractère bien saillant, si ce n'est, pour quelques-uns, des teintes verdâtres au centre des rognons et des nuances plus grises dans le pourtour ; seulement on distingue facilement à l'œil nu des parties assez brillantes disséminées dans la masse, et qui paraissent n'être autre chose que des grains de sable plus ou moins gros. D'autres laissent voir dans l'intérieur de leur masse du gravier proprement dit, des coquillages et même des fragments de bois assez volumineux et en partie pétrifiés[1].

Dans leur communication à l'Académie des Sciences, MM. de Molon et Thurneyssen s'expriment ainsi : D'après de nombreuses analyses faites par M. Bobierre, président de la Société académique de Nantes, et chimiste-vérificateur des engrais dans la Loire-Inférieure, analyses répétées au laboratoire de l'École normale de Paris, la richesse en phosphate de chaux des nodules de la première catégorie varie entre 32 et 60 pour 100 ; celle des nodules de la seconde catégorie entre 45 et 65 pour 100. Quant aux nodules de l'argile du gault, ils contiennent jusqu'à 70 pour 100.

Le lit régulier du sable vert inférieur se montre au jour sur une très-grande étendue. En suivant de l'est à l'ouest le bord septentrional du bassin anglo-parisien, on voit ce lit affleurer d'abord sur le pourtour de l'ilot jurassique du Boulonnais, dans les communes de Wissant, de Leubringhem, d'Hardinghem, de Colembert, de Brunembert, de Nottinghem, de Vieil-Moutier, de Desvres, de Longuefosse, de Vierre-au-Bois, de Tingry, de Verlinctun, de Nesles, de Neufchâtel, et jusqu'aux bords de la mer.

Des fouilles nombreuses, pratiquées sur toute l'étendue de cette ligne, ont démontré que le lit existe à une petite profon-

[1] L'auteur possède un de ces coprolythes brisés, dans l'intérieur duquel il existe une pétrification de bois de 30 millimètres de long et 12 de large.

deur au-dessous du banc de l'argile du gault et lui est *constamment subordonné.*

En quittant l'îlot du Boulonnais pour reprendre le bord principal du bassin, on voit reparaître le lit de nodules phosphatés avec le gault, d'abord vers la limite orientale du département de l'Aisne, à Vassigny; puis de là on le suit, presque sans interruption, à travers les départements des Ardennes, de la Meuse, de la Marne, de la Haute-Marne, de l'Aube et de l'Yonne jusqu'à 12 kilom. environ au sud d'Auxerre. Au delà et sur tout le bord méridional et occidental du bassin, on ne trouve plus que la craie tuffau et chloritée.

La ligne d'affleurement ci-dessus indiquée n'a pas moins de 300 *kilomètres de longueur*, avec des largeurs variables entre 500 et 3,000 mètres. Le lit de nodules phosphatés y est exploitable sans beaucoup de frais sur un très-grand nombre de points, notamment dans toute la traversée du Boulonnais, depuis Wissant jusqu'à Neufchâtel; dans la majeure partie de la traversée des Ardennes, de Novion-Porcien à Marcq et au delà; dans les cantons de Varennes, de Clermont, de Triaucourt, de Vaubecourt (Meuse); dans le canton de Sermaize (Marne) et dans le canton de Saint-Dizier (Haute-Marne).

Le lit du sable vert supérieur, parallèle au premier, ne se montre au jour que sur un petit nombre de points : dans le Boulonnais, on le voit aux environs de Wissant; dans les Ardennes, on le trouve dans les minières du canton de Grandpré, notamment dans celle de la grande décombre, près Marcq.

Les nodules disséminés dans la craie chloritée occupent de très-grandes étendues dans la falaise de la Seine-Inférieure, dans le Bray, dans le Boulonnais, dans l'Aisne, dans les Ardennes, la Meuse, la Marne, etc.; mais ces nodules ne pouvant s'isoler économiquement de la roche qui les empâte, leur exploitation, dans leurs conditions normales de gisement, ne saurait être fructueuse, la roche ne contenant, en moyenne, que 5 à 7 pour 100 de phosphate de chaux.

Mais lorsque cette roche forme la surface du sol, et que, par une longue exposition à l'action des agents atmosphériques, elle se trouve désagrégée et réduite à l'état de sable, les nodules, rendus libres, s'accumulent alors à la surface, et deviennent, en cet état, très-facilement exploitables. C'est dans ces conditions qu'on les trouve dans une partie des cantons de Novion-Porcien, d'Attigny, de Vouziers, de Monthois et de Grandpré (Ardennes); de Varennes, de Clermont-en-Argonne, de Triaucourt et de Vaubecourt (Meuse); de Vienne-le-Château et de Sermaize (Marne), où l'on n'a que la peine de les ramasser.

En résumé et sans attendre les résultats de nos études ultérieures, ajoutent MM. de Molon et Thurneyssen, nous pouvons dès à présent constater que nous avons découvert une source inépuisable de phosphate de chaux, qui représente pour la France, par les avantages qu'en retirera son agriculture, un capital de plusieurs milliards.

Afin qu'il ne reste aucun doute sur l'importance et la richesse des surfaces que nous pouvons exploiter, nous dirons que, sur un seul point et *au début* de notre opération, 45 ateliers d'extraction, occupant plus de 600 ouvriers, sont en marche régulière, et que leur produit atteint environ 200,000 kilog. de phosphate de chaux par jour.

Tels sont les points principaux du mémoire de MM. de Molon et Thurneyssen.

Le monde agricole, et surtout le monde des affaires, s'est ému à cette nouvelle, et il ne pouvait en être autrement. Pourtant, disons-le avec un regret profond, un fait général nous a d'abord frappé, c'est la très-grande facilité avec laquelle chacun est venu dire son mot à l'égard du nouveau minerai avant même qu'il fût bien connu; c'est la légèreté déplorable avec laquelle on a immédiatement contesté sa solubilité, et par conséquent son utilité agricole, avant de l'avoir bien étudié, avant d'avoir apprécié sa faculté dissolvante d'une manière certaine. Il semblerait en vérité qu'aucune idée française ne peut surgir en France, sans recevoir avant tout, et en dépit de la raison, le baptême de la résistance irréfléchie. Ah! M. Moll ne l'a dit qu'avec trop de raison : « On sait qu'une invention française n'a « de succès en France que quand elle se présente munie d'un « passe-port anglais, belge ou allemand. » Quelle triste vérité !

C'est là un fâcheux symptôme, et qui nous fait craindre pour l'avenir un engouement non moins irréfléchi en faveur de ces mêmes coprolythes, beaucoup trop décriés avant d'être bien connus. Pas d'opposition légère, pas d'engouement irréfléchi, mais des faits bien constatés, voilà ce que nous demandons, voilà ce que *tous* nous devons chercher.

Le *Journal d'Agriculture pratique*, l'un des principaux organes de la presse agricole, et auquel nous avons pleinement rendu justice en toutes circonstances, notamment dans ce livre, et à raison de services publics réels, a accueilli l'apparition des coprolythes avec assez peu de faveur, et par des motifs de prudence sans doute, mais sur lesquels pourtant nous croyons qu'il est de notre devoir de revenir, parce qu'il s'agit ici, selon nous, d'un grand intérêt agricole, d'une haute question d'utilité générale, et qu'en outre nous nous sentons personnellement sollicité par des motifs que chacun va pouvoir apprécier.

Dans l'un des comptes rendus de la Société centrale d'agriculture, M. V. Borie, secrétaire de la rédaction du journal dont s'agit, et l'un des écrivains agricoles du journal *la Presse*, s'exprime ainsi : « Dès 1851, on a expérimenté ces engrais en Angle- « terre; mais il ne paraît pas que l'expérience ait donné des « résultats très-importants... M. Payen a essayé les coprolythes « comparativement avec le noir animal et n'en a obtenu aucun « résultat satisfaisant... M. Barral a analysé des coprolythes « provenant de l'usine dont il s'agissait ; il les a trouvés assez « pauvres en phosphate de chaux. Ils en contenaient environ « 25 pour 100. Quelques-uns étaient plus riches, mais c'était « l'exception. Au reste, les matières premières n'offrent jamais « un titre uniforme[1]. L'insolubilité est très-difficile à vaincre. « Si on les traite avec l'acide sulfurique, comme ils sont enve-

[1] Il nous semble que le même reproche pourrait bien s'appliquer un peu au guano, qui a l'avantage d'être un produit étranger.

« loppés de matières impures, ces matières agissent d'abord sur « l'acide et en neutralisent les effets avant qu'il puisse parvenir « jusqu'au phosphate. M. Barral ajoute un renseignement im-« portant : il aurait appris que l'on se proposait de faire du « phosphate de chaux noir en mélangeant du goudron aux « coprolythes pulvérisées et les faisant calciner ensemble. Cette « fabrication serait dangereuse, car elle pourrait permettre à « des négociants peu honnêtes de faire passer ce mélange pour « du phosphate de chaux, plus riche et plus actif, provenant des « raffineries et directement extrait des os d'animaux. »

Il y a là certainement de quoi faire reculer les plus hardis en matière de progrès.

Écoutons la conclusion : « En somme, la question est encore « à l'étude[1]. » Voilà, du moins, une bien grosse accusation qui pourra au besoin s'échapper facilement par une bien petite porte. C'était prudent, comme nous allons le voir.

Dans le même numéro de ce journal, le rédacteur en chef, M. Barral, s'exprime à peu près dans les mêmes termes, au sujet de cette question, et « renvoie le lecteur au compte rendu de son secrétaire de rédaction, M. Borie, » qui a jugé convenable de ne pas dire que dans la même séance M. Passy avait déclaré à ses collègues avoir trouvé en Normandie des nodules d'une assez grande richesse, et que M. Becquerel avait également déclaré avoir analysé des nodules dans lesquels il existait jusqu'à 70 pour 100 de phosphate de chaux. Heureusement, rien de tout cela n'a empêché et n'empêchera la vérité de se faire jour.

La même question a encore fourni à M. Barral le sujet des réflexions suivantes : « Nous avons surtout blâmé la fabrication artificielle d'un phosphate de chaux noir. » Plus loin : « La fabrication d'un phosphate de chaux noir est une industrie coupable, une fraude, parce qu'elle tend à faire confondre ce produit avec le noir animal. » Voilà qui est net.

Ici, comme on va le voir, nous sommes personnellement en

[1] *Journal d'agriculture pratique*, 1er semestre, 1857, p. 138.

cause, et nous acceptons le débat sur ce terrain. Toutes les questions posées doivent être résolues. Celle-ci intéresse aussi bien l'industrie que l'agriculture, et puisqu'elle est portée devant le public, que le public juge. Dire que la fabrication artificielle du noir d'os est une fraude, c'est ne rien dire du tout. Il ne suffit pas d'affirmer, il faut prouver. L'affirmation d'un fait implique l'engagement formel de faire la preuve du fait énoncé, à peine de laisser à autrui le droit de protester. C'est ce que nous venons faire publiquement, car M. Barral n'a rien prouvé jusqu'ici à l'égard de cette affirmation. Et, avant de la discuter, nous rappellerons à M. Barral les paroles dont il s'est servi depuis, en discutant certaines opinions de M. Moll : « Il n'appar- « tient à personne d'imposer aux autres ses pensées par une « sorte d'autorité qui ne consentirait pas à s'expliquer et à subir « la critique. Nous appelons la discussion, ajoute M. Barral, afin « que la lumière se fasse[1]. » Que la lumière se fasse donc, suivant le désir de M. Barral et le nôtre.

Est-ce qu'il existe aujourd'hui deux phosphates de chaux des os? M. Barral n'a pas même objecté l'insolubilité des phosphates, car il n'a fait aucune espèce de réserve à cet égard. Le chimiste rédacteur du *Journal d'Agriculture*, ne repousse pas le phosphate de chaux parce qu'il n'est pas soluble, mais uniquement parce qu'il ne s'appelle pas charbon animal; car il n'a pas donné d'autre raison que celle-là ; or, nous demandons si le charbon animal a jamais été autre chose que du phosphate de chaux noirci par la carbonisation. Si une preuve sérieuse, que chacun peut vérifier, établit l'insolubilité du phosphate de chaux des coprolythes, produisez-la, mais *prouvez*. Formulez nettement le pourquoi et le parce que de vos jugements, afin que chacun puisse vérifier les faits que vous énoncez, et puisse frapper vos verdicts d'appel, s'il y a mal jugé. Oui, c'est faire une chose louable que de se montrer prudent, que de signaler la fraude, quand on croit l'apercevoir; mais encore une fois il faut prou-

[1] *Journal d'agriculture*, 2e semestre, 1857, p. 289.

ver. Les affirmations ne sont que des mots, les preuves sont des faits ; or, en matières d'application pratique, ce sont des *faits* qu'il faut produire, et non pas de simples énonciations. La question est par trop sérieuse pour être acceptée légèrement pour ou contre, et ici nous n'avons en vue qu'une seule chose : éclairer nos lecteurs sur un point qui va les intéresser dans un avenir prochain.

Dire que « l'on rend service à l'agriculture et à l'humanité en « découvrant de nouveaux gisements d'engrais dans la nature, » c'est bien parler, mais ce n'est pas assez, car ce n'est pas faire faire un seul pas à la question, et ce que l'agriculture demande, ce que l'urgence réclame, c'est d'agir, et nous croyons pouvoir affirmer ici que l'immense majorité des cultivateurs cherche plutôt des *faits* que des idées, et demande plutôt des applications que des explications. Sous ce rapport, et même avant d'aller plus loin, nous devons signaler à la reconnaissance de tous les agriculteurs les travaux de M. Boussingault et ceux de M. Bobierre, qui ont eu le très-grand mérite d'éclairer, par des *faits* nouveaux, résultant de recherches utiles, l'importante question qui nous occupe.

Quant à la fraude, elle est un genre de tromperie parfaitement déterminé, et qui consiste à dénaturer ou à altérer les choses, ou à leur communiquer des qualités qui, au lieu d'être réelles, ne sont qu'apparentes. Eh bien, nous disons que le phosphate de chaux étant donné, et converti, par un moyen quelconque, en noir décolorant ou en résidus de raffinerie ayant *exactement* les mêmes propriétés et la même composition que ceux-ci : soit 60 à 70 pour 100 de phosphate de chaux, 8 à 10 pour 100 de carbonate de chaux, 6 à 8 pour 100 de silice, d'alumine et d'oxyde de fer, et une richesse de 1 à 2 pour 100 d'azote, il n'y a là *aucun* des caractères de la fraude, surtout si le produit obtenu a passé absolument par les mêmes phases que les résidus sortant de chez le raffineur. Envisageons cette question au point de vue des faits *existants* et au point de vue de l'utilité générale.

Nous avons été plusieurs fois appelé dans différentes fabriques de gélatine d'os, à l'effet d'indiquer des moyens propres à utiliser industriellement le phosphate de chaux des liqueurs acidules provenant de cette fabrication, et signalées dans *tous* les ouvrages classiques et dans *toutes* les publications agricoles, comme causant à l'agriculture un dommage réel, à défaut d'être employées utilement. Nous en avons séparé la totalité du phosphate de chaux en nature, et par des moyens qui nous permettaient de l'obtenir *pur* — mais blanc — à raison de 1 fr. les 100 kilog. Eh bien, il a été absolument impossible d'en trouver le placement, parmi les agriculteurs, à raison de 2 fr. les 100 kilog., alors que ces mêmes agriculteurs achètent à Nantes, par millions de kilogrammes, *les mêmes* phosphates noircis, dans lesquels ils achètent *le même* phosphate de chaux à plus de 40 fr. les 100 kilog. En présence de ce fait, nous demandons à M. Barral si les différentes fabriques de gélatine d'os existant en France, et pouvant produire annuellement de 4 à 5 millions de kilogrammes de phosphate de chaux, doivent suivre toujours les errements du passé et continuer à perdre des valeurs aussi considérables dont nos terres ont tant besoin, que le commerce réclame, et pour lesquelles il paye annuellement à l'étranger plusieurs millions de francs.

Nous connaissons *des* fabriques de gélatine où depuis plus de quinze ans on fait perdre *tous les jours*, dans des fondrières, de 5 à 600 kil. de phosphate de chaux. N'est-ce pas véritablement un *crime* que d'anéantir des richesses publiques aussi considérables. Enfouir dans les profondeurs de la terre les matières qui servent à l'alimentation, n'est-ce pas véritablement faire la famine, comme si on anéantissait le blé lui-même, et n'est-ce donc pas assez de ce que nous perdons forcément de tous les côtés. Oui! gaspiller ainsi des éléments de production, c'est commettre un crime; car c'est perdre à toujours la matière première des céréales, et ceux-là qui combattent de pareils abus, qui agissent au lieu de parler, et qui créent avec ces matières perdues des valeurs utiles sont quelque chose de plus que des rêveurs, et ne sont ni des industriels coupables, ni des fraudeurs qu'il faut signaler au mépris public, et il serait bien vivement à désirer que ceux qui ont l'inqualifiable prétention de les traiter ainsi s'inspirassent un peu plus des mêmes idées économiques et des mêmes devoirs.

Avant de faire pratiquer la conversion du phosphate de chaux en résidus de raffinerie, nous avons voulu rechercher jusqu'à quel point il ne serait pas possible de le faire servir à la reconstitution du noir animal, et en remplacement de celui-ci, de manière à ne le faire revenir à l'agriculture qu'après avoir servi à la décoloration des sucres. Nous y sommes parvenus avec un véritable succès, et nous en réitérons ici l'affirmation. Le noir d'os ainsi obtenu possédait toutes les propriétés décolorantes et désinfectantes du charbon d'os, et revenait à moins de 5 fr. les 100 kilog. à une époque où la raffinerie payait les noirs fins 22 fr. les 100 kilog. Eh bien! la certitude que ce nouveau noir ne serait accueilli, comme toutes les créations nouvelles, qu'avec une certaine défiance et des lenteurs interminables, a obligé les fabricants à renoncer à ce moyen, et à préférer la conversion du phosphate de chaux en résidus de raffinerie, dont la vente était pourtant moins avantageuse que dans le premier cas. Nous avons tout fait pour vaincre ces résistances, mais nous n'avons pu y parvenir.

Tôt ou tard, c'est un procédé auquel il faudra forcément revenir, parce qu'il est positif que les os manquent en France, et que les réserves à l'étranger sont épuisées.

Le phosphate de chaux des coprolythes nous a donné depuis les mêmes résultats, et nous avons la conviction profonde que, dans un avenir plus ou moins rapproché, il servira à cet usage, et avec grand profit pour l'industrie sucrière. Le repoussera-t-on alors, et le considérera-t-on comme une fraude parce qu'il ne proviendra pas d'os concassés et carbonisés! Non sans doute, et pourtant les procédés sont les mêmes dans l'un et l'autre cas, et la composition est *identiquement* la même. Que demain, comme nous l'avons déjà dit, les raffineurs trouvent le moyen de décolorer les sirops avec une matière noire complétement inerte au point de vue agricole, est-ce qu'il aura suffi d'une dénomination loyale, mais non légale, pour obliger l'agriculteur qui aura passé un marché, à se livrer de *noirs, résidus de raffinerie*, qui ne contiendront pas un atome de phosphate de chaux ! La réponse ne saurait être douteuse, parce que les mots n'ont de valeur que par l'idée qu'ils expriment, parce que ce n'est pas le mot que vous vendez, mais la chose, et que dès lors si les mots, *résidus de raffinerie*, expriment nettement l'idée d'une matière dont la composition est parfaitement connue et la richesse parfaitement déterminée, vous ne pouvez arguer de fraude si nous vous présentons une matière *absolument identique*, et dont l'origine d'ailleurs n'est nullement différente, puisque nous parlons du phosphate de chaux des os, qu'en définitive, nous ne faisons que ramener à son état primitif.

Si nous insistons sur ce point, c'est que nous ne voulons pas qu'on assimile à la fraude un acte qui n'en a pas le moindre caractère ; c'est qu'à défaut d'être envisagée sous toutes ses faces, cette question peut donner naissance à des contestations regrettables et compromettre des intérêts sérieux ; c'est que, personnellement, il y a plus de dix ans que nous avons publiquement marqué la fraude au fer rouge, parce qu'elle est à nos yeux quelque chose de plus qu'un simple délit[1], et que nous repoussons cette qualification, injuste et blessante, avec tout le mépris qu'elle nous inspire, et que si M. Barral ne se rend pas à l'évidence, nous saurons bien faire décider la question par les tribunaux. Il ne s'agit point ici de menace, car ce débat ne changera en rien nos convictions à l'égard du chimiste dont le concours a été souvent utile à la cause des intérêts agricoles. Il n'y

[1] Telles sont les dispositions pénales applicables à tous ceux qui se rendent coupables du crime de falsification. Nous pensons qu'elles sont insuffisantes, puisqu'elles n'ont pu empêcher la spéculation, si peu scrupuleuse dans le choix de ses moyens, de lever la tête avec une impudence qui n'est que trop justifiée par l'impunité dont elle a joui jusqu'à présent... Voilà comment une poignée de misérables met chaque jour en péril les intérêts généraux de l'industrie qu'ils exploitent. F. Rohart, *Traité théorique et pratique de la fabrication de la bière*, t. II, p. 543 et 559.

a là qu'une erreur à éclaircir et une question de droit à vider, voilà tout. Quant à notre insistance, elle est justifiée par celle de M. Barral, qui, revenant sur le même sujet, dans le numéro suivant de son journal, renouvelle ses affirmations, toujours et uniquement parce que le phosphate de chaux ne s'appelle pas noir animal, et en oubliant sans doute que dans la *même* chronique M. Barral a signé sa propre condamnation en écrivant ceci : « La culture du sorgho pour la fabrication de l'alcool ou « d'un *vin* réellement bon, est démontrée maintenant profitable « dans tout le midi de la France. » Un peu plus loin, nous lisons : « Nous pensons en tout cas qu'il y a là un procédé simple et fa- « cile pour retirer du sorgho son jus sucré *et en faire du vin* « qu'on pourra boire ou qu'on soumettra à la distillation. « Ce n'est pas tout ; M. Barral termine ainsi : « L'alcool extrait du jus « de sorgho est sans aucun mauvais goût, et peut lutter parfai- « tement avec l'alcool *extrait du vin de la vigne*[1]. »

Nous n'avons pas à rechercher si la fabrication d'une boisson quelconque, désignée sous le nom de *vin*, et obtenue sans le concours du jus de la treille, c'est-à-dire sans un atome de raisin, est ou n'est pas une fraude bien réelle et nettement déterminée, c'est à chacun de décider la question ; mais ce que nous savons parfaitement, c'est qu'il n'y a pas et qu'il ne saurait y avoir de fraude en vendant du phosphate de chaux pour du phosphate de chaux. Il y a délit, fraude, lorsqu'on trompe l'acheteur sur la *nature* de la chose vendue, et non pas sur l'*origine*.

M. Barral a raison de s'élever contre la fraude, comme nous nous élevons nous-même contre les abus, et, le cas échéant, nous ne craindrons pas davantage d'attaquer face à face des manœuvres bien coupables et des fraudes reconnues, prouvées, incontestables, établies par des faits patents ; mais, à l'égard du fait qui nous occupe, il n'y a nul caractère de fraude ; nous n'avons pas donné à un produit, fabriqué de toutes pièces, des qua-

[1] *Journal d'agriculture pratique*, 1er semestre, 1857, p. 228.

lités qui ne sont qu'apparentes, et une utilité qui n'est que fictive, mais bien *toutes* les qualités, *toute* la valeur réelle et *toute* l'utilité immédiate du produit qui nous a servi de type. Et s'il y eu complicité de notre part dans les actes que nous venons de révéler volontairement, en déclarant que nous avions fait fabriquer plusieurs centaines de mille de kilog. de phosphate de chaux avec du phosphate de chaux, nous n'avons du moins été complice que du progrès, et sans préjudicier à l'intérêt public; nous ne nous sommes point caché; il n'y a que les malfaiteurs qui agissent dans l'ombre, et c'est au grand jour d'une exposition publique que nous avons fait produire, *sous notre nom*, sous leur dénomination *vraie*, des produits qui avaient été fabriqués comme nous venons de l'indiquer, et sans que personne ait jamais eu la pensée d'assimiler cet acte à une fraude. D'ailleurs, différentes analyses ont été faites par les hommes les plus honorables et les plus compétents en pareille matière, et jamais le mot fraude n'a été prononcé, puisque la composition a été trouvée *identiquement* pareille à celle des matières qui nous avaient servi de type.

Cependant, nous le reconnaissons et nous le constatons avec un regret profond, il est douloureux de songer qu'il faille recourir à l'artifice pour atteindre un but louable, celui de l'utilisation, au profit de tous, de valeurs immenses qui, sans cet artifice, demeureraient entièrement perdues, alors qu'il est prouvé qu'on en a réellement besoin. Ici la faute ne saurait être attribuée ni à la science, qui crée des valeurs utiles avec des matières perdues, c'est son devoir, ni à l'industrie qui les prépare, c'est son droit. La cause n'est que la conséquence d'un fait déplorable que nous considérons comme un malheur public; l'ignorance générale des cultivateurs, qui refusent d'acheter un produit blanc, *uniquement* parce qu'il n'est pas noir; qui n'en veulent pas pour 2 fr. quand il est blanc, et qui le veulent bien pour 40 fr. quand il est noir.

Voilà malheureusement où nous en sommes avec les questions les plus vitales de l'agriculture, et il est absolument certain que plus des neuf dixièmes de la quantité des coprolythes vendus en

France ne pourra parvenir à la consommation qu'après avoir été noircie. Nous le répétons encore, c'est faire un acte de prudence fort louable, sans doute, que de signaler des faits dans lesquels on croit reconnaître des abus, mais lorsqu'il s'agit d'accusations graves et de questions industrielles et commerciales, il faut au moins s'enquérir des faits, envisager froidement les situations, et se bien pénétrer l'esprit de cette vérité, que le commerce et l'industrie ne font pas les situations, mais qu'au contraire ce sont les situations qui les font; ce sont elles qui les obligent à rester dans le terre à terre des idées, vraies ou fausses, qui ont cours, et des faits, erronés ou non, qui existent, à peine de courir à une ruine certaine.

Commercialement et industriellement, on ne transforme pas les situations à volonté et instantanément; on peut éclairer ce qu'elles ont d'obscur, on peut guider leur marche en montrant des abus, en en signalant les dangers, en combattant les faux préjugés, en traçant pour l'avenir des voies meilleures, en indiquant des ressources nouvelles et des moyens nouveaux, mais voilà tout, hors de là, c'est tenter l'impossible.

Résumons-nous en quelques mots : « Qu'importe le procédé « employé, dit avec raison M. Bobierre, pourvu que le résultat « soit le même. A l'administration le contrôle du résultat et de « la loyauté des ventes; à l'industriel le secret du métier : c'est « justice. » (*Rapport au ministre de l'agriculture et du commerce*, sur la question des engrais, 1850.)

Dans sa brochure intitulée : *Du noir animal*, et publiée avec le concours du ministre de l'agriculture, M. Bobierre s'exprime ainsi, au sujet de l'emploi de ces non-valeurs industrielles dont nous venons de nous occuper : « L'introduction sur le marché « de ce produit, inutile jusqu'à ces dernières années, est évidem- « ment favorable aux intérêts de l'agriculture, et conforme, « d'ailleurs, aux notions élémentaires de la logique, qui veut « qu'on rende au sol la substance osseuse condensée à sa surface, « par la végétation d'une part, et le développement des herbi- « vores de l'autre. »

Plus tard aussi, M. Bobierre a ajouté, dans une communication adressée au *Journal d'agriculture* : « Il m'est démontré « que du noir d'os provenant des fabriques de gélatine, c'est-« à-dire contenant 82 pour 100 de phosphate et 4 seulement *de « carbone*, agit admirablement. »

Nous nous glorifions donc d'avoir puissamment contribué pour notre part à l'emploi du phosphate de chaux perdu des fabriques de gélatine, d'avoir créé ainsi des utilités agricoles au moyen d'inutilités industrielles, et des valeurs publiques au moyen de non-valeurs commerciales, mais surtout d'avoir pu contribuer pour quelque chose à l'abaissement général du chiffre de nos importations en résidus de raffinerie, comme d'avoir augmenté, autant que nous l'avons pu, le chiffre de la production française (p. 203). Voilà le crime dont nous nous reconnaissons coupable, et, le cas échéant, nous ne craindrons pas de recommencer et d'avouer publiquement ce crime.

Que le phosphate de chaux vienne d'où il voudra, mais qu'il arrive abondamment, économiquement et dans un état de solubilité satisfaisant, voilà tout ce que peuvent exiger les amis de l'agriculture, voilà tout ce que l'on peut raisonnablement demander à l'industrie, et ce n'est pas avec des tracasseries que vous lui donnerez les moyens de vous venir en aide. Si elle se trompe, éclairez-la ; si elle trompe volontairement, sciemment, faites-lui la guerre et soyez sans pitié, tous les honnêtes gens seront avec vous, même ceux qui combattent vos erreurs.

Assez de mots, assez de discussion, il faut agir ; le temps presse ; l'Europe a faim ; les questions d'appétit ne s'ajournent pas ; il faut penser à ceux que l'aumône humilie et que la misère tue petit à petit. Que le bienfait nous vienne d'où il voudra, mais qu'il vienne ; il n'arrivera jamais trop tôt, et il pourrait bien arriver trop tard [1].

[1] Depuis que la question qui nous occupe a été mise au grand jour, M. Barral s'est plaint avec raison du dédain superbe de certains hommes pour la science, ou plutôt pour la théorie, car c'est l'expression consacrée.

Nous n'avons à épouser ici les querelles de personne, mais seulement la

Le devoir nous oblige à passer en revue tous les griefs formulés contre les coprolythes.

Après M. Barral, M. Moride, *ex*-collaborateur de M. Bobierre, a adressé à l'Académie des Sciences un mémoire, dans lequel il établit que le phosphate de chaux des nodules découverts dans nos départements septentrionaux est complètement insoluble dans l'acide acétique. Et d'abord pourquoi l'acide acétique? Est-ce que dans la nature, c'est l'acide acétique qui opère la dissolution du phosphate de chaux que la Providence a mis en réserve dans les couches souterraines? Est-ce que dans les eaux de Carlsbad c'est l'acide acétique qui a dissous le phosphate de chaux dont elles se sont chargées si abondamment? Est-ce que ce n'est pas l'acide carbonique qui a agi? Est ce qu'aucun des

cause de la justice et de la vérité, de laquelle aucune considération ne nous fera dévier. Mais, puisque l'occasion s'en présente, nous en profiterons pour dire que le reproche formulé par M. Barral n'est malheureusement que trop mérité par un assez grand nombre d'industriels. Et, chose triste à dire, ce sont précisément ces mêmes hommes que la science a fait ce qu'ils sont. Non leur science à eux, mais la science des autres. C'est elle qui les a dotés, enrichis, et ils la traitent avec ces allures d'enfants mal élevés qui crachent au nez de leur mère. C'est ordinairement pour ceux-là que la chimie a été inventée, c'est pour eux que le monde existe et que la terre tourne, et c'est toujours avec une dose immense d'orgueil qu'ils prennent de grands airs de savants avec les petits, sauf à savoir se faire très-petits avec les grands, avec une facilité merveilleuse. Observez bien, et vous les verrez tour à tour chimistes avec les négociants, et négociants avec les chimistes. Puisque l'ingratitude et l'impertinence sont les vertus de certains parvenus, il est assez juste que le châtiment soit leur récompense. Et si nous sommes sévère, c'est à dessein, c'est parce que nous avons trop souvent entendu des hommes qui se montraient injustes, oublieux et ingrats envers la science, et que nous ne concevons pas qu'on puisse oublier jamais que la reconnaissance est la mémoire du cœur. Tous les jours on insulte — par derrière — des savants dont on exploite aujourd'hui les idées et auxquels la France doit ses industries les plus florissantes. Si ces noms sont vénérés pour nous, c'est que nous en connaissons toute la pureté; c'est qu'à tous égards ils commandent le respect, autant par la grandeur du caractère que par les services immenses qu'ils ont rendus; c'est qu'enfin il s'agit de noms qui sont des gloires pour le pays.

Déjà on nous a fait payer chèrement nos protestations à cet égard, et cela devait être. Qu'importe, il est une sorte d'indépendance que l'on n'achète jamais trop cher.

chimistes et aucun des agronomes du monde a jamais nié ce fait? Est-ce que le grand Berzélius se serait trompé à ce point? Est-ce que dans la très-grande majorité des cas, ce n'est pas l'acide carbonique qui intervient comme agent de dissolution? Pourquoi dès lors aller chercher un autre dissolvant, celui précisément duquel on n'a jamais parlé qu'exceptionnellement à ce point de vue?

Nous ne comprenons donc pas que, dans un examen aussi sérieux, on juge convenable de s'écarter des moyens ordinaires de vérification, même pour le salut de sa propre cause. Si, à l'égard du phosphate de chaux, tout le monde s'est trompé jusqu'ici en attribuant à l'acide carbonique une action générale qui, en réalité, appartient bien plus à l'acide acétique, dans les conditions culturales ordinaires, prouvez-le d'abord, et prouvez-le de manière à ce que chacun puisse faire comme vous la preuve des faits que vous avancez, mais ne sautez pas ainsi par-dessus les vérités acquises. M. Bobierre l'a dit depuis : « Il ne « s'agit pas de discuter sur des pointes d'aiguilles et de pro- « céder en dehors des limites tracées par les grands préceptes « de l'expérience acquise. »

Il y a ici quelque chose de plus que des individualités en cause, il y a un grand intérêt public engagé dans ce débat, et la passion, si passion il y a, est plus qu'une faute. Allons donc jusqu'au bout.

Que veut dire acide acétique... *faible*, et quelle est la limite de ce mot? jusqu'où peut-elle s'étendre? et jusqu'où M. Moride l'a-t-il étendue? sans parler de ce contact de... dix minutes. Que chacun veuille bien y réfléchir un instant. Tout cela est singulier.

Nous n'irons pas plus loin sur ce triste épisode de l'une des plus grandes découvertes agricoles de ce temps-ci, et nous nous garderons, quant à présent, de tout commentaire. Voilà les faits, voilà la vérité : chacun appréciera.

Le *Journal d'agriculture* ne pouvait se dispenser de publier le travail dont nous venons de parler, mais par un sentiment d'impartialité qu'on ne saurait trop apprécier dans des questions où se débattent de graves intérêts, et peut-être l'avenir de la subsistance de nos descendants, le même organe a également publié un travail de M. Bobierre sur cette question, et une communication de M. Élie de Beaumont. Nous allons les examiner, et nous dirons ensuite ce que nous avons fait nous-même, afin de nous faire une conviction sérieuse d'après des faits certains dont chacun pourra faire la vérification.

M. Bobierre, aujourd'hui professeur de chimie à l'École préparatoire des Sciences de Nantes et chimiste-vérificateur des engrais dans la Loire-Inférieure, a constaté qu'au contact de l'eau chargée d'acide carbonique les différents engrais phosphatés, en usage dans les départements de l'Ouest, cédaient leur phosphate de chaux dans les rapports suivants, pendant un temps égal :

Charbon d'os en grains.	15 millièmes.
Charrées, ou cendres lessivées.	15 —
Noirs de la clarification des sucres . . .	11 —
Nodules des coprolythes.	11 —

A l'égard des coprolythes, le résultat a été le même, soit qu'ils aient été employés dans leur état normal, soit après avoir été chauffés et refroidis brusquement dans l'eau.

Entre le phosphate et le carbonate de chaux, simultanément dissous relativement à ces divers échantillons, M. Bobierre a constaté les rapports suivants[1] :

Noir de clarification.	25 60 p. 1,000
Charrée.	15 00
Noir en grains.	14 51
Nodules coprolythiques (sous les deux états).	10 00

Nous savons, en outre, de la manière la plus certaine, que M. Bobierre a constaté la solubilité du phosphate de chaux des

[1] Rapport lu à l'Académie des Sciences, le 9 mars 1857, au nom d'une commission composée de MM. Boussingault, et Payen, rapporteur.

coprolythes dans l'acide acétique, contrairement aux faits énoncés par M. Moride.

Depuis cette époque, M. Bobierre, consulté sur l'importance agricole des gisements de phosphate de chaux naturels récemment découverts, s'exprime ainsi dans un rapport adressé à l'Empereur :

« ... Les défrichements des landes, la culture du sarrasin, des céréales et de plusieurs autres végétaux dans les terrains argilo-siliceux, réclament impérieusement des quantités considérables d'engrais à base d'acide phosphorique. Sous l'empire de ce besoin, les agronomes anglais ont fait des sacrifices considérables. Ils ont envoyé leurs navires chercher des os dans toutes les contrées qu'ils savaient en receler. Ils ont successivement fait étudier le phosphate de chaux très-dur et très-difficilement assimilable de l'Estramadure ; plus récemment ils ont découvert, sur quelques points des comtés de Sussex et de Suffolk, de grandes quantités de phosphates d'origine coprolythe, qui sont aujourd'hui cotés en Angleterre de 150 à 175 fr. la tonne.

« ... Je manquerais, pour ma part, aux devoirs imposés à ma conscience par l'honneur que me fait S. M. Napoléon III, en me consultant aujourd'hui, si je ne déclarais, en me basant sur des études longues et approfondies, que peu de problèmes économiques me semblent plus importants que ceux qui se rattachent aux gisements et au commerce des engrais industriels.

« ... Encourager la recherche et l'exploitation des gisements d'acide phosphorique, protéger l'acheteur contre la falsification des engrais, tels sont les bienfaits que l'agriculture française doit solliciter avec ardeur du gouvernement de Sa Majesté.

« ... Il n'y a aucune comparaison possible entre les roches phosphatiques très-difficilement assimilables et les nodules de phosphate de chaux trouvés en France par MM. Demolon et Thurneyssen ; ceux-ci ont une texture qui, modifiée par l'action successive de la chaleur, de l'eau froide, de la pulvérisation, et enfin du mélange avec quelques substances organiques, se prête à la dissolution dans le sol et à l'absorption ultérieure par l'organisme végétal. La possibilité de rendre cette absorption plus ou moins prompte devient, du reste, secondaire, et se modifie selon les terrains et les cultures, ainsi d'ailleurs que cela se remarque dans l'emploi des noirs d'os.

« J'ai la conviction que l'exploitation des nodules de phosphate de chaux sur une vaste échelle et que leur traitement, en vue des besoins agricoles, peuvent avoir une très-grande portée sur l'agriculture des vastes régions de l'empire, et en particulier des départements de l'Ouest et du centre ; à leur aide en effet, et sous l'influence de dépenses relativement moins fortes, les défrichements de landes prendraient une nouvelle activité, car l'abondance de l'acide phosphorique sur le marché apporterait tout à la fois un élément de fertilisation au producteur de grains et un obstacle aux débitants de matières inertes...

« La question des phosphates devient donc, en résumé, une véritable question *nationale*... »

Les différents extraits de ce mémoire sont empreints d'un esprit de patriotisme bien pur, et bien fait pour être donné comme un exemple, car il témoigne hautement de l'élévation des idées de son auteur. Comment des passions mesquines, étroites, coupables surtout, peuvent-elles venir se heurter à d'aussi grandes questions? L'homme a beau faire, il faut toujours que la passion tombe et que la vérité reste ; ce n'est jamais qu'une question de temps. Ceux qui ne tiennent pas compte de ces vérités sont des maladroits, des enfants étourdis qui se suicident, sans s'en douter, en jouant imprudemment avec des armes dont ils ne connaissaient pas le danger.

Affligé, sans doute, comme beaucoup d'autres, par le spectacle de toutes ces petites misères, M. Elie de Beaumont, secrétaire perpétuel de l'Académie des Sciences, dont les remarquables articles du *Moniteur* sur ces questions venaient de solliciter si justement l'attention publique, est venu à son tour informer ses savants collègues des faits qui étaient à sa connaissance. Voici les termes de la communication du grand géologue, aujourd'hui sénateur :

« Dans l'usine établie à la Villette par MM. Demolon et Thurneyssen, on reçoit des cargaisons considérables de nodules de phosphate de chaux, apportés par la navigation intérieure de différents points des départements des Ardennes et de la Meuse. Ces nodules, après avoir été soumis à un débourbage, sont chauffés dans des fours à réverbère, puis étonnés par immersion dans l'eau, et enfin réduits en poudre sous des meules. On a reconnu depuis peu qu'on peut moudre les nodules presque aussi facilement dans leur état naturel qu'après la calcination. On a également constaté que les phosphates, pulvérisés de l'une ou de l'autre manière, sont facilement attaquables à froid par l'acide chlorhydrique qui dissout la presque totalité du phosphate en laissant un résidu sablonneux. Enfin, depuis quelque temps, on a commencé à produire des phosphates de chaux à l'état de division chimique et solubles même dans les acides faibles, en précipitant par la chaux les phosphates dissous dans l'acide chlorhydrique. Cette opération, pratiquée déjà assez en grand, paraît appelée à donner prochainement des produits susceptibles d'être livrés au commerce. Le prix habituel du noir animal employé dans l'agriculture met l'acide phosphorique à environ 50 cent. le kilog. Ce dernier prix est assez élevé pour permettre, dans la production en grand, des opérations industrielles d'une certaine importance. »

Des faits aussi précis, et dont la vérification pouvait être faite à Paris par tout le monde, ne permettaient guère le moindre doute ; mais au lieu de s'enquérir des faits énoncés, chacun s'en allait répétant à l'envi que rien ne prouvait, *bien au contraire*, qu'on ait trouvé le moyen de tirer un parti utile de ces minerais; et, il faut bien que nous le constations, non sans un regret véritable, c'est un agriculteur anglais qui est venu jeter le poids dans la balance, en s'inspirant d'un intérêt réel pour notre agriculture. Voici les principales paroles de M. de la Tréhonnais, reproduites immédiatement dans le *Journal d'agriculture pratique* :

« ... Les opinions sont libres sur les conséquences et l'importance des faits ; mais elles ne le sont pas sur les faits eux-mêmes, quand ceux-ci sont bien constatés. Je viens donc remettre la question sur son véritable terrain, c'est-à-dire sur les faits qui lui servent de base...

« ... Dès 1851 et plusieurs années au delà, l'engrais fait avec ces phosphates se vendait en Angleterre, non par 6,000 tonnes, mais par centaines de mille. Il n'y a point de fabrique de superphosphate de chaux où l'on n'en emploie d'énormes quantités ; partout, dans les carrières de Suffolk et de Cambridge, où la roche calcaire appelée *crag stone* existe, on a ouvert des carrières, d'où l'on en tire des quantités énormes, et la richesse de cet *engrais*, et non *amendement*, est telle, et son usage a été reconnu si avantageux par les agriculteurs anglais, que des recherches sont faites maintenant partout où la nature géologique du sous-sol fait supposer l'existence de ces gisements phosphoriques... »

Après avoir signalé quelques-uns des avantages de l'emploi des coprolythes dans la fabrication des engrais, M. de La Tréhonnais continue ainsi : « On peut donc considérer comme une découverte fort importante l'existence de matières fossiles contenant une quantité de phosphate de chaux assez grande pour pouvoir remplacer les os, car leur fourniture à l'industrie est nécessairement limitée, et un jour viendra où la demande excédera les ressources du commerce. Déjà le prix s'élève sensiblement.

... L'analyse des phosphorites triturés et pulvérisés, tels qu'on les livre au commerce, donne une proportion moyenne de 25 à 30 pour 100 d'acide phosphorique, correspondante à 52 et à 63 pour 100 de phosphate de chaux... Les phosphorites non pulvérisés valent, à Londres, à peu près 40 fr. les 1,000 kilog.; à cause de leur dureté, ils coûtent de 20 à 25 fr. par tonne à pulvériser.

Voici les conclusions :

Il résulte d'expériences très-minutieuses faites par M. Augustin Valcker, professeur de chimie au collége agricole de Cirencester, que les phosphorites dissous dans l'acide sulfurique forment un engrais bien plus fertilisant que la poudrette du commerce. M. Valcker divisa un champ, dont le sol était homogène et fort peu fertile, en dix parties égales, dans lesquelles il sema des navets qu'il fit traiter ensuite absolument de la même manière. Sur chaque partie, contenant à peu près 5 ares, il appliqua des engrais différents, que je donne dans le tableau suivant, avec le résultat de la récolte. La quantité d'engrais fut réglée d'après le prix respectif de chacun, de sorte que les neuf parties auxquelles les neuf différents engrais furent appliqués entraînèrent exactement les mêmes frais, c'est-à-dire 6 fr. 25 c.

Parties.	Engrais employés.	PRODUIT Par parties de 5 ares.	 Par hectare.
1re	Guano du commerce.	1,455k	29,000k
2e	Guano et phosphorites dissous.	1,101	32,020
3e	Poudre d'os.	1,100	22,000
4e	Superphosphate d'os.	1,701	34,020
5e	Engrais économique.	751	15,020
6e	Marc de noix.	1,250	25,000
7e	Phosphorites dissous.	1,450	29,000
8e	Rien.	650	13,000
9e	Poudrette du commerce.	1,130	23,000
10e	Mélange de suie, guano, phosphorites dissous et superphosphate d'os.	1,250	25,000

Ces résultats d'expériences conduites par un des chimistes les plus distingués de l'Angleterre prouvent, dit M. de La Tréhonnais, que le superphosphate fait avec les rognons phosphatés est essentiellement un engrais et non simplement un amendement, et même qu'il prend sa place parmi les plus fertilisants. D'où il est naturel de conclure que, si les phosphates récemment découverts en France contiennent seulement de 40 à 50 pour 100 de phosphate de chaux, ils deviendront pour l'agriculture un immense bienfait. Avant de revenir sur les conclusions de M. de La Tréhonnais, rappelons les faits constatés par M. Puvis au sujet des phosphates de l'Estramadure, que

M. Moride a également signalés comme étant complétement insolubles dans l'acide acétique.

Le docteur Daubeny a fait sur ce phosphorite en poudre des essais qui donnent des espérances : il l'a employé sur une terre de bonne qualité et en bon état, comparativement avec des os en poudre, du noir d'os, du guano, du nitrate de soude et de l'engrais d'étable ; on a appliqué ces engrais à des récoltes de turneps et d'orge ; sur les turneps, 1,500 kilog. de phosphorite en poudre, par hectare, ont fait produire au sol le double de ce qu'il a donné sans engrais, mais cependant un tiers de moins qu'avec une fumure de 50,000 kilog. de fumier. En joignant à cette poudre moitié de son poids d'acide sulfurique, le produit a été un peu plus fort, mais inférieur d'un neuvième à celui de 300 kilog. de guano natif ou factice, à peu près égal à celui de 180 kilog. de nitrate de soude, et plus faible d'un septième que celui de 120 kilog. de sulfate d'ammoniaque. Sur l'orge, le phosphorite espagnol, à la dose de 22 hectolitres, a produit *autant que le noir d'os à la même dose*, un peu plus que la poudre d'os à une dose moitié en sus, et un cinquième de moins que 15 hectolitres de cette poudre, jointe à 700 kilog. d'acide sulfurique, et enfin le fumier d'écurie, à la dose de 50,000 kilog., a donné moitié en sus du plus fort de ces produits [1].

Le dernier fait signalé par M. Puvis est une nouvelle preuve de l'indispensable nécessité des engrais complets ; mais il nous semble qu'à l'égard des phosphates naturels, il serait bien difficile de nier leur utilité agricole, alors surtout que les phosphates de l'Estramadure, les plus rétifs à la dissolution, donnent de pareils résultats.

Les chiffres indiqués par M. de La Tréhonnais sont un renseignement utile, mais voilà tout. Ils prouvent simplement que lorsqu'on fournit au sol celui des éléments qui lui manque, celui-ci peut en effet produire des récoltes comme le ferait un engrais tout à fait complet sur un terrain absolument stérile ; il

[1] Puvis, *Traité des amendements*, p. 518.

est même certain que l'efficacité de l'unique élément fourni au sol durera tant que les rapports existant entre les autres éléments du sol ne seront pas détruits; mais cela ne prouve en aucune façon que les phosphorites, ou le guano, ou tout autre engrais incomplet, servirait *seul* à entretenir la fécondité d'une terre parfaite; et ce fait est important, car il n'y a pas d'engrais complet sans cette condition. Si les phosphorites ont donné de meilleurs résultats que les poudrettes, cela prouve tout simplement que l'on a opéré sur un terrain déjà riche en matières organiques azotées et probablement en humus, mais pauvre en phosphates; et qu'au contraire en opérant sur une terre riche en phosphates, mais pauvre en matières azotées, les phosphorites n'eussent donné aucun résultat; dans ce cas, la comparaison eût été entièrement en faveur des poudrettes, mais sans que l'on puisse pour cela prononcer contre les phosphorites. Voilà ce qu'il ne faut pas perdre de vue, lorsqu'il s'agit de comparer l'action de différents engrais, car si l'on ne veut s'exposer aux dangers de l'engouement et à toutes les déceptions qu'il amène à sa suite, il faut se souvenir que si l'engrais entre dans la comparaison, comme élément du problème, la nature du sol y participe également par sa plus ou moins grande fécondité, c'est-à-dire que chacun des éléments que la terre contient déjà contribue puissamment à faciliter ou à entraver l'action des engrais mis en comparaison. Dans tous les cas, le phosphate de chaux sera toujours un auxiliaire puissant, précieux, mais rien de plus. Hormis les cas de défrichements, le phosphate de chaux ne constituera jamais un engrais proprement dit, pas plus que l'humus, ni les sels ammoniacaux, ni la potasse, ni la soude, ni la chaux, ni la magnésie, ni l'alumine, ni la silice, ni l'oxyde de fer; c'est le concours de *tous* qui est indispensable, comme dans le fumier de ferme, et dans l'état où chacun de ces corps existe dans ce dernier. Hors de là, tout n'est qu'illusion.

Ici le fait capital, c'est la solubilité des phosphates de chaux naturels et leur assimilation certaine, incontestable, par les plantes cultivées; c'est un fait important à consigner pour l'avenir, et duquel nous n'avons été nullement surpris, car avant de nous prononcer sur cette question, et avant de la traiter ici, nous avons voulu voir et toucher. Voici donc comment nous avons opéré.

Six demi-bouteilles, d'une contenance de 33 centilitres, et renfermant de l'eau saturée d'acide carbonique, ont reçu chacune 5 grammes de coprolythes *bruts* pulvérisés. Après deux jours de contact et d'agitation, l'eau a été filtrée, puis saturée par l'ammoniaque liquide. Le précipité obtenu était assez faible; il ne s'est pas manifesté immédiatement; mais, par l'agitation, il s'est nettement produit, et s'est redissous rapidement au moyen de quelques gouttes d'acide chlorhydrique. Trois jours après l'ouverture de la bouteille, le nouveau précipité obtenu par l'ammoniaque, puis également redissous par l'acide chlorhydrique, était sensiblement plus abondant que primitivement. Le phosphate de chaux ainsi obtenu est parfaitement soluble dans le chlorhydrate d'ammoniaque; car en ajoutant successivement et de l'ammoniaque pour précipiter et de l'acide chlorhydrique pour redissoudre, et ainsi de suite, il arrive un moment où un excès d'ammoniaque est impuissant à manifester le moindre trouble, parce que la totalité du précipité est maintenue en dissolution à la faveur du chlorhydrate d'ammoniaque produit.

Après six jours de contact et d'agitation, le précipité de phosphate de chaux obtenu avec l'eau de la deuxième bouteille a été plus abondant que dans la première, et s'est comporté également comme dans le premier cas.

Après quatorze jours de contact et d'agitation, le précipité de phosphate de chaux de la troisième bouteille n'a pas été sensiblement plus abondant que le précédent, et s'est également comporté comme nous l'avons indiqué d'abord.

Les quatrième, cinquième et sixième bouteilles, reprises après trente et soixante-deux jours de contact et d'agitation, n'ont pas fourni de précipités plus abondants que ceux obtenus après six jours de contact.

Ces premiers essais sur la solubilité du phosphate de chaux des coprolythes n'étant que des vérifications pures et simples, ou des analyses seulement qualitatives, nous avons dû prier l'éminent professeur de Rouen de vouloir bien doser les quantités de phosphate de chaux dissoutes dans l'eau de la quatrième bouteille, représentant la moyenne entre la première vérification et la dernière. Le résultat de l'analyse de M. Girardin a donné 25 milligrammes par litre d'eau ayant reçu 15 grammes de coprolythes. Au premier abord, ce chiffre paraît bien faible, mais il en est tout autrement lorsqu'on poursuit l'examen de cette question.

Nous avons vu (p. 191) qu'un hectare de terre cultivé en froment empruntait au sol ou aux engrais 47k400 d'acide phosphorique contenu dans 102k715 de phosphate de chaux. Admettons, en nombre rond, 100 kilog., afin d'éviter les fractions. Si 100 kilog. de phosphates sont nécessaires à la récolte d'un hectare de froment arrivant à maturité dans l'espace de huit mois, ou 240 jours, il faudra que cette récolte puisse trouver, par jour, 420 grammes de phosphates en dissolution. Si, comme nous venons de le voir, 15 grammes de coprolythes donnent en six jours 25 milligrammes de phosphates dissous, 1,512 kilog. donneront, dans le même espace de temps, 2k520, ou 420 grammes de phosphates par jour. D'un autre côté, si 1 litre d'eau donne en six jours 25 milligrammes de phosphates en dissolution, 1,008 hectolitres d'eau en dissoudront, dans le même espace de temps, 2k520, ou 420 grammes par jour ; or, le sixième de 1,008 hectolitres indique la quantité d'eau nécessaire par vingt-quatre heures, soit 168 hectolitres.

D'où cette conclusion qu'il suffit de 1,512 kilog. de coprolythes *bruts* simplement pulvérisés, pour fournir dans l'espace de huit mois, à 1 hectare de terre, 100 kilog. de phosphate de chaux en dissolution.

La seule objection que l'on puisse soulever contre ces chiffres, c'est que l'eau qui, dans le sol, opère la dissolution du phosphate de chaux, ne peut pas être aussi fortement chargée d'acide carbonique que celle qui a été rendue gazeuse sous une pression de deux atmosphères, et ce fait est incontestable ; mais les quantités moyennes d'eaux pluviales que le sol reçoit annuellement sont bien plus considérables que celles que le calcul montre comme étant nécessaires pour opérer la dissolution des phosphates naturels, puisque la moyenne des pluies, relevée dans cent cinquante-trois pays différents et dans des régions diverses, indique annuellement une couche moyenne de 750 millimètres, ou 750 kilog. d'eau par mètre carré [1]. Ces chiffres nous donnent donc, pour l'année entière et par chaque hectare de surface, 7,500 mètres cubes d'eau, ou 75,000 hectolitres, soit 205 hectolitres par hectare et par jour, ou un excédant de 3,750 litres d'eau sur la quantité nécessaire pour opérer la dissolution des phosphates naturels.

En présence de ces faits, il ne nous paraît guère possible de douter de la solubilité du phosphate de chaux des coprolythes, et de la possibilité de le faire servir aux défrichements ou à la fabrication des engrais phosphatés, et c'était là l'argument le plus sérieux qu'on pût lui opposer. Nous-même, nous avons douté longtemps, et il n'a fallu rien moins qu'un examen attentif des faits et une étude spéciale de la matière pour vaincre notre incrédulité ; mais aujourd'hui il nous reste la conviction intime, profonde, sincère surtout, qu'il y a là, pour l'avenir, une nouvelle source de richesse et par conséquent un grand intérêt public. Il pourra falloir plus ou moins longtemps pour faire accepter ce fait unanimement ; mais on l'acceptera, c'est certain. On ne peut pas faire que la vérité ne soit pas.

Tout n'est pas fait sans doute, car on n'improvise pas la perfection, et ce n'est pas à la naissance d'une industrie qu'il faut exiger d'elle plus qu'elle ne peut raisonnablement. Encore moins voulons-nous dire que le phosphate de chaux de ces minerais doive être accepté dès à présent sans examen, sans réserve. Ce

[1] Ces relevés sont dans le t. II, p. 274 et suivantes, du *Cours d'agriculture*, de M. de Gasparin.

n'est pas là notre pensée ; car trop d'empressement serait de la légèreté, et la légèreté est plus qu'une faute, c'est souvent une maladresse. Mais, au nom de l'intérêt public, nous demandons un peu de bienveillance, parce que la question en vaut la peine, parce qu'il y a là le germe d'une idée qui peut devenir bien féconde pour diverses industries, et spécialement pour l'agriculture. Les résultats obtenus en Angleterre avec les nodules coprolythiques témoignent qu'il y a là quelque chose à faire, et c'est en raison de ces motifs que nous rappelons que quand un fait nouveau se produit, si minime qu'il soit, *nul* ne peut dire quelles en seront les conséquences heureuses. Que chacun se reporte au point de départ des grandes découvertes dont nous sommes si fiers aujourd'hui, et qu'on dise s'il eût été possible, à l'origine, d'en prévoir les résultats. Une découverte en amène toujours une autre. Qui pourrait dire ce qui sortira de celle-ci ? Connaît-on industriellement le phosphate de chaux, en tant que matière première abondante, comme le fer, la houille, le soufre, le sel, etc.? Déjà nous en avons obtenu un noir décolorant aussi riche que celui des os, et des mastics d'une dureté égale à celle de la porcelaine, et résistant aux plus hautes températures. Il y a donc là, certainement, un agent nouveau pour les arts. Mais qui ne voit également la possibilité de produire industriellement désormais tous les phosphates (encore à peu près inconnus dans l'industrie), mais *surtout* les phosphates d'ammoniaque et de magnésie, qui résument presque la valeur agricole de tous les engrais, puisque, selon l'expression de M. Dumas, on peut dire que parmi les moyens économiques propres à rendre à l'agriculture tous les produits essentiels que les plantes ont soustraits au sol, le dernier mot de la chimie se résume en ammoniaque et phosphates terreux.

Qui ne voit dès à présent que la production industrielle du phosphate d'ammoniaque sortira de la découverte des nodules coprolythiques. Comment s'en occuper jusqu'ici, puisque l'une des matières premières manquait presque complétement? Maintenant que nous en avons des mines inépuisables, que nous manque-t-il? un procédé, mais déjà nous en possédons, et avant un an nous en aurons cinquante autres.

N'est-ce donc rien que ces nouveaux éléments de richesse et de bien-être social? et est-ce nous qui avons tort de plaider ici la cause du progrès, qui est aussi la cause de l'avenir? Disons donc, avec M. Bobierre, que s'il est à désirer que le flambeau de la discussion projette sa clarté, il nous semble que le véritable terrain où il faut la diriger doit être celui où nos voisins d'outre-Manche opèrent en augmentant le chiffre de leurs récoltes par l'emploi des phosphates naturels, et que les résultats de la récolte prochaine en diront beaucoup plus que les prophéties basées sur des essais appréciables à la loupe... Ils démontreront évidemment enfin que l'extraction et l'appropriation des phosphates de chaux naturels doivent être pour tous les amis de l'agriculture française l'objet d'une vive préoccupation... Qu'on livre à l'agriculture des phosphates naturels à des prix abordables, et tout le reste viendra par surcroît [1].

Dans des questions de cette nature, il faut savoir faire abstraction complète des hommes, et n'envisager les faits qu'au point de vue de l'utilité générale, et de l'influence qu'ils pourront exercer dans l'avenir au profit de la richesse publique. Voilà ce que commandent le patriotisme et le devoir, et c'est en nous pénétrant l'esprit de ces vérités, que nous n'avons plus considéré qu'une seule chose, c'est qu'il suffirait que le poids moyen de l'hectolitre de froment, qui est actuellement en France de 75 kilog., s'élevât à 80 kilog., comme cela se voit journellement dans les bonnes terres riches en phosphate de chaux, pour que nous ayons ainsi, tous les ans, un surcroît de richesse de 77,193,763 fr.

Qu'importent les hommes qui nous donneront ce résultat; mais qu'ils le donnent, et promptement, le temps presse. Les bonnes moissons seront toujours bien accueillies. S'il fallait faire passer

[1] Cette citation est extraite d'une lettre adressée au rédacteur en chef du *Journal d'agriculture*, à la date du 21 mai 1857.

à la censure tous les trafiquants qui nous vendent, sous une forme quelconque, la marchandise que nous leur achetons, où en serions-nous? juste ciel! La question n'est pas là; ne nous enquérons que de l'utilité de la chose offerte, de sa valeur réelle et de la somme de bien-être et de profits que nous pourrons en tirer.

Aider, encourager, protéger même les choses utiles et tout ce qui revêt un caractère évident d'utilité publique, voilà ce que réclame l'intérêt général, voilà ce que nous devons faire, surtout pour les questions agricoles qui sont la grande préoccupation du moment. Nous devrions courir à l'agriculture comme on court au feu, a dit dernièrement l'un des princes de la littérature moderne, et chacun a applaudi; mais au lieu d'agir nous nous laissons dépasser.

En Angleterre, c'est dans les premiers jours de l'année 1848 que M. Wiggins annonçait la découverte de gisements coprolythiques dans les environs du Suffolk, et trois mois après (le 22 mars 1848) l'exploitation était commencée. En France, c'est en l'an III que M. Berthier a signalé l'existence des mêmes coprolythes, et il nous a fallu plus d'un demi-siècle pour prendre un parti. La hardiesse n'exclut pas la prudence, et nous avions les mêmes raisons d'agir il y a trente ans qu'aujourd'hui, mais nous ne savons pas vouloir, et, à défaut d'avoir fait alors ce que nous faisons maintenant, nous avons déboursé trente fois trois millions, c'est-à-dire près de cent millions, pour obtenir de l'étranger ce que nous avons chez nous, à notre porte, et alors qu'il nous suffit de nous baisser, de ramasser et de remercier Dieu de ses libéralités envers nous. Nous nous plaignons, mais nous ne sommes que les artisans de notre propre misère, et nous sommes bien ignorants, ou bien injustes, ou bien coupables quand nous accusons la Providence.

Ce que nous savons de la rareté croissante des os en Europe témoigne suffisamment que l'avenir est tout en faveur de la découverte du précieux minerai, car on ne fabrique pas des animaux, et eux *seuls* pouvaient nous donner, par l'intermédiaire de leurs os, ces phosphates qu'ils savent extraire de leurs aliments pour les fixer dans leur organisme. Sans doute, la solubilité des nodules peut être aussi variable que les milliers de circonstances qui se présentent en agriculture; mais, comme nous allons le voir dans la partie professionnelle, c'est là une heureuse circonstance, car on reconnaîtra tôt ou tard que si une très-grande solubilité des phosphates facilite merveilleusement la fructification des céréales, c'est aussi aux dépens d'une partie de ces mêmes phosphates entraînés trop souvent par les eaux pluviales dans les tuyaux de drainage, et en pure perte pour le sol et pour la végétation.

Il nous reste encore à examiner la richesse, l'emploi, le prix et les différents états de solubilité du phosphate de chaux des nodules livrées en ce moment à l'agriculture et à l'industrie des engrais. Nous reviendrons sur cette question, dans la partie technologique qui va suivre, et par la raison qu'un tel examen appartient bien plus à la fabrication proprement dite et aux différents procédés qui s'y rattachent qu'à la partie historique et scientifique de ce travail.

§ III.

Résumé de la deuxième partie et introduction à la troisième partie.

> « Les progrès de la chimie organique,
> « qui se complètent et se développent sous
> « nos yeux, ont rendu un service vital à
> « l'agriculture en faisant naître une science
> « des engrais qui rivalise en précision et
> « en utilité avec la chimie industrielle. »
>
> L. DE LAVERGNE.

La théorie n'est que l'explication raisonnée des faits; c'est elle que nous venons de parcourir. La pratique n'est que l'application raisonnée de la théorie; c'est elle qui nous reste à parcourir.

Se faire une autre idée à l'égard de l'une ou de l'autre, c'est commettre une erreur, et on la commet assez généralement à l'égard de la théorie.

Pour beaucoup de monde, la théorie ne repose que sur des conceptions purement imaginaires, et c'est là qu'est l'erreur, car la théorie ne procède que du connu, et non pas de l'inconnu. Le laboureur expliquant à son fils comment il convient de manier la faux pour ne pas se blesser, ou pourquoi il est nécessaire de peser sur le soc de la charrue, ou de l'alléger selon les circonstances, et en vue d'un résultat utile, est un théoricien qui procède du connu, qui enseigne ce que la pratique journalière lui a appris, et qui, en définitive, ne fait pas autre chose que donner une explication raisonnée des faits que sa propre expérience lui a permis d'observer. Or, c'est là *uniquement* ce que fait la science à l'égard de tous les arts chimiques.

Tous les bons praticiens sont donc en même temps de véritables théoriciens dont l'intelligence a su déduire la théorie de chacun des faits qui se passaient sous leurs yeux. Dès qu'ils peuvent expliquer la nécessité, ou simplement l'utilité de telle ou telle manière de faire, ce sont des théoriciens, même sans le savoir, même sans le vouloir.

Un homme, quelque intelligent qu'on le suppose, serait assurément fort embarrassé si, lui mettant simplement une charrue entre les mains, on lui disait : Labourez ce champ. Il aurait beaucoup de mal, si un autre, plus versé dans l'art du labour, ne le guidait un peu, ne lui apportait le tribut de son savoir, et ne lui venait en aide par l'expérience qu'il a acquise dans ce genre de travail. Il dépenserait en pure perte des forces considérables, et il lui faudrait beaucoup de temps pour parvenir à un résultat qui puisse remplir ces deux conditions indispensables dans tout travail : qualité et économie. Toute l'utilité de la théorie est là.

A quelque point de vue qu'on envisage les faits de la pratique journalière, on est toujours et invariablement conduit à cette conclusion. Cependant, chose étrange et véritablement bizarre, chacun conteste, en général, l'utilité de la théorie, et tout le monde dit tous les jours : Vous me donnez un fusil, mais je ne sais pas m'en servir et je ne sais pas chasser; vous me donnez un filet, mais je ne sais pas m'en servir, et je ne sais pas pêcher; vous me donnez une faux, mais je ne sais pas m'en servir, et je ne sais pas faucher; vous me donnez une charrue à manier, mais je ne sais pas m'en servir, et je ne sais pas labourer.

D'où cette première conclusion qu'il est absolument impossible de mettre quoi que ce soit en pratique, sans un enseignement préalable, sans la conception des choses, sans l'explication raisonnée des faits, c'est-à-dire sans la théorie.

Il suffit donc d'observer attentivement les faits qui chaque jour se passent sous nos yeux, pour se convaincre qu'en matière d'application pratique, *rien* n'est possible sans cette théorie.

Que manquait-il, pour agir, à l'homme auquel nous venons de mettre entre les mains un fusil, un filet, une faux, une charrue? La théorie. Sans elle, le voilà réduit à l'impuissance, au moins pendant tout le temps qu'il dépensera à s'apprendre de lui-même, si personne ne lui vient en aide.

Allons plus loin, car on ne saurait trop insister quand il s'agit de combattre des erreurs et d'en faire ressortir d'utiles enseignements. Prenons un sauvage, qui sera doué des mêmes moyens d'action que nous, et confions-lui tous ces instruments pour qu'il en fasse le même usage que nous. Il est certain que, matériellement, il aura tout ce qu'il faut pour agir comme nous, car il est doué des mêmes moyens d'action, et pourtant la seule vue de ces choses ne suffira pas pour lui indiquer le parti qu'il pourra en tirer au profit de lui-même. Qui lui donnera la connaissance générale de chacun de ces instruments de production et de destruction, sinon la théorie? Qui lui expliquera et lui fera comprendre d'abord la construction et l'utilité de ces choses? Qui lui en apprendra le mécanisme? Qui lui enseignera les effets de cette poussière noire inflammable et de ce corps lourd versés dans un tuyau sonore et résistant; car, avant de lui enseigner, comme à l'homme civilisé, l'art de la chasse, de la pêche et du labour, il faudra nécessairement qu'il sache tout cela ; or, qui le lui apprendra ? La théorie. Reprenons maintenant l'ensemble des connaissances nouvelles acquises par le sauvage, après une explication suffisante des faits, mettons ces connaissances en balance avec le peu qui lui reste à faire pour produire un résultat utile, et nous verrons bien vite de quelle importance est cette théorie, contrairement à l'opinion que s'en font les étourdis et les esprits paresseux ou superficiels.

Donc, quel que soit le peu d'importance des travaux que nous exécutons, *toujours* nous trouvons que la théorie occupe un espace *immense* par rapport aux faits eux-mêmes, et aussi bien dans les grandes applications qu'à l'égard des choses les plus insignifiantes de la vie.

Acceptons donc la théorie, non comme une chose inutile, mais comme un immense bienfait, comme un capital précieux, celui de l'expérience, et comme un glorieux héritage en même temps, puisqu'en réalité la théorie est l'expérience accumulée de tous les siècles qui nous ont précédés. Les faits ne sont que les enfants des idées, parce que l'exécution ne peut naître que de la conception ; or il est impossible de concevoir sans l'explication raisonnée des faits, c'est-à-dire sans la théorie.

Résumons donc l'ensemble de la théorie des engrais, avant de passer à l'application.

Bien que les végétaux puisent dans l'atmosphère une partie de leur subsistance, il est néanmoins démontré que les matériaux qu'ils prennent au sol sont absolument indispensables à leur constitution, et que la terre la plus fertile ne saurait produire indéfiniment si on ne lui restituait, sous forme d'engrais, ce qu'elle a donné sous forme de récoltes. C'est là l'axiome fondamental de la pratique agricole sanctionnée par le temps et l'expérience, car il est certain que ce que les engrais n'apportent pas aux végétaux, ceux-ci le prennent au sol, dont la valeur est diminuée d'autant.

Les plantes ne créent pas la matière dont elles sont formées ; elles ne font que l'emprunter au sol par leurs racines, et à l'atmosphère par leurs organes extérieurs. Elles sont douées d'un pouvoir que nous ne possédons pas encore, mais que nous posséderons un jour, celui de l'organisation de la matière[1]; mais en fait, elles ne peuvent, comme nous, que produire des utilités. En résumé, elles ne créent rien, absolument rien; elles n'opèrent que des transformations, elles déplacent la matière, elles l'arrangent différemment, elles la font changer de forme et d'état, mais voilà tout.

La terre n'est pas seulement un instrument, c'est un capital, puisque sa valeur échangeable est subordonnée à sa faculté productive, c'est-à-dire à sa richesse, à sa fécondité. Et puisque cette fécondité peut s'accroître ou diminuer, il est par conséquent utile, nécessaire, de ne pas la laisser s'amoindrir, et même de l'accroître d'année en année par des fumures capables de rendre au sol plus que celui-ci ne perd par la culture. Hors de là, c'est la ruine, car ce n'est plus vivre du produit de ses terres, mais bien aux dépens du capital qu'elles représentent.

Nous avons vu que le véritable type des engrais était le fumier de ferme, parce qu'il constituait tout à la fois un engrais mixte et complet renfermant les divers éléments des récoltes, et pouvant s'appliquer à la plus grande majorité des cas et à la généralité des cultures.

La fabrication des engrais est donc l'art qui consiste à grouper économiquement les éléments nécessaires à la végétation en général, mais particulièrement aux récoltes, et en prenant pour point de départ la composition du fumier de ferme, se résumant elle-même en matières végétales pouvant fournir de l'humus et de l'acide carbonique; en matières animales pouvant donner de l'ammoniaque, et par conséquent de l'azote; et enfin en matières minérales diverses, comprenant principalement les phosphates, la potasse, la magnésie, la chaux; et accessoire-

[1] Déjà, la chimie crée de toutes pièces quelques matières végétales et quelques matières animales; au nombre de ces dernières, nous citerons particulièrement l'urée, de laquelle nous aurons à nous occuper dans le cours de cet ouvrage, comme faisant partie constituante des urines.

ment la silice, la soude, l'alumine, l'oxyde de fer, le soufre et le chlore.

Les végétaux étant dépourvus d'organes digestifs, les matières solides que nous leur présentons ne peuvent être absorbées par eux, et passer ensuite dans leur organisme qu'à la condition *expresse* d'être solubles dans l'eau, ou de pouvoir se résoudre en composés gazeux dont les plantes ont la faculté d'opérer le dédoublement, afin de retenir les éléments qui leur sont utiles et de rejeter dans l'atmosphère ceux qu'ils ont en surabondance ou dont ils peuvent se passer.

C'est ainsi que, par l'effet de la pourriture ou combustion lente, les matières végétales naturellement insolubles acquièrent la faculté de pouvoir se dissoudre, puisque l'humus n'est pas autre chose que du bois rendu soluble dans l'eau, avec lequel les végétaux reconstituent de nouveau bois, ou de nouvelle paille, ou de nouvelles feuilles. De même que, dans la combustion lente de ces mêmes matières végétales, toujours accompagnée d'acide carbonique, les plantes retiennent le carbone qu'elles font servir à leur charpente, à leur constitution, tandis qu'elles rejettent l'oxygène surabondant.

C'est également en vertu des mêmes lois que les végétaux ne peuvent prendre à certaines matières animales imputrescibles, comme les cuirs tannés et la houille, l'azote qu'elles contiennent, tandis que, par l'effet de la décomposition de ces matières, l'ammoniaque qui en résulte devient soluble dans l'eau, et la végétation peut alors y puiser l'azote qui lui est absolument indispensable, et sauf à laisser de côté l'hydrogène, si elle peut s'en passer.

Les plantes ne s'assimilent donc pas directement le terreau des matières végétales, mais bien l'humus et l'acide carbonique en provenant, de même qu'elles ne prennent pas directement l'ammoniaque, et encore moins la matière animale, mais simplement l'azote.

Ainsi, l'humus et l'acide carbonique sont les deux derniers termes de la décomposition des matières végétales, comme l'ammoniaque et l'azote sont les deux derniers termes de la décomposition des matières animales, mais en réalité il n'y a, pour la végétation, ni deux espèces d'humus, ni deux espèces d'acide carbonique, ni deux espèces d'ammoniaque, ni deux espèces d'azote, puisque le même engrais, ou, si l'on veut, le même sel ammoniacal, le même azote enfin, peut produire indistinctement du froment ou de l'avoine, et puisque l'humus de paille de maïs peut produire du seigle ou toute autre céréale, comme l'humus de la paille de seigle ou de l'une quelconque des graminées peut produire du maïs, etc.

En un mot, la matière étant donnée, le végétal se charge de l'approprier à sa constitution et à ses besoins. La matière est toujours la même pour toutes les plantes et sur toute la surface de la terre; il n'y a que l'arrangement qui est différent, selon chaque espèce végétale.

Voilà pour les matières organiques des deux règnes. Quant aux substances minérales, nous avons vu que les mêmes se retrouvaient *toujours* dans les végétaux de la même famille, que l'absence de l'un de ces éléments suffisait pour amener l'infécondité, ou au moins que la seule restitution de l'agent disparu était suffisante pour rendre la fertilité, notamment à l'égard du phosphate de chaux, que nous avons trouvé *partout* dans le règne végétal et à tous les degrés de l'échelle animale.

Peut-être aurions-nous dû, avant d'aller plus loin, nous occuper spécialement de la potasse, de la silice, de la soude, de la magnésie, de la chaux, de l'alumine, de l'oxyde de fer, du chlore et du soufre, comme nous l'avons fait pour le phosphate de chaux, mais l'importance secondaire de chacun de ces corps nous autorise à renvoyer leur étude particulière dans la partie technologique qui va suivre, et à mesure que nous traiterons de l'emploi de chacun d'eux.

D'ailleurs, en nous arrêtant plus spécialement à l'azote et au phosphate de chaux, nous avons voulu ramener en quelque sorte l'industrie des engrais à l'état actuel des connaissances chimiques sur cette question, que nous croyons avoir suffisamment développée, pour n'avoir plus à y revenir. Cependant, des faits nouveaux d'une certaine importance pourraient bien amener quelques modifications dans les idées admises à l'égard de l'alimentation végétale, si l'on se méprenait sur le sens véritable d'un beau et récent travail de M. Boussingault touchant cette question. Voyons les faits, car ils sont intéressants. Les conclusions que nous devrons en tirer nous seront également fort utiles.

M. Boussingault a formé un sol artificiel en prenant de l'argile cuite concassée et du sable, qu'il a fait calciner à une température élevée, afin de détruire toute trace de matières organiques; la même précaution a été prise pour le pot à fleurs contenant ce mélange, dans lequel on a semé des graines d'hélianthus. L'arrosage a été pratiqué avec de l'eau pure, c'est-à-dire distillée avec le plus grand soin, mais à laquelle cependant on avait fait absorber le quart de son volume d'acide carbonique gazeux, et par des raisons que nous expliquerons dans quelques instants.

Dans ces conditions, on n'a obtenu qu'une plante faible, délicate, ne pesant pas beaucoup plus à l'état sec que la graine de laquelle elle était sortie, mais pourvue cependant d'organes complets. Le bouton s'est épanoui en une petite fleur jaune dont la corolle n'avait pas plus de 3 millimètres de diamètre. Cette fleur en miniature est environnée de plusieurs feuilles naissantes, ainsi que le montre la figure 1, que nous empruntons au *Journal d'agriculture pratique*, 1er semestre, 1857, p. 476, d'après la réduction au cinquième d'une épreuve photographique A.

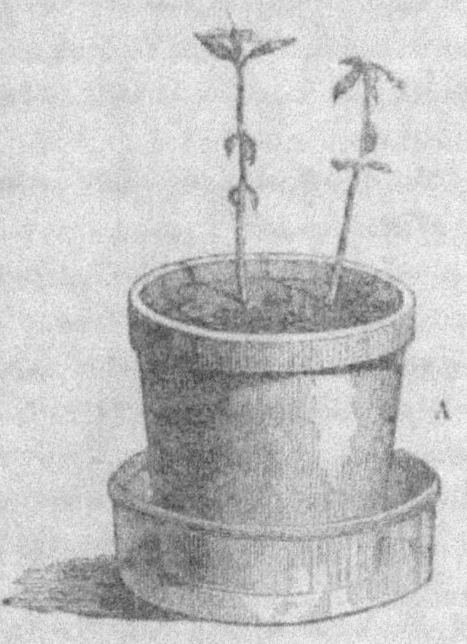

Fig. 1.

Dans une seconde expérience faite avec les mêmes précautions, et les mêmes matières employées dans les mêmes rapports, on a ajouté au sol 10 grammes de phosphate de chaux des os, $0^{gr}.50$ de cendres provenant du foin de prairie, et $1^{gr}.26$ de carbonate de potasse, puis on y a également semé deux graines d'hélianthus, qui ont été arrosées avec la même eau que celle employée dans l'expérience A. Chacun des plants a fourni un bouton, et tous deux ont donné une fleur jaune extrêmement petite, mais bien conformée (fig. 2) B.

Fig. 2.

Comme dans l'expérience A, les plants sont restés assez vigoureux jusqu'à l'âge de deux mois ; après, les feuilles se sont flétries vers le bas de la tige, et la force de la végétation a décru rapidement.

Dans ces deux expériences, comme dans celle qui va suivre, les plantes ont été exposées en plein air, mais tenues à l'abri de la pluie et de la rosée, à un mètre au-dessus du gazon, près d'une vigne plantée sur la limite d'une grande forêt.

Enfin, dans une troisième expérience C, le sol était exactement constitué, en poids et en nature, comme dans la première expérience que nous venons de décrire, mais on a fait entrer dans la composition du sol : 10 grammes de phosphate de chaux, $1^{gr}.50$ de cendres, et $1^{gr}.40$ d'azotate de potasse[1], et les deux

[1] Avant d'aller plus loin, nous devons, afin d'être bien compris, dire ce que sont ces deux sels.

Nous avons vu que l'union du phosphore avec l'oxygène constituait l'acide phosphorique, comme l'oxygène et le carbone formaient l'acide carbonique.

Nous connaissons déjà la combinaison alcaline que forme l'azote, en s'unis-

graines d'hélianthus qui ont été semées, ont été arrosées avec la même eau pure que celle employée précédemment. Ici, la seule présence d'un peu d'azote (0^{gr},1969), contenus dans l'azotate de potasse employé, ont suffi pour produire des résultats bien différents des premiers, ainsi que le montre la figure 3. L'hélianthus le plus grand porte une belle fleur jaune dont la corolle a 9 centimètres de diamètre. Les feuilles présentent une surface égale à celle d'un hélianthus venu en terre de jardin.

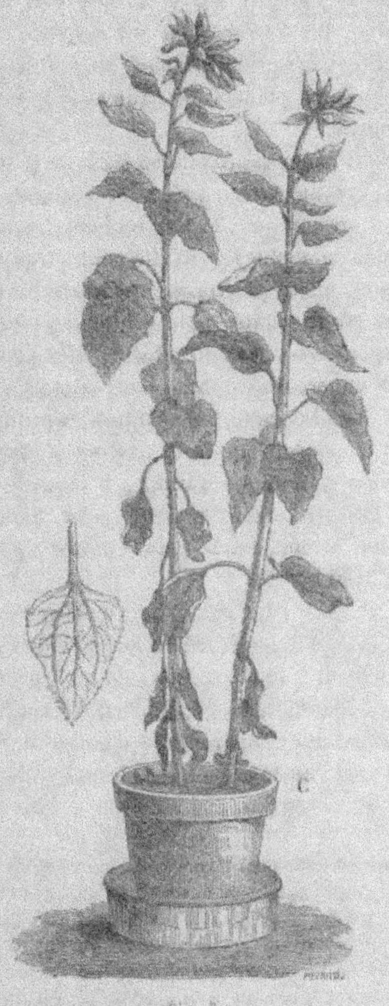

Fig. 3.

Voilà les faits.

Laissons parler le savant illustre dont les travaux ont si puissamment contribué à éclairer la pratique agricole, et nous conclurons après : « Les hé« lianthus venus dans « ces conditions ont offert à peu près le même aspect, la

sant à l'hydrogène pour produire de l'ammoniaque. Eh bien ! comme la plupart des autres corps, l'azote peut se combiner également avec l'oxygène et

« même vigueur, que ceux que l'on avait cultivés en pleine « terre. De l'association du salpêtre avec les phosphates et « les cendres, il est donc résulté un engrais *complet*, dans « lequel les plantes ont trouvé tout ce dont elles avaient be- « soin. »

Nous avons reproduit en italique le mot complet, sur lequel nous croyons devoir présenter quelques réflexions.

La spéculation, ordinairement si avide des théories, qu'elle ne dédaigne plus lorsqu'elle peut y trouver une source de profits plus ou moins légitimes, pourrait bien se prévaloir des idées d'un grand maître pour tenter de nous fabriquer des engrais *complets* au moyen du salpêtre, des phosphates et des cendres, sans s'apercevoir qu'un pareil engrais serait absolument *incomplet* dans les conditions culturales ordinaires, c'est-à-dire à défaut de pouvoir employer, comme M. Boussingault, l'eau saturée d'acide carbonique gazeux, à laquelle l'éminent agronome a dû nécessairement recourir pour dissoudre le phosphate de chaux, et afin que la plante puisse s'assimiler le carbone dont elle avait besoin.

La seule conclusion que nous puissions tirer de ce premier fait est qu'il importe peu que l'acide carbonique soit fourni directement à la végétation, ou qu'il provienne de la décomposition des matières végétales ; car l'emploi de ces dernières dans la fabrication des engrais n'a d'autre but que de fournir *économiquement* l'acide carbonique dont les plantes ne sauraient se passer. Et si demain, par exemple, il était démontré qu'il y a avan-

former, comme nous l'avons déjà dit, un acide que l'on a appelé azotique. Nous savons également que c'est en s'unissant à la chaux, que l'acide phosphorique donne du phosphate de chaux ; or, dans l'expérience qui nous occupe, l'azotate de potasse employé n'est autre que le résultat de la combinaison de l'acide azotique avec la potasse, de même que le carbonate de potasse est le produit de la combinaison formée par l'acide carbonique et la potasse.

L'azotate de potasse n'est donc pas autre chose que le salpêtre, de même que le carbonate de potasse constitue le sel alcalin provenant du lessivage des cendres.

tage réel à remplacer l'azote des fumiers et des engrais par l'azote du salpêtre, et à remplacer également les matières végétales par un courant lent, mais continu, d'acide carbonique et d'air que des tuyaux distribueraient dans la couche arable, nous pensons, d'après les résultats obtenus par M. Boussingault, qu'une telle application présenterait de nombreuses chances de réussite; car, qu'on veuille bien le remarquer, nous avons, dans cette dernière expérience, *toutes* les conditions que réunissent les engrais complets, c'est-à-dire une source continuelle d'acide carbonique, de l'azote assimilable, des phosphates, de la potasse, et toutes les autres matières minérales nécessaires à la constitution et au developpement des végétaux. Et il est si vrai que, dans cette circonstance, l'acide carbonique absorbé par l'eau d'arrosage est venu remplacer celui que fournissent ordinairement les engrais végétaux, que M. Boussingault, dosant plus tard les quantités de carbone fixé par chaque plante, dit avec raison que ce « carbone ne saurait avoir d'autre origine que l'acide carbonique. »

Dans les fumiers, comme à l'égard des autres engrais dans lesquels existent des matières animales dont la décomposition produit de l'ammoniaque, les débris végétaux sont indispensables, parce que l'humus tempère la décomposition des matières animales, dont il règle en quelque sorte le mouvement, parce qu'il retient une partie de l'ammoniaque qui, sans lui, se répandrait en pure perte dans l'atmosphère, et parce qu'enfin il distribue cette ammoniaque à la plante, à mesure de ses besoins; mais dans l'expérience de M. Boussingault, il n'y a pas de matières animales, il n'y a pas de déperditions ammoniacales à redouter, puisque l'azote n'est pas là à l'état d'ammoniaque volatile, mais bien à l'état d'azotate, c'est-à-dire de sel dont l'azote ne peut se volatiliser.

Tout ceci nous montre combien le discernement est indispensable dans l'examen des faits qui intéressent le plus la pratique agricole ou la science des engrais, et avec quelle réserve on doit éviter d'aller au delà de la pensée d'autrui, car les conclusions de M. Boussingault, loin d'infirmer les faits admis à l'égard de l'alimentation végétale, les affirment au contraire de la manière la plus heureuse, ainsi que nous allons le voir.

M. Boussingault a voulu se rendre compte « de l'action si dé-« cisive des matières azotées assimilables, sur la formation des « organes et des principes immédiats des végétaux; action telle-« ment prononcée que le poids de l'organisme élaboré par une « plante donne en quelque sorte la mesure de l'engrais azoté « dont elle a disposé. Tout cela est si vrai, qu'une graine assez « ténue pour que l'albumine ne s'y trouve qu'en proportion « pour ainsi dire indispensable, produit, dans un terrain stérile, « un individu dont le développement ne va pas au delà de l'ap-« parition des feuilles primordiales, et qui conserve cette forme « embryonnaire pendant des mois entiers, attendant l'engrais « indispensable pour constituer le tissu azoté sans lequel il ne « saurait croître, parce qu'il ne peut pas fonctionner; ... comme « si l'extension de son organisme se trouvait limitée par la quan-« tité de principes azotés que comporte la graine. »

Il suffit de jeter les yeux sur les trois figures que nous venons de reproduire, pour se convaincre de la rigoureuse exactitude des faits énoncés par M. Boussingault, et desquels il résulte encore que dans un sol absolument stérile dans lequel l'acide carbonique intervient *seul*, la plante peut bien prendre à ce dernier une partie du carbone dont elle a besoin pour se constituer, mais qu'à défaut de tout autre agent nutritif on n'obtient qu'une *plante-limite* représentant le végétal constitué avec le moins possible de matière, et dans lequel l'analyse ne décèle guère que la quantité d'azote de la graine elle-même. D'où cette conclusion que l'acide carbonique, ou plutôt le carbone seul est insuffisant pour entretenir la végétation.

Dans la seconde expérience B, la composition du sol étant toujours la même, on y ajoute également de l'acide carbonique, puis toutes les autres matières minérales nécessaires à la végétation, à l'exception seule de l'azote, et on n'obtient, comme dans le premier cas, que de pauvres petites plantes, chétives et maigres, auxquelles pourtant on trouve une hauteur de 13 et 14 centimètres, au lieu de 11 et 13, et 0gr.391 de matière végétale produite, au lieu de 0gr.285 qu'avait donné l'expérience A. Dans cette même expérience A, le carbone fixé par la plante ne représente que 211 centimètres cubes d'acide carbonique, tandis que dans l'expérience B, le chiffre s'élève à 283 centimètres cubes.

D'où cette autre conclusion que l'acide carbonique, le phosphate de chaux des os rendu soluble et associé à la potasse et à toutes les autres matières minérales, sont également impuissants à satisfaire aux besoins de la végétation, et que leur mélange ne constitue également qu'un engrais incomplet; mais que, cependant, la présence des sels a suffi pour déterminer la fixation d'une plus grande quantité de carbone, au profit du végétal mis en expérience.

Enfin, dans la troisième expérience C, les mêmes matières que celles de l'expérience B sont employées, mais seulement avec une addition de 0gr.1960 d'azote, et immédiatement les tiges des plantes prennent un développement considérable. Le poids de la récolte sèche, qui n'était que de 3gr.6 dans la première expérience, et de 4gr.6 dans la seconde, s'élève à 198gr.3, de même que les plantes atteignent une hauteur de 64 et 74 centimètres.

Cette dernière opération nous amène donc à conclure que l'azote seul suffit pour compléter les qualités qui manquent aux matières végétales et minérales et pour leur communiquer toutes les propriétés d'un engrais complet; mais qu'en résumé, il faut tout à la fois une source constante d'acide carbonique, de l'azote assimilable, du phosphate de chaux soluble, de la potasse et *tous* les autres principes minéraux des récoltes qui existent dans le fumier de ferme.

« L'influence de l'engrais azoté sur le développement de l'or-
« ganisme végétal ressort ici, dit M. Boussingault, de la ma-
« nière la plus nette. Les hélianthus, dont le sol avait eu du sal-
« pêtre, du phosphate de chaux et des cendres, ont atteint la

« croissance qu'ils auraient acquise en poussant dans de la bonne « terre. Des graines qui ne renfermaient que 0gr,019 d'albumine « ont produit, par l'effet de l'azote du salpêtre, des plantes dans « lesquelles il y en avait plus d'un gramme, c'est-à-dire cin- « quante-trois fois plus que n'en contenait la graine. Ces résul- « tats prouvent que, pour concourir activement à la production « végétale, le phosphate de chaux et les sels alcalins doivent « être associés à une substance pouvant fournir de l'azote assi- « milable. Le fumier, l'engrais par excellence, offre précisément « ce genre d'association.

« Ce que cette seconde série de recherches a de frappant, « c'est de montrer non-seulement combien une substance azotée « introduite dans le sol contribue à l'accroissement du végétal, « mais encore combien la matière organique élaborée par la « plante augmente par l'intervention de la plus minime quan- « tité d'azote assimilable.

« On peut aussi se convaincre, en consultant les nombres ex- « primant la quantité de carbone fixée par les hélianthus, que « la décomposition du gaz acide carbonique a été d'autant plus « prononcée que la plante avait à sa disposition plus d'azotate « de potasse, ou, si l'on veut, plus d'engrais azoté. »

Ce dernier point montre combien les observations pratiques recueillies par les agriculteurs à l'égard du mode d'action du guano et des poudrettes (p. 93 et suivantes) sont exactes, puisqu'ici encore, la végétation a pris d'autant plus de carbone qu'on lui a fourni plus d'azote assimilable. D'où cette autre conclusion que l'emploi des engrais très-azotés a bien pour résultat de déterminer une surexcitation vitale qui amène l'épuisement du sol, en le dépouillant de l'élément carboné qui constitue toute la richesse et toute la fécondité de la terre végétale.

Tous ces faits, on le voit, sont bien l'affirmation des idées que nous avons soutenues à l'égard de l'alimentation végétale et du rôle des engrais, à savoir que *rien* n'est possible, économiquement, sans le concours des engrais complets; que c'est se faire une étrange et dangereuse illusion que de croire le contraire, parce que chacun des agents qui concourt au développement des récoltes n'a, isolément, qu'une importance particulière, et qu'il faut *absolument* la réunion de *tous* pour constituer un engrais aussi complet que le fumier de ferme, c'est-à-dire une source constante d'acide carbonique, de l'azote, des phosphates, des alcalis, de la silice, etc.; mais, en réalité, l'azote, nous en avons ici une nouvelle preuve, est certainement l'agent le plus précieux, le plus rare, le plus cher, celui qu'il importe le plus de fournir abondamment aux engrais.

Puisque l'azote est l'agent fertilisateur par excellence, puisqu'il communique aux engrais leur plus grande valeur agricole, et aux produits du sol leur plus grande puissance nutritive, le cultivateur doit donc se considérer comme un industriel qui achète, ou qui prépare lui-même de l'*azote-engrais* pour le faire ensuite façonner par sa terre, qui le lui rendra plus tard à l'état de récolte.

Pour réussir, il y a trois conditions à observer; acheter, ou fabriquer au plus bas prix possible l'azote-engrais, lui faire produire dans la culture le plus qu'on peut, et vendre enfin le plus cher possible. Cette dernière condition est généralement la mieux remplie, et pour celle-là nous croyons n'avoir rien à apprendre à personne. Quant à la première, de laquelle dépend naturellement la seconde, nous allons l'examiner, et nous la résumerons dans les termes suivants : réunir *économiquement* les différents corps que nous venons de désigner, les grouper dans l'ordre où ils se trouvent dans le fumier de ferme, afin qu'ils acquièrent la même utilité agricole que celui-ci, voilà le but à atteindre. Qualité et bon marché, voilà pour la conclusion, parce que, suivant l'expression vraie de J.-B. Say, « la meilleure ligne « de conduite à suivre est celle qui donne au meilleur marché le « plus de jouissances possibles. »

FIN DE LA DEUXIÈME PARTIE.

TROISIÈME PARTIE

FABRICATION ÉCONOMIQUE DES ENGRAIS

CHAPITRE Ier

DES ENGRAIS LIQUIDES.

§ 1.

Aperçu général sur l'origine et la nature des engrais liquides.

> « Les méthodes qui assurent le succès sont les
> « meilleures ; ce sont elles qui doivent être pré-
> « conisées dans les livres ; mais il y a encore
> « d'autre mérite que celui d'avoir réussi. Pour
> « nous, nous aurons toujours en plus haute estime
> « celui qui, par des recherches, par des expé-
> « riences, par des tentatives nouvelles, aura
> « trouvé le moyen de faire avancer la science et
> « progresser l'art agricole. »
>
> J. Barral.

Les engrais liquides sont d'origine et de nature différentes. Les principaux sont : les urines ordinaires et celles ayant servi au dessuintage des laines ; les eaux vannes des vidanges ; les bouillons gélatineux de la cuisson des os ou des animaux abattus ; les eaux ammoniacales des usines à gaz et à schiste ; les eaux acidules des fabriques de gélatine d'os; les lessives épuisées des savonniers et les liquides résultant du traitement des eaux savonneuses ou de dégraissage des déchets de laine.

Viennent ensuite les lessives provenant du blanchissage du linge; les eaux ménagères et celles qui ont servi au rouissage du chanvre et du lin, ainsi que les eaux des féculeries, distilleries, boyauderies, etc., etc.

Ce que nous savons déjà des engrais en général va nous permettre de classer ceux-ci d'après leur nature, abstraction faite des quantités plus ou moins considérables d'eau que ces liquides renferment.

Cette nomenclature pourrait en quelque sorte s'étendre à l'infini, puisqu'elle comprend jusqu'aux eaux de lavage de tous les établissements où l'on opère sur des matières animales ou végétales, et même sur des matières salines; mais on comprend que nous n'entrions pas dans de pareils détails, absolument inutiles d'ailleurs, puisqu'en réalité le mode d'emploi de chacun de ces liquides peut être ramené à un ou deux des procédés que nous allons indiquer.

Nous pouvons ajouter enfin qu'à l'égard des différentes industries soumises aux autorisations, et considérées comme insalubres ou incommodes, toutes les eaux fortement chargées des matières étrangères qui les souillent, peuvent être considérées comme des engrais liquides, à l'exception toutefois de celles qui contiennent des poisons.

En résumé, chacun de ces engrais appartient à la classification générale qui suit :

Azotés, phosphatés et salins.	Urines ordinaires et purins.
	— du dessuintage des laines.
	— des eaux vannes de la vidange.
Azotés.	Bouillons gélatineux de la cuisson des os.
	— — des animaux abattus.
	Eaux ammoniacales du gaz et de la distillation sèche des schistes bitumineux.
Phosphatés et salins.	Eaux acidules des fabriques de gélatine d'os.

Salins.	Lessives épuisées des savonniers. Liquides de l'épuration des eaux de dégraissage.
Azotés et salins.	Lessives du blanchissage du linge. Eaux ménagères.

Tous ces liquides sont donc utiles, puisque, comme nous l'avons vu, la végétation réclame impérieusement l'azote, les phosphates et les matières salines qui constituent la base générale du fumier et des engrais, et qui communiquent à ceux-ci leur plus grande valeur agricole.

§ II.

Richesse et valeur agricole des engrais liquides.

« Ne laisse rien perdre de ce qui est utile
« à l'homme, aux bestiaux ou à la terre. »

JACQUES BUJAULT.

La valeur agricole de tous les engrais étant subordonnée à la richesse de ceux-ci en azote, en phosphates et en matières minérales, il s'ensuit que les urines tiennent le premier rang parmi les liquides que nous venons d'énumérer. Nous devons donc nous y arrêter spécialement, afin de pouvoir traduire en chiffres la valeur réelle qu'elles représentent.

Chacun connaît l'origine des urines. Leur composition est à peu près la même pour tous les hommes, mais la proportion d'eau qu'elles renferment dépend de diverses circonstances, notamment de l'âge des individus, du régime alimentaire auquel ils sont soumis, du plus ou moins d'élévation de la température au milieu de laquelle ils vivent, et du séjour plus ou moins prolongé des urines dans la vessie.

Voici d'ailleurs une première indication.

RICHESSE EN AZOTE DE DIFFÉRENTES URINES.

D'après les moyennes des analyses de MM. Boussingault et Liébig.

Origine des urines.	Azote sur 1,000 parties d'urine normale ordinaire.
Homme de 20 à 40 ans.	13 58
Vache..	15 51
Cheval.	13 16
Enfant de 8 ans.	6 94
Enfant de 8 mois.	3 20
Lapin..	0 61

Les mêmes dosages d'azote, répétés sur les résidus *secs* de ces urines, ont donné les résultats suivants :

Urine de l'homme. .	17 556 à 23 108	p. 100 d'azote.	
— du cheval. . .	12 500	—	—
— de la vache.. .	2 940 à 3 800		—

Il est peu d'excrétions de l'économie animale aussi bien connues que l'urine. Les hommes les plus illustres l'ont étudiée avec soin, et c'est à eux que nous devons de pouvoir aujourd'hui nous rendre un compte exact de la composition et de la valeur agricole de ces déjections.

Il résulte de 12 analyses d'urine humaine faites individuellement par MM. Berzélius, Simon, Lehmann et Lecanu, que la quantité maximum d'urine rendue par individu et par vingt-quatre heures est de $2^{k}.271$; le minimum est de 743 gr., et la moyenne est de $1^{k}.268$.

Les quantités d'eau qu'elles contiennent varient de 92.830 à 98 pour 100. La moyenne est donc de 94.584 pour 100.

Les quantités de matières solides oscillent entre 2 et 7.170 pour 100. D'où une moyenne de 5.516 pour 100[1], dosant, d'après M. Boussingault, 11.16 pour 100 d'azote.

Ces 5,416 se composent de :	Matières organiques. 3,951		Contenant, ensemble, les corps dont les noms suivent :
	Sels minéraux fixes.. 1,465		

[1] M. Chevalier fils n'a obtenu que 3.95 comme moyenne de 18 analyses d'urines différentes, dont les rendements ont varié de 1 à 6.70.

Urée	2 210	Ensemble 5,416 contenus dans 100 d'urine normale ordinaire, et représentant 68 gram. 67 par individu et par 24 heures[1].
Acide urique	0 096	
Acide lactique	0 152	
Chlorure de sodium (sel marin)	0 461	
Chlorhydrate d'ammoniaque (sel ammoniac)	0 095	
Sulfate de potasse	0 337	
Sulfate de soude	0 316	
Phosphate de soude	0 277	
Bi-phosphate d'ammoniaque	0 165	
Phosphate de chaux et de magnésie	0 083	
Silice	0 003	
Matière extractive, graisses, mucus, etc.	1 221	

Nous reviendrons bientôt sur quelques-uns des corps désignés ici, desquels nous ne pouvons nous occuper qu'après avoir constaté leur présence dans les urines de tous les bestiaux, et afin de rattacher les démonstrations qui vont suivre à tous les faits du même ordre.

Voyons maintenant les urines des herbivores.

COMPOSITION DES URINES DU CHEVAL.

(*Analyses de M. Boussingault.*)

Urée	31 00	1,000 parties.
Hippurate de potasse	4 74	
Lactate de potasse	11 28	
Bi-carbonate de potasse	15 50	
Lactate de soude	8 81	
Carbonate de chaux	10 82	
Carbonate de magnésie	4 16	
Sulfate de potasse	1 18	
Chlorure de sodium (sel marin)	0 74	
Silice	1 01	
Phosphates	0 00	
Eau et matières indéterminées	910 76	

Les urines du bœuf nous intéressent au même degré que celles qui précèdent. Voyons donc quels sont les différents corps qui la composent, et sans nous préoccuper, quant à présent, de la

[1] Nous empruntons ce résumé à un remarquable travail de M. Barral sur la question *Du sel et de son emploi en agriculture*, publié en 1848 par le *Journal d'agriculture pratique*.

valeur de quelques mots au sujet desquels nous allons fournir toutes les explications désirables, car nous tenons principalement à ce que rien ne reste incompris; seulement, il faut bien que nous désignions ces choses par leurs noms.

COMPOSITION DES URINES DE BŒUF.

(*Analyses de Sprengel.*)

Eau	928 37	1,000 parties.
Urée	40 00	
Albumine	0 10	
Mucus	1 90	
Acide benzoïque	0 90	
Acide lactique	5 16	
Acide carbonique	2 56	
Potasse	6 64	
Soude	5 54	
Silice	0 36	
Alumine	0 04	
Oxyde de manganèse	0 01	
Chaux	0 65	
Magnésie	0 36	
Chlore	2 72	
Acide sulfurique	4 05	
Phosphore	0 70	

M. Boussingault a obtenu de 24 kilog. 589 d'urine de vache 2 kilog. 782 de matières solides renfermant 1 kilog. 113 de cendres. Ce résultat ramène la composition de ces liquides aux chiffres suivants :

Eau	886 9	1,000 parties.
Matières organiques	73 1	
Cendres	40 0	

L'urine de vache, analysée également par Blande, a donné à ce chimiste la composition que voici, sur 682 parties de liquide [1].

[1] Liébig, *Chimie appliquée à la physiologie végétale et à l'agriculture.*

Eau.	650	682 parties.
Chlorure de potassium et sel ammoniac.	15	
Sulfate de potasse.	6	
Carbonate de potasse.	4	
Carbonate de chaux.	3	
Urée.	4	

Les urines du porc ont donné à l'analyse les résultats suivants :

COMPOSITION DES URINES DU PORC.

(Analyses de M. Boussingault.)

Eau et matières organiques indéterminées.	979 14	1,000 parties.
Urée	4 90	
Acide hippurique.	0 00	
Lactate alcalin.	indéterm.	
Silice.	0 07	
Bi-carbonate de potasse.	10 74	
Carbonate de magnésie.	0 87	
Carbonate de chaux.	traces.	
Sulfate de potasse.	1 98	
Phosphate de potasse.	1 02	
Chlorure de sodium (sel marin). . .	1 28	

Ces quelques analyses suffisent pour nous montrer que les urines sont essentiellement formées d'eau, de matières organiques azotées et de sels minéraux dont la composition est à peu près la même chez les animaux de même espèce.

Les matières organiques comprennent principalement le mucus vésical, l'acide urique, l'acide lactique, l'acide hippurique et l'urée. Cette dernière mérite de fixer spécialement notre attention, non-seulement parce qu'elle se retrouve dans toutes les urines indistinctement, mais encore parce qu'elle entre dans chacune d'elles pour un chiffre assez considérable, et qu'enfin c'est principalement de cette richesse que dépendent plus tard les quantités d'ammoniaque, et par conséquent d'azote que l'on retrouve dans les engrais.

Voyons donc ce qu'est cette substance.

L'azote que nous puisons dans nos aliments n'est absorbé que partiellement par l'organisme, et à l'effet de pourvoir au développement régulier des jeunes sujets, ou de réparer les pertes de toute nature, occasionnées par les fonctions ordinaires de la vie. Une partie de cet azote, c'est-à-dire l'excédant, est donc rejeté hors de l'économie. Il ne pourrait en être expulsé à l'état d'ammoniaque, car la causticité de ce corps attaquerait certainement la membrane muqueuse qui tapisse les conduits excréteurs, et occasionnerait de graves accidents. Mais la science incommensurable qui a présidé à la création de tous les êtres s'est encore révélée là avec la puissance infinie que nous lui connaissons. Au lieu d'un corps alcalin, la nature a formé un composé entièrement neutre, c'est-à-dire incapable d'exercer la moindre action violente sur aucune des parties des organes qui excrètent les urines.

L'urée est donc un corps neutre, solide, dissous dans les urines, et très-riche en azote, puisqu'il en renferme 46.66 pour 100.

La quantité moyenne d'urée produite en 24 heures par un homme adulte, s'élève de 30 à 40 gramm., représentant par conséquent $16^{gr}.331$ d'azote, ou l'équivalent de $19^{gr}.825$ d'ammoniaque, puisque 100 d'azote = 121.4 d'ammoniaque.

L'urine émise dans les conditions ordinaires de santé est faiblement acide, mais elle change rapidement selon différentes circonstances, et notamment sous l'influence d'une température ambiante un peu élevée. Les matières albumineuses et mucilagineuses qu'elle contient, agissent bientôt sur l'urée à la manière du levain de boulanger sur la pâte, c'est-à-dire comme un véritable ferment. L'urée, qui renferme tous les éléments de l'ammoniaque et ceux de l'acide carbonique, mais avec un arrangement différent, se désorganise sous l'influence de ce ferment, et l'acide carbonique s'unissant à l'ammoniaque donne naissance à du carbonate d'ammoniaque.

L'urine alors a cessé d'être acide, l'odeur piquante d'ammoniaque qui s'en exhale indique qu'un changement d'état s'est opéré, et que le liquide a acquis des propriétés nouvelles. En effet, il est devenu alcalin, comme l'est la potasse, la soude, la chaux, etc.; et comme tous les alcalis, l'ammoniaque s'est unie aux acides libres de l'urine, acide urique et acide lactique, pour produire en même temps de l'urate et du lactate d'ammoniaque. Et comme c'est à la faveur de ces acides que le phosphate de chaux était tenu en dissolution, il se dépose dès que la décomposition des urines commence.

Que l'urine provienne des hommes ou des animaux, la métamorphose qui s'opère est toujours la même, *toujours* l'urée est ramenée à l'état de carbonate d'ammoniaque, duquel nous nous occuperons bientôt. Seulement, à l'égard de l'acide hippurique que nous avons trouvé dans la plupart des urines des herbivores, et notamment dans celle du cheval, qui a donné son nom à l'acide dont nous nous occupons, la réaction est un peu différente, bien que, pour nous, les résultats diffèrent peu. Par l'effet de la putréfaction, l'acide hippurique se transforme en ammoniaque et en un acide faible, l'acide benzoïque, qu'il nous importe peu de connaître autrement que par son nom, parce qu'il n'a pour nous aucun intérêt direct.

Il résulte donc de ces faits que toutes les urines, sans exception, sont éminemment propres à fournir aux végétaux les principaux aliments dont ils ont besoin pour croître et multiplier, puisque nous y trouvons tout à la fois des matières organiques de nature animale, riches en azote, et toutes les matières minérales que les récoltes ont prises à la terre, pour se constituer.

Depuis longtemps, l'attention des agronomes et des praticiens s'est portée sur l'emploi des urines, avec lesquelles, en effet, on a obtenu, dans des circonstances particulières, des résultats remarquables. Nous disons : dans des circonstances particulières, parce qu'en effet on ne peut considérer les urines que comme des engrais fort incomplets, très-utiles sans doute, et pouvant aider puissamment à la fabrication d'engrais complets, mais enfin leur emploi *exclusif* serait entièrement impuissant pour entretenir à toujours la fertilité d'une terre parfaite.

Résumons, toutefois, les différentes qualités de ces liquides en nous aidant des tableaux publiés sur ce sujet par M. Girardin, de Rouen, dans un excellent petit livre que nous voudrions voir entre les mains de tous les cultivateurs[1].

COMPOSITION SUR 100 PARTIES D'URINE.

	D'homme.	De cheval.	De bœuf.	De vache.	De porc.	De chèvre.
Eau.	93.300	91.076	91.756	92.132	97.880	98.203
Matières organiq.	4.856	5.831	5.548	4.198	0.524	0.877
Matières minérales ou salines. . . .	1.844	4.095	2.696	3.670	1.596	0.920
	100.000	100.000	100.000	100.000	100.000	100.000

On voit que les urines peuvent être classées ainsi qu'il suit, d'après leur plus grande richesse en :

Matières solides.	Matières organiques.	Matières salines.
Urine de cheval.	Urine de bœuf.	Urine de cheval.
— de bœuf.	— d'homme.	— de vache.
— de vache.	— de cheval.	— de bœuf.
— d'homme.	— de vache.	— de porc.
— de porc.	— de chèvre.	— d'homme.
— de chèvre.	— de porc.	— de chèvre.

Nous venons de voir qu'en éprouvant la putréfaction, les urines contractaient des propriétés nouvelles, et que l'ammoniaque qui se produisait leur communiquait une alcalinité parfaitement tranchée. Cette propriété des urines a été mise à profit, avec autant de succès que d'économie, dans le dégraissage des laines en suint. L'ammoniaque, comme tous les autres alcalis, potasse, soude, chaux, etc., s'unit très-bien aux matières grasses, pour former des savons, puisque c'est sur ce principe qu'est basée la fabrication des savons en général ; or, pour opérer le dessuintage des laines, on étend d'eau les urines putréfiées, on les fait

[1] *Des fumiers considérés comme engrais.* Paris, 1847 ; prix : 1 fr. 25 c.

chauffer dans des chaudières avec les laines auxquelles on veut enlever les corps gras qu'elles retiennent, et de cette façon la laine conserve, après un lavage en rivière, une souplesse et un moelleux qu'aucun savon ne lui procure au même degré, ainsi que nous avons pu nous en convaincre personnellement.

Dans cette opération, les urines se trouvent affaiblies de toute la quantité d'eau avec laquelle on les mêle, et de toute la quantité d'ammoniaque qui se volatilise à une température voisine de l'ébullition; mais ces pertes paraissent amplement compensées par le riche apport de la laine en matières organiques azotées. Ces bains urineux constituent donc également de bons engrais liquides, pouvant être utilisés de la même manière et par les mêmes procédés que ceux que nous allons indiquer.

Les urines humaines qui ont séjourné pendant longtemps dans les réceptacles immondes où nous les déposons, acquièrent, au contact des matières solides qui les accompagnent, une valeur agricole infiniment plus considérable que celle qu'elles possèdent en restant pures de tout mélange; mais les masses d'eau avec lesquelles elles sont ordinairement noyées, et surtout l'incurie déplorable qui préside à leur aménagement, rend leur composition non moins variable que leurs richesses.

Ainsi, M. Chevalier père a trouvé depuis 14 jusqu'à 52^{gr} de matières solides par litre dans les liquides des bassins de Bondy, soit 1 kilog. 400 par hectolitre pour les premiers, et 5 kilog. 200 pour les seconds, ou une moyenne générale de 3 kilog. 300.

Les mêmes liquides, pris plus tard à la même source, ont donné à M. Chevalier fils, sur 11 échantillons, une moyenne de 23^{gr},30 par litre, ou 2 kilog. 330 par hectolitre. La teneur en azote a varié de 25 à 28 pour 100 d'après une moyenne de quatre analyses.

De son côté, M. Max. Paulet a publié, dans l'ouvrage où il traite spécialement de l'*engrais humain*, les résultats qu'il a recueillis sur ce sujet, et dont voici un premier aperçu[1] :

[1] M. Paulet a dû, pour cette classification, accepter le *charabia* des vidan-

	Degrés aréométriques.	Matières sèches p. 100.	
Vanne claire, ou petite lance.	2° 3	2 380	D'où une moyenne de 7k150 par hectolitre.
Vanne grasse.	5 7	5 210	
Petit bottelage.	4 4	6 356	
Fort bottelage ou bourbasse.	9 5	11 880	

A ces renseignements nous pouvons ajouter que le poids aréométrique *moyen* des liquides urineux extraits des fosses de Rouen, est de 3 degrés après filtration, et qu'ils nous ont donné 2.58 pour 100 de matières sèches.

Une autre indication nous est encore fournie par un rapport de MM. Chevalier père, Labarraque et Parent-Duchâtelet, constatant que ces savants ont opéré sur les liquides contenus dans cinq tonneaux de fosses mobiles, qui ont donné à l'analyse les résultats suivants :

		Matières sèches sur 1,000 parties d'urine.	Eau
Maison à Paris,	Faub. du Temple, chez une dame.	15	985
—	rue Martel, un seul ménage. . . .	11	989
—	Place des Victoires.	17	983
—	Ministère des finances.	17	983
—	Hôpital des enfants malades. . . .	19	981

D'où une moyenne de 1.60 pour 100 en matières sèches.

Enfin, M. Paulet a fait connaître, dans le tableau suivant la

Composition des eaux-vannes parisiennes, rapportée à 1 litre ou 1,000 *cent. cubes.*

Désignation des localités.	Poids du litre.	Sels après l'incinération.	Ammoniaque pure et sèche.	Ammoniaque du commerce 22 degrés.
Rue St-Denis, 128, à Paris.	1k0171	7gr405	6gr513	32gr115
Rue du Temple, 198. . . .	1 0112	7 284	4 224	20 827
Rue Saint-Denis, 174. . . .	1 0134	8 930	5 931	29 333
Rue Fontaine-Molière, 7. .	1 0135	8 375	4 463	22 003
Rue des Petites-Écuries, 55.	1 0105	5 359	4 529	22 331
Rue d'Aguesseau, 5.. . . .	1 0106	5 750	4 758	23 460

Il eût été plus juste, ou au moins utile, il nous semble, d'ex-

geurs; car, comme il le dit avec raison : « Le langage scientifique n'a point de mots qui puissent se substituer aux expressions techniques qu'il faut absolument connaître. »

primer la valeur agricole de ces liquides d'après leur richesse en azote ; et pour combler cette lacune, nous dirons qu'après avoir fait la conversion de l'ammoniaque pure et sèche en azote, nous avons trouvé les chiffres suivants :

Pour la 1re opération.	0.53 d'azote p. 100 de liquide urineux.		
2e —	0.34	—	Soit une moyenne de 0.445 d'azote.
3e —	0.49	—	
4e —	0.56	—	
5e —	0.37	—	
6e —	0.39	—	

De tous ces chiffres, nous pouvons conclure que les eaux-vannes des vidanges ou les urines pures ne dosent pas, dans leur état ordinaire, au delà de 0.50 pour 100 d'azote et 2.50 à 3 pour 100 de matières sèches ; mais que, privées des 97 pour 100 d'eau qu'elles renferment, elles possèdent une richesse considérable s'élevant depuis 15 jusqu'à 28 pour 100 d'azote.

Les bouillons gélatineux provenant du dégraissage des os destinés à la fabrication du noir animal ont une assez grande valeur. Ils sont ordinairement jetés après avoir servi à épuiser successivement trois charges d'os concassés, représentant environ trois fois le volume de ceux-ci pour un volume d'eau. Dans cet état, ils pèsent 3° à l'aréomètre, et nous ont donné 2.50 pour 100 de matière extractive dosant jusqu'à 17 pour 100 d'azote, soit, par hectolitre de bouillon pris au sortir de la chaudière, 0.416 d'azote.

Les bouillons résultant de la cuisson des animaux d'abattage sont plus riches. Ils sont ordinairement le produit de quatre forts chevaux ou de huit chevaux maigres, à la cuisson desquels on emploie de seize à vingt seaux d'eau, produisant en moyenne soixante seaux de bouillon pesant 5°, à la température ordinaire, et pouvant se prendre, par le refroidissement, en une masse gélatineuse. Ces liquides nous ont rendu, en moyenne, 4.65 pour 100 en matières extractives dosant 14.26 pour 100 d'azote, soit, par hectolitre de bouillon pris au sortir de la chaudière, 0.668 d'azote.

Les eaux ammoniacales des usines à gaz ont des richesses variables. Nous en avons fréquemment examiné, et les plus riches sont celles des condenseurs. Elles sont plus ou moins limpides, de couleurs diverses, souvent fauves, et quelquefois très-transparentes, mais toujours chargées d'huiles empyreumatiques à odeur pénétrante. Elles pèsent généralement de 3° à 4°, mais plus souvent 3°. Celles des laveurs présentent à peu près les mêmes caractères, mais elles pèsent 1°. Les usines à gaz les produisent généralement dans le rapport de 70 des premières, pour 15 des secondes.

Les eaux des condenseurs pesant 3° dosent 0.494 d'azote ou, en nombres ronds, demi pour 100. Il y en a certainement de plus riches, et nous en connaissons; mais il ne faut pas perdre de vue que nous ne devons nous attacher qu'aux moyennes, et prendre garde aux mécomptes qui résultent toujours d'évaluations trop élevées.

Les eaux ammoniacales des usines à schiste sont plus riches que celles provenant du gaz de houille; elles pèsent 5° à l'aréomètre et rendent industriellement 5 pour 100 de sulfate d'ammoniaque commercial correspondant à 1.06 pour 100 d'azote au moins, car avec les meilleurs appareils employés à la fabrication du sulfate d'ammoniaque, on ne recueille jamais la totalité de l'azote, mais les raisons que nous venons de déduire nous autorisent, par prudence, à maintenir ce dernier chiffre.

Les eaux acidules des fabriques de gélatine d'os tirent leur valeur agricole, non plus de l'azote, mais principalement du phosphate de chaux, et accessoirement d'un autre sel de chaux sur lequel nous reviendrons en temps utile. Leur richesse en phosphate de chaux est également très-variable, selon les espèces d'os employés, comme selon la température et les différents soins apportés dans la fabrication. Les liquides provenant des cornillons sont les plus pauvres; ceux que donnent les os de mouton sont au contraire les plus riches.

Le degré aréométrique de ces liquides oscille entre 14 et 18°. Voici les différents rendements que nous avons obtenus du traitement de ces liquides, et pour des moyennes qui portent sur plusieurs centaines de mille de kilogrammes.

A 14°. .	8k500 par hectolitre.	A 16°. .	10k750 par hectolitre.
A 15°. .	9 316 —	A 17°. .	11 870 —
A 15°50.	9 850 —	A 18°. .	12 800 —

En prenant la moyenne de ces rendements, nous trouvons un chiffre de 10k650 par hectolitre.

Les lessives épuisées des savonneries où se fabriquent les savons durs ne constituent plus que des engrais salins, dont la soude forme la base principale. Ces liquides contiennent bien quelques matières organiques en dissolution et quelques principes fournis par les graisses, notamment la glycérine; mais l'azote *total* de ces matières présente un chiffre trop insignifiant pour que nous ayons dû en tenir compte.

Le degré aréométrique moyen de ces lessives est de 13°50. Le minimum est 10°, et le maximum 17°, pour la savonnerie de Paris. A Marseille, le degré moyen n'est que de 10.

La savonnerie et la parfumerie parisiennes produisent, ou plutôt jettent annuellement sur le pavé, de 4 à 6,000 hectolitres de ces lessives, contenant chacun 12k500 de carbonate et de sulfate de soude mélangés à un peu de sel marin, soit, au total et par an, 50,000 kilog. de ces différents sels. La savonnerie de Marseille, comprenant quarante à quarante-cinq fabriques, perd annuellement 60,000 hectolitres de ces lessives, représentant 600,000 kilog. des divers sels que nous venons d'énumérer, ou 10 kilog. par hectolitre.

Quant aux lessives provenant du blanchissage du linge, nous ne pouvons les considérer comme choses industrielles. Nous ne les mentionnons ici qu'au point de vue de l'utilité particulière de chacun, et parce qu'à la campagne elles sont entre les mains de tout le monde. On ne s'en occupe pas, et on a tort, parce qu'elles ont très-souvent une valeur plus considérable que les purins des fumiers, non-seulement à cause des quantités importantes de matières organiques azotées qui y sont en dissolution, mais encore à cause de la potasse dont les végétaux ont toujours besoin. Les hommes qui savent se rendre compte de tous ces faits se gardent bien de laisser perdre ces liquides ; mais malheureusement il n'en est pas de même partout et pour tout le monde. Ce n'est là qu'un détail, disent les indifférents. Il n'y a pas de détails inutiles dans une exploitation quelle qu'elle soit, et le mérite du maître est de savoir embrasser les plus petits détails, même ceux qui procurent les plus petits profits.

S'il n'y a pas de petits bénéfices, il n'y a pas non plus de petits enseignements, et nous ne devrions jamais oublier que sans un mauvais fragment de fer à cheval ramassé à propos, suivant le conseil du divin Maître, l'un des apôtres du Christ fût resté en proie aux ardeurs dévorantes de la soif; or, c'est en restant fidèle à ces sublimes enseignements, en ramassant les choses perdues, en allant chercher les non-valeurs commerciales qui ont une valeur agricole sérieuse, que nous pourrons en tirer des avantages légitimes, tout en assurant la subsistance commune.

Résumons donc la valeur réelle de ces différents agents de fertilisation, pour nous occuper ensuite des moyens de les utiliser avec profit.

Nous avons vu précédemment qu'à l'égard du fumier de ferme le kilogramme d'azote revenait à 1 fr. 65 ; à ce taux, les engrais liquides qui nous occupent ont les valeurs suivantes :

	Azote pour 100.	Valeur agricole ramenée à celle du fumier.	
Urines et eaux-vannes de la vidange. . . .	0 50	0f 825	l'hectolit.
Bouillons gélatineux du dégraissage des os.	0 41	0 676	—
Bouillons provenant des anim. d'abattage.	0 66	1 089	—
Eaux ammoniacales des usines à gaz. . . .	0 49	0 808	—
— — — à schiste. .	1 06	1 749	—

A l'égard des eaux acidules des fabriques de gélatine, nous pensons que le phosphate de chaux des os ne saurait être estimé au-dessous de 15 fr. les 100 kilog., attendu que tel est le cours commercial, en France et en Angleterre, du phosphate de chaux des coprolythes. Donc :

	Phosphate de chaux pour 100.	Valeur agricole.
Eaux acidules des fabriques de gélatine.	10 650	1f 597 l'hectol.

En ce qui concerne les lessives perdues des savonniers, les différents sels de soude qu'elles renferment peuvent avoir, industriellement, une valeur égale à celle que l'agriculture accorde au phosphate de chaux ; mais comme la valeur des choses ne doit raisonnablement être subordonnée qu'à leur utilité particulière, et que l'utilité agricole des sels de soude est loin d'équivaloir celle du phosphate de chaux, nous pensons qu'il y a lieu à réduire cette valeur de moitié ; ce qui nous donne :

	Sels de soude pour 100.	Valeur agricole.
Lessives épuisées des savonniers, Paris. . .	12 500	0f 937 l'hect.
— — Marseille.	10 000	0 750 —

Chacun comprend, sans doute, que nous envisageons ici la valeur absolue de ces résidus, c'est-à-dire abstraction faite de l'eau qu'ils contiennent ; car, en donnant ces chiffres, nous voulons simplement dire : Voilà quel peut être le maximum de cette utilité ; et il est évident, en effet, que le cultivateur ou le fabricant d'engrais, qui achèterait 3 kilog. de poudrette, ou 10k.650 de coprolythes, ou 12k.500 de sel de soude, n'aurait pas à transporter inutilement 90 et 97 kilog. d'eau, desquels il faudra ensuite qu'il se débarrasse. Il faut donc déduire de la valeur ci-dessus le transport à effectuer et les frais de fabrication nécessaires pour amener chacune de ces choses à leur valeur absolue, à moins toutefois qu'elles puissent être employées sur place et dans leur état ordinaire.

§ III.

Des différents modes d'emploi des engrais liquides et de la préparation de l'humus.

> « M. Liébig a rendu service à la science en « faisant ressortir l'influence des sels comme « stimulants de la végétation, et comme éléments « constituants de quelques principes élémen- « taires ; MM. Boussingault et Payen ont été « fondés à dire que la valeur d'un engrais s'ac- « croît avec sa richesse en matières azotées, « mais celui-là a bien plus raison encore qui « proclame que l'engrais par excellence est « celui qui renferme en même temps tous les « éléments essentiels, savoir : l'humus, les sels « et la matière azotée. »
>
> E. Soubeiran.

Les engrais liquides sont le désespoir du fabricant d'engrais, qui sait que les matières extractives des urines ont une valeur agricole *supérieure* à celle du guano le plus riche, mais desquels il ne peut tirer aucun parti utile, à défaut de connaître des moyens économiques permettant de se débarrasser facilement de l'énorme quantité d'eau que contiennent ces liquides.

Nous avons vu en effet, d'après le tableau de la richesse en azote des différents engrais (p. 120), que l'urine desséchée des urinoirs publics, ou vespasiennes, dosent 16.835 d'azote, qui, au prix ordinaire de l'azote des fumiers, soit 1f.65 le kilog., représente 27f.80 par 100 kilog. de ces résidus. D'une autre part, l'analyse de l'urine par Berzélius nous montre 5.59 de phosphates divers contenus dans 67 grammes d'urine sèche, ou 8.35 pour 100, qui, au prix de 15 fr. les 100 kilog., donnent 1f.25. Soit : valeur totale des 100 kilog. d'urine sèche, ramenée à la valeur agricole du fumier de ferme, 29f.05.

Si nous ramenions comparativement ces chiffres à ceux de la richesse et du cours commercial actuel du guano du Pérou, nous aurions une valeur totale de 63 fr. 60, ainsi que le prouvent les chiffres suivants :

16 853 d'azote à 3 fr. 70 le kil. . . . = 62f 35 } Valeur totale des 100 kil. d'urines sèches, [illegible] du guano, 63 fr. 60.
8 350 phosphates div. à 15 fr. 100 kil. = 2 25 }

C'est donc une valeur agricole excédant de 23f.60 celle du guano du Pérou, et pour un même poids, ou 59 pour 100 de plus, puisque ce dernier est coté à 40 fr. les 100 kilog., et que sa valeur *commerciale* est représentée comme suit :

10k d'azote à 3 fr. 70 le kilog . . . . = 37f } Valeur commerciale du guano du Pérou, 40 fr. les 100 kilog.
20k phosphates à 15 fr. 100 kilog. . . . = 3 }

Ceux qui trouvent *avantage* à employer du guano à ce prix ont bien tort de ne pas concentrer des urines, dont les 100 kilog. ne coûteraient guère que 20 fr., ainsi que nous allons l'établir, et comme l'a fort bien dit M. Payen : « Si nous ajoutons ici que « les substances contenues dans les urines offrent une composi-« tion analogue à celle du guano riche et non falsifié, nous « aurons démontré d'un seul mot toute l'utilité de ces liquides « et l'importance de les utiliser sans déperdition. »

Le moyen le plus direct d'utiliser ces liquides est celui auquel tout le monde a pensé d'abord, c'est-à-dire l'évaporation au moyen du combustible. M. de Gasparin s'exprime ainsi sur ce sujet : « Un kilog. de charbon vaporise 6 kilog. d'eau ; ainsi « 100 kilog. d'urine contenant 93 kilog. d'eau emploieraient « 16 kilog. de charbon ; on aurait pour ce prix et celui de la « main-d'œuvre, 7 kilog. d'extrait d'urine contenant 1k.40 d'a-« zote. La houille étant à 2 fr. les 100 kilog., 16 kilog. coûte-« raient 0f.32 ; il faudrait compter autant pour la main-d'œuvre ; « total, 0f.64. Ainsi le prix du kilogramme d'azote serait 0f.45 ; « mais il faudrait y ajouter le prix du transport [1]. »

L'intention de M. de Gasparin était au moins fort louable, mais M. Max. Paulet a fait du rigorisme à l'égard de ces chiffres, et il les a jugés, non au point de vue de l'intention, mais au

[1] *Cours d'agriculture*, t. I, p. 338.

point de vue des faits. Voici les réflexions et les chiffres de M. Paulet ; nous ferons comme lui, nous les examinerons au point de vue des faits : « Je ne sais à quelles localités peuvent « s'appliquer ces indications (celles de M. de Gasparin). J'ai éta- « bli, pour la ville de Paris, le compte suivant, bien différent « de celui de M. de Gasparin. Les liquides urineux des fosses « d'aisances ont servi à mes expériences, et non point les *introu- « vables* urines pures, sur lesquelles ont été établis les calculs « du savant agronome, qui me semble avoir appliqué le pouvoir « évaporatoire *théorique* de la houille, comme s'il s'agissait de « vaporiser de l'eau pure.

« Un mètre cube de liquide urineux des fosses, choisi parmi « les plus riches et contenant encore des matières en suspen- « sion, produit de 30 à 35 kilog. de résidu salin ; il faut donc « vaporiser 965 kilog. d'eau. C'est à peine si 1 kilog. de houille « de bonne qualité réduit en vapeur 4 kilog. et demi de cette « eau retenue avec force, surtout à la fin de l'opération ; voici « le compte :

240 kilog. houille à 33 fr. les 1,000 kilog.	7f 92
Transport des urines jusqu'à la fabrique qui doit être située loin de Paris.	3 00
Sulfate de fer, main-d'œuvre, loyer, frais généraux, usure, etc.	6 00
	16 92

« Cet engrais reviendrait donc, dans Paris, à 50 fr. environ « les 100 kilog., lorsque le guano n'est vendu que 25 fr. »

En 1835, époque de la publication de l'ouvrage de M. Paulet, le guano exotique se vendait 32 fr. les 100 kilog., *et non pas* 25.

Il faut véritablement y mettre du mauvais vouloir pour parler d'urines pures *introuvables*, quand partout, dans toutes les villes de France, les budgets municipaux sont grevés de frais nécessités par l'entretien et la vidange journalière d'un nombre infini de petits tonneaux que l'on rencontre dans toutes les rues, et quand il est notoire que dans *tous* les établissements publics, hôpitaux, casernes, prisons, théâtres, pensionnats, usines, etc., il en est encore de même.

L'objection soulevée par M. Paulet à l'égard des quantités d'eau vaporisée *industriellement*, pour un poids donné de charbon, nous paraît fondée, et nous savons par expérience directe que, pour évaporer à siccité des liquides de cette nature, on ne dépense pas moins de 25 à 30 pour 100 de leur poids en bons charbons belges, et avec les foyers les mieux entendus. L'estimation de 20 pour 100 n'est guère applicable qu'aux fabriques de sucre qui concentrent à feu nu; et en indiquant 22 pour 100, M. Paulet admet certainement les conditions les plus favorables, mais tous les autres chiffres de M. Paulet sont sujets à révision. Voici les preuves à l'appui :

Charbons de Mons *tout-venant*, de la Cie l'Union, pris à la fosse.	16f 73 1,000k.
Droits de douane.	1 85
Fret, jusqu'à la Villette.	8 75
Débarquement et chargement sur voiture.	0 75
Transport à la fabrique, à 16 kilomètres.	1 80
Déchets et pertes, 2 pour 100, buvette, etc.	0 65
	30f 55
A déduire : escompte 2 pour 100 sur 16 fr. 73.	0 55
Prix net des 1,000 kilogrammes de houille . . .	30f 00

M. Paulet a compté 33 fr., en raison sans doute de la variabilité des cours des charbons et du fret ; mais il n'en est pas de même à l'égard des estimations du même auteur sur le transport des urines hors Paris.

Nous reconnaissons avec M. Paulet la nécessité d'aller loin de la capitale, et nous admettrons 16 kilom., c'est-à-dire encore plus loin que Bondy ; mais, même dans ces conditions, nous ne savons où M. Paulet a pu puiser les éléments des chiffres avec lesquels il compte 3 fr. de transport par 100 kilog., quand en réalité nous ne trouvons que 1f.56. Voici les chiffres à l'appui;

ils sont fondés sur des vérifications que nous avons dû faire fréquemment dans différentes exploitations industrielles.

Trois chevaux transportent, à 8 kilom., en une demi-journée, y compris l'aller et le retour, ainsi que le chargement et le déchargement, 5,000 kilog., poids brut se décomposant comme suit :

Poids net de la voiture. . . . 1,500k (poids mort).	Ensemble, 5,000 kil.
— net des marchandises transportées. . . . 3,500k (poids utile).	

Ce qui donne, par jour et pour 3 chevaux, 7,000 kilog. de poids utile transporté à 16 kilomètres. Il n'est pas un seul industriel au fait de la question des transports qui puisse contester ces chiffres, ni ceux qui vont suivre, et desquels nous avons fait maintes fois la vérification.

Voyons quelle est la dépense journalière du matériel roulant, en y comprenant hommes et chevaux :

Nourriture	Avoine, 14 lit. par cheval et par jour[1], à 6f l'hect. .	0.84	Soit, par jour et par cheval, 2 fr.
	Foin, 2 bottes — — à 37 50 le ct.	0.74	
	Paille, 1 botte — — à 28 —	0.28	
	Son et recoupe.	0.14	

Soit, pour 3 chevaux et par jour.		6f 00
Ferrage, abonnem. à 20 c. par chev. et par jour, ensemb.		0 60
Vétérinaire, abonn. à 24 fr. par chev. et par an.	—	0 20
Médicaments, 30 fr. par an et pour 3 chev., soit, par jour.		0 08
Dépréciation des chevaux à 10 pour 100 l'an, valeur tot., 1800 fr.	—	0 [illegible]0
— des harnais à 30 pour 100 l'an, valeur tot., 360 fr.	—	0 30
— et entret. du mat. roul. à 10 p. 100, valeur tot., 1500 fr.	—	0 41
Ustensiles d'écurie à raison de 10 fr. par cheval et par an. . . .	—	0 08
Ensemb. p. nourrit. des 3 chev. et usure du matériel.		8 17 par jour.
Salaire d'un charretier à raison de.		2 75 —
Ensemble *net*.		10f 92

[1] On peut donner moins, mais *on ne doit pas* le faire lorsqu'il s'agit d'un service actif.

représentant la dépense nécessitée pour le transport de 7,000 kilog., poids utile, à 16 kilom. Soit : 1 fr. 56 les 1,000 kilog., ou 0 fr. 097 par kilomètre parcouru.

Nous ne comprenons donc pas le chiffre de 3 fr. trouvé par M. Paulet. Il y a aussi un immense intérêt agricole attaché à cette question, et elle mérite certainement qu'on l'étudie avec soin.

Poursuivons, et voyons ce que donnerait une production de 1,000 kilog. d'urines sèches par jour. M. Paulet a constaté que les eaux-vannes sur lesquelles il a opéré rendaient de 30 à 35 kil. en produits secs, soit une moyenne de 3.25 pour 100. Prenons ce chiffre. Il faudrait donc opérer sur 350 hectolitres par jour, pour avoir 1,000 kilog. d'urines sèches, dont le traitement exigerait :

Six chaudières de 5 mètres cubes de capacité, ou 50 hectol., en tôle de 4 millim. d'épaisseur, pesant chacune 500 kilog. Soit, ensemble, 3,000 kilog. à 130 fr. . . . . 3,900 fr.

Voilà à peu près tout le matériel de fabrication, car il suffit parfaitement au raffinage du sel, c'est-à-dire sans qu'il soit besoin de fourneaux ou de cheminées. Les chaudières d'évaporation reposent uniquement sur quelques dés en briques, et leurs fonds sont chauffés de la même manière que les capsules des laboratoires, sous lesquels on place une lampe à alcool ; seulement, on brûle des charbons maigres sous les chaudières des raffineurs de sel.

En ajoutant à ce premier chiffre une somme de 2,000 fr. pour l'installation, on a ainsi toute la dépense nécessitée par le dessèchement des urines. Soit donc, en nombres ronds. 5,000 fr.

Auxquels il faut ajouter les 5 voitures et les 15 chevaux indispensables pour transporter par jour, à 16 kilom., 350 hectol. d'urine. Donc :

15 chevaux à 750 fr. l'un, accessoires compris. .	11,250
5 voitures à 1,500 l'une.	7,500
Approvisionnements en fourrages et combustibles.	2,350
Ensemble pour l'installation. . .	30,000 fr.

Voyons les frais de fabrication.

Dans les raffineries de sel, un seul ouvrier suffit parfaitement pour soigner deux chaudières; soit donc, pour la main-d'œuvre,

3 ouvriers de jour à 3 fr.	9 f.	»
Deux ouvriers de nuit, à 4 fr.	8	»
Un contre-maître	5	»
Combustible à raison de 25 pour 100 du poids total à échauffer, soit 8,750 kilog. à 30 fr. les 1,000 kilog.	262	50
Location à raison de 1,200 fr.	3	29
Contributions. Assurances. Comptabilité, etc., à 1,500 fr. l'an, ou par jour.	4	11
Dépréciation annuelle de 20 pour 100 sur 3,900 fr.	4	11
Intérêts 5 pour 100 sur 30,000 fr.	2	14
Emballages.	6	»
Menus sels de sulfate de fer à raison de 2 kilog. par hectolitre[1], soit 700 kilog. à 6 fr.	42	»
	346	15
Transport des 35,000 kilog. d'urine à la fabrique, à raison de 1 fr. 56 les 1,000 kilog.; soit.	54	60
Prix de revient net de 1,000 kilog. urine sèche.	400 f.	75

Même en prenant les rendements indiqués par M. Paulet, nous ne trouvons donc que 40 fr. pour prix de revient des 100 kilog., et non 50 fr.; soit 20 pour 100 de moins.

Dans ces conditions, nous sommes bien au-dessus du chiffre de 20 fr. représentant la valeur agricole des urines sèches ramenées à la valeur du fumier de ferme; mais nous sommes encore de 23 fr. 60 par 100 kilog. au-dessous du prix commercial actuel du guano.

Qu'on veuille bien le remarquer : si au lieu des eaux sales de la vidange parisienne on opère sur les urines pures rendant 6.70 pour 100 de matières sèches, — et ce sont là les

[1] Nous justifierons bientôt l'utilité de ce sel, ainsi que les quantités à employer.

chiffres trouvés par le grand Berzélius, — les 350 hectolitres traités par jour produisent alors, pour le même prix, 2,345 kilog. d'urine desséchée. Mais laissons de côté les 345 kilog., afin d'éviter toute déception, et comptons seulement sur un rendement net de 2,000 kilog., que nous obtenons alors à raison de 20 fr. les 100 kilog., c'est-à-dire à 9 fr. au-dessous de leur valeur agricole certaine et certainement réalisable partout, puisqu'à raison de 29 fr. nous sommes dans les limites du prix du fumier. Donc, en fabricant, par jour, 2,000 kilog. seulement d'urine sèche coûtant 400 fr., et les vendant seulement au prix de la valeur agricole du fumier, c'est-à-dire à raison de 29 fr. les 100 kilog., on réaliserait ainsi un bénéfice de 180 fr. par jour, ou 64,800 fr. par an, et avec un capital qui, nous l'avons prouvé, n'atteindrait certainement pas le chiffre de 50,000 fr., et nous sommes certain de n'avoir rien oublié, sauf la commission payée aux intermédiaires.

Aujourd'hui que rien n'est fait encore à l'égard de cet important problème agricole, ces chiffres soulèveront certainement des doutes, et peut-être des incrédulités, malgré leur rigoureuse exactitude ; mais dans quelques années, alors que l'application en sera faite, chacun trouvera cela tout simple et déplorera que nous ayons dédaigné pendant si longtemps des valeurs aussi considérables, dont l'agriculture et le pays tout entier ont tant besoin. Celui qui a dit que nous n'étions que de grands enfants a dit bien vrai.

M. de Gasparin a donc raison contre M. Paulet, qui saura s'en consoler sans doute en songeant qu'il a doté la société d'un bon livre, et fait ainsi une chose utile; mais les résultats que nous venons d'indiquer étaient faciles à prévoir, même en procédant par voie d'induction, car l'eau de la mer ne rend guère au delà de 2 à 3 pour 100 de sel, et malgré un rendement aussi pauvre, les marais salants livrent encore le sel au commerce à raison de 10 fr. les 100 kilog., tandis que les urines rendent 6.50 pour 100 de matières sèches, valant 29 fr. les 100 kilog. Le doute n'était donc pas possible.

Qu'il nous suffise d'ajouter, sauf à revenir dans nos conclusions sur l'ensemble des chiffres et des faits que nous aurons mis en évidence, que l'azote ainsi obtenu reviendrait en fabrique à 1 fr. 12 le kilog., et comme suit :

(Analyses de MM. Boussingault et Payen.)		Ensemble, prix de revient net des 100 kil. urine sèche, 20 fr.
16 kil. 853 d'azote à 1 fr. 12.	18f 75	
(Analyses de Berzelius.)		
Valeur des 8k350 de phosphates divers à 15 fr. les 100 kil.	1 25	

En vendant 29 fr. les 100 kilog., le kilogramme d'azote serait livré à l'agriculture à raison de 1 fr. 644 comme le montre le relevé suivant :

Valeur des 16k853 d'azote à 1 fr. 644. . .	27 75	Ensemble, prix de revient au cultivateur des 100 kil. d'urine sèche, 29 fr.
Valeur des 8k 350 phosphates divers à 15 fr.	1 25	

La même quantité de guano coûterait 40 fr. au lieu de 29, soit, en faveur des urines, une diminution de prix de 11 fr. par 100 kilog., ou 27.50 pour 100 de moins sur le prix, et 132.80 pour 100 de plus sur la richesse du guano, puisque, pour le prix de 100 kilog. de guano du Pérou, soit 40 fr., le cultivateur aurait 138 kilog. de guano urineux, et que ce dernier lui donne 23 kilog. 280 d'azote, tandis que le guano du Pérou ne lui en donne que 10, ainsi que le prouvent les chiffres suivants :

138k guano urineux à 29 fr. les 100 kil. = 40 fr.
138k — dosant 16k 853 d'azote. = 23k 28 d'azote ou 40 fr.

Allons jusqu'au bout. Nous savons que les 10,000 kilog. de fumier de ferme employés annuellement par hectare, apportent au sol 40 kilog. d'azote, et que le guano du Pérou, dosant 10 pour 100 d'azote, doit être employé à la dose de 400 kilog. pour fournir les 40 kilog. d'azote dont le sol a absolument besoin ; or 400 kilog. à 40 fr. = 160 fr., représentant le prix de la fumure d'un hectare au moyen du guano, tandis que ces 40 kilog. d'azote sont contenus dans 240 kilog. de guano urineux, coûtant, à raison de 29 fr. les 100 kilog., 69 fr. 60. D'où une économie de 90 fr. 50 sur le guano du Pérou, et par hectare de terre, ou 56.50 pour 100.

Nous reprendrons dans nos conclusions l'ensemble de ces chiffres, qui portent avec eux leur moyen de contrôle, et dont chacun peut faire la vérification. Nous y avons apporté toute l'attention désirable, et si des objections devaient se produire, nous les accueillerions toujours avec empressement, et comme moyen de mettre en relief l'un des points qui intéressent le plus l'agriculture et la France elle-même; car chacun doit avoir à cœur d'affranchir le pays de la dime étrangère et des rançons indirectes que prélèvent sur l'agriculture des spéculateurs de toutes nuances, qui, malheureusement ne sont pas tous à Londres, ainsi que l'a courageusement indiqué M. Aug. de Gasparin, et ainsi que le pensent un grand nombre d'hommes sensés et d'esprits clairvoyants, dont nous avons précédemment rapporté les opinions que nous avons l'honneur de partager avec eux.

Nous ne voyons qu'une seule objection à opposer à l'exploitation agricole des urines, d'après les moyens que nous venons d'indiquer, c'est l'épouvantable odeur que répandent les urines chaudes; mais on peut certainement obvier à cet inconvénient, et par des moyens pratiques, ainsi que nous le prouverons lorsque que nous aurons montré, dans des faits certains et régulièrement constatés, l'importance des résultats que nous avons obtenus au point de vue de l'assainissement des usines les plus infectes, et de la salubrité des travaux les plus insalubres. *Labor improbus omnia vincit.*

Nous venons de voir que les liquides de la vidange en général, et notamment les eaux-vannes dont parle M. Paulet, ne sauraient être exploitées économiquement, dans les conditions que nous venons d'indiquer, et uniquement parce qu'elles sont noyées dans une grande quantité d'eau. Différents moyens ont été signalés et n'ont pas reçu d'exécution; d'autres ont été abandonnés, et en ce moment enfin, des hommes d'une grande valeur, et dévoués aux intérêts agricoles, font les plus louables efforts pour propager en France un nouveau mode d'emploi de ces liquides, pratiqué depuis longtemps en Angleterre, où il a donné, dit-on, jusqu'ici, des résultats satisfaisants.

Plusieurs auteurs ont conseillé l'usage des *bâtiments de graduation*, dont on se sert pour la concentration des eaux salées. Voici en quoi consistent ces constructions et le principe sur lequel est basé leur emploi. Nous empruntons la description et la figure au *Cours de Chimie* de M. Regnault, l'un de nos bons ouvrages classiques.

Les eaux de source salées sont amenées par des rigoles dans

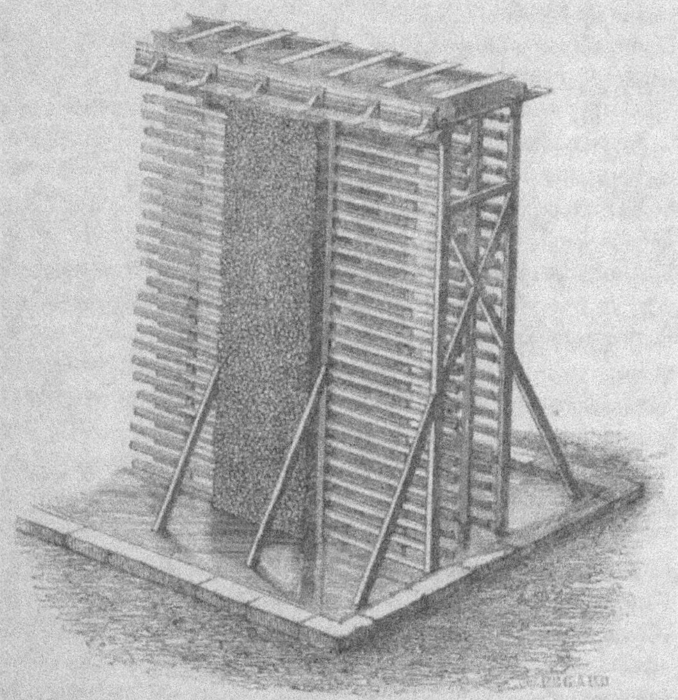

Figure 4.

de grands bassins de réception. Des pompes les élèvent à la partie supérieure de bâtiments particuliers (figure 4), qu'on appelle bâtiments de graduation, d'où on les fait couler lentement sur de larges surfaces exposées à l'action du vent, qui évapore une grande partie de l'eau. Les bâtiments de graduation consistent en de longues constructions de charpente, dont la plus grande face est exposée au vent qui règne le plus ordinairement dans la contrée, ou plutôt à celui qui produit la vaporisation la plus active. Le sol du bâtiment est formé par un grand bassin glaisé, destiné à recueillir les eaux qui ont été concentrées par évaporation. Les pièces de charpente sont établies sur des piliers en maçonnerie. L'intervalle des charpentes est rempli de fagots d'épine, comme on le voit sur la figure, de sorte que le bâtiment présente l'aspect d'un vaste mur de fagots de 10 à 15 mètres de hauteur et de 400 à 500 mètres de longueur.

Un canal supérieur règne tout le long de ce mur. Les pompes élèvent les eaux de la source dans ce canal; elles coulent de là sur les fagots d'épine par une foule de petits trous pratiqués le long des parois latérales du canal, et munis de petits ajutages. Ces eaux descendent ainsi lentement et se répandent en couches minces sur les branchages. Une grande partie de l'eau s'évapore, si l'air est sec et le vent convenable. On ne fait ordinairement couler l'eau que sur une seule face du bâtiment, sur celle qui est exposée à l'action du vent. Il est important néanmoins de donner une assez grande épaisseur au mur des fascines, afin de retenir, le plus complètement possible, les gouttelettes d'eau salée qu'un vent trop fort enlève toujours à l'eau descendante. L'épaisseur du mur est de 3 mètres à la base et de 2 mètres à la partie supérieure. Les eaux se réunissant dans le bassin inférieur, elles sont remontées de nouveau par d'autres pompes, qui les versent dans le canal supérieur d'un second bâtiment de graduation semblable au premier. Elles subissent ainsi une nouvelle concentration, une *seconde graduation*. Le plus souvent on les fait passer quatre à cinq fois de suite sur les bâtiments de graduation avant qu'elles aient acquis un degré de concentration qui permette de les évaporer par le feu.

La marche de la graduation dépend beaucoup des circonstances atmosphériques, notamment de la température, du degré de sécheresse de l'air, de la force et de la direction du vent. On amène les eaux par la graduation à renfermer 16 à 20 pour 100 de sel; on les recueille alors dans des bassins, d'où on les puise pour les évaporer dans les chaudières.

Nous n'avons indiqué ce procédé que pour montrer qu'il est éminemment économique; car nous le croyons inapplicable à la concentration des urines, à cause de l'odeur infecte que celles-ci répandent, même à de grandes distances. Cependant cet inconvénient pourrait être singulièrement atténué si les bâtiments de graduation, faisant face au vent dominant, avaient derrière eux un épais rideau de bois; car la puissance d'absorption des végétaux pour toutes les émanations de cette nature est telle, que l'inconvénient grave que nous signalons serait certainement atténué en grande partie[1].

Ce procédé fut employé à la dessiccation du sang des abattoirs de Paris, vers 1830; mais à défaut d'avoir observé les conditions que nous venons d'indiquer, l'infection résultant de ce travail amena de nombreuses plaintes et la suppression de l'établissement. Nous pensons donc qu'à moins d'un éloignement considérable de toute habitation et de la proximité d'un grand bois, dans les conditions que nous venons d'indiquer, on doit s'abstenir complétement de l'emploi de ce moyen pour tous les liquides de nature animale. La prudence le veut ainsi, malgré les opinions contraires.

Un autre procédé, plus simple dans la forme, mais détestable au fond, consistait à solidifier les urines au moyen du plâtre. C'est à ce mélange que l'on avait donné, assez improprement, le nom d'*urates*, ne contenant généralement que 0.36 pour 100 d'azote, c'est-à-dire moins que le fumier de ferme, et avec l'inconvénient de former un engrais dans lequel 99 pour 100 du

[1] Un bâtiment de graduation, fonctionnant dans des conditions favorables, peut évaporer, en vingt-quatre heures, 162 hectolitres d'eau, ou 16,200 kil. par chaque 100 mètres de longueur.

poids total était absolument inutile. C'était là une pauvre idée, et elle n'a enrichi ni ceux qui l'ont conçue, ni l'agriculture. Nous ne nommerons pas les inventeurs, parce qu'il y a des insuccès qu'il faut savoir respecter.

Enfin, depuis 1847, des tentatives sérieuses ont été faites en Angleterre pour utiliser directement les urines à l'arrosage des terres, ainsi d'ailleurs que cela se pratique dans le nord de la France, dans les Vosges, en Hollande et en Suisse, depuis un temps immémorial; seulement, au lieu de répandre ces liquides à la main, comme l'indique la figure 5, ou à l'aide d'un tonneau (figure 6), on les fait circuler dans des tuyaux ayant leur point de départ à un

Figure 5.

Figure 6.

réservoir central assez élevé au-dessus du sol pour que les liquides puissent jaillir avec une force suffisante permettant de faire tomber les urines en pluie. Cette idée peut devenir très-utile dans certaines localités, et nous allons nous y arrêter, afin de constater l'importance des résultats qu'on en a obtenus jusqu'ici, et la nature des objections que peut soulever l'application économique et agronomique de ce système, reposant tout entier sur la théorie bien connue du jet d'eau.

Cette invention, ou plutôt cette application nouvelle d'un moyen français parfaitement connu, attribuée d'abord à M. James Kennedy, paraît appartenir en propre à M. Chadwick; mais M. Kennedy n'en est pas moins le premier agriculteur qui en ait fait application, ainsi qu'il résulte de la très-intéressante relation du voyage de M. Moll, à la ferme de Myer-Mill, située à huit kilomètres de la ville d'Ayr (Écosse). La reconnaissance envers les hommes utiles ne doit point admettre de nationalités, parce que la vérité est de tous les pays, et que, pour rester fidèle à nos principes, nous rendons à César ce qui lui appartient. En ceci, nous ne faisons que suivre l'exemple de M. Moll, qui a commencé par déclarer que « c'est grâce à MM. les délégués de la Société d'Agriculture de Meaux, et surtout à leur digne président, M. Viollet, que cette exploration avait eu lieu dans un but d'utilité générale. »

Nous allons suivre le savant professeur du Conservatoire de Paris, et résumer sommairement ses observations. Le sol sur lequel ont été faits les premiers essais se compose d'un sable siliceux, parfois assez fin et mêlé d'argile, par conséquent d'une certaine compacité, qui repose tantôt sur un sous-sol perméable, mais plus généralement sur un sous-sol glaiseux imperméable. Un premier drainage à 0.50 de profondeur s'étant montré insuffisant, on en a pratiqué un second de $1^{m}.20$. Le climat est humide et frais en été, humide et froid en hiver. On faisait, dans cette ferme, du blé, de l'avoine et des turneps; un tiers de la surface en labour, et le reste en herbages permanents et en herbages temporaires. M. Kennedy payait 100 fr. par hectare de fermage. Passons à l'application.

Quatre immenses réservoirs couverts contenant ensemble

18,170 hectolitres ou 1,817 mètres cubes, représentant une contenance en poids de plus de 1,800,000 kilog., et munis d'agitateurs qui empêchent le dépôt des substances solides, reçoivent toutes les matières excrémentielles provenant du bétail. Les logements de celui-ci sont disposés de la manière la plus favorable pour l'écoulement de ces matières dans les réservoirs. Des dispositions bien appropriées permettent de supprimer la litière dans les boxes des bêtes à cornes et d'en diriger les excréments dans les réservoirs.

Toutes les matières excrémentielles sont ainsi transformées en engrais liquides qu'on laisse fermenter pendant trois ou quatre mois avant de les employer, temps durant lequel les agitateurs, en remuant souvent le mélange, empêchent la formation d'un dépôt et favorisent la décomposition des matières solides.

Une machine à vapeur de la force de douze chevaux, consommant pour 4f.62 de combustible en douze heures, fait mouvoir deux pompes à eau, les agitateurs des réservoirs et toutes les autres machines agricoles nécessaires à l'exploitation.

Nous ne parlerons pas des avantages raisonnés de ce système; nous jugerons sur la conclusion, c'est-à-dire d'après des chiffres. Ceci dit, poursuivons.

Tout le monde connaît le mode de conduite et de distribution de l'eau et du gaz dans les villes par des tuyaux. C'est là le moyen qui constitue l'application de M. Chadwick. Ces tuyaux ont de 5 à 7 centimètres de diamètre intérieur; ils partent de la ferme, rayonnent dans toutes les directions, et vont jusqu'aux parties les plus éloignées de la propriété. Une pompe foulante comprime le liquide dans l'intérieur des tuyaux. Chaque tuyau porte un raccord, sur lequel on visse un tuyau de gutta-percha, dont l'autre extrémité est munie d'une lance, comme celles des pompes à incendie.

Voici comment on procède. Un homme et un enfant, chargés du nombre de tuyaux nécessaires, vont sur le terrain qu'il s'agit de fumer. A un signal convenu, le mécanicien met en jeu la pompe foulante. Au bout de quelques instants, le liquide arrive, et l'ouvrier incline sa lance de manière à faire tomber le jet en pluie fine.

L'engrais liquide ainsi employé est de 436 hectolitres par hectare, et représente l'équivalent d'une pluie moyenne de plusieurs heures, c'est-à-dire une nappe liquide de 4mm.33 d'épaisseur. Il n'y a pas de règle absolue pour les quantités de liquide à employer; tout dépend des besoins. En général, M. Kennedy fume ses herbages après chaque coupe, et ses terres arables après chaque semaille; mais il fume, en outre, dans les intervalles, si cela est nécessaire, et il donne, en moyenne, de 6 à 12 fumures par an au même terrain. Un homme et un enfant fument, dans une journée de dix heures, 5 hectares. Les frais de main-d'œuvre ne s'élèvent qu'à 50 fr. par semaine. En été, on ajoute à l'engrais de grandes quantités d'eau, et, par ce moyen, on a un système bien complet d'arrosage.

L'étendue de la ferme est de 200 hectares. Voyons ce que coûte l'installation de ce système, d'après les données que M. Moll a pu recueillir sur les lieux :

Réservoirs	7,500f
Machine à vapeur	3,750
Pompes.	2,000
Tuyaux en fonte et regards.	25,000
Tuyaux de distribution en gutta-percha.	1,400
Ensemble. . . .	39,650f ou 198f25 par hect.

Voici l'état des dépenses annuelles :

Intérêt des amortissem. à 7f50 p. 100.	2,973f73
Salaires annuels.	2,600 »
Combustible.	1,462 50
Total. . . .	7,036f23 ou 35f18 par hect.

Dans une autre ferme anglaise, à Canning-Park, chez M. Telfer, l'installation a coûté 262f.50 par hectare, et les frais annuels ont été de 35 fr. pour la même surface. Là, le produit net, obtenu de l'application de ce système, a été de 1,000 fr. par hectare.

De 1852, époque de la mise en exploitation de cette méthode, à 1856, aucune grande application de ce système n'a été signalée en France. Est-ce un tort? C'est ce que nous allons pouvoir apprécier. Néanmoins, M. le général Morin a tenté, dit-on, quelques essais en Alsace, aux environs de Saverne, mais rien n'a transpiré sur la nature des résultats obtenus. Depuis cette époque, M. Hartstein, professeur de l'École d'agriculture de Popelsdorff, est allé également visiter Myer-Mill, et il nous a appris que les réservoirs à liquide coûtaient 7,500 fr. chacun, que leur capacité réunie était de 1,274 mètres cubes, et que la moyenne générale des arrosages était de 4 à 5,000 litres par hectare.

Les exploitations agricoles anglaises qui ont adopté ce système sont celles de M. Ralstom, à Dimduff; duc de Sutherland, à Trentham; M. Nelson, à Halevood, près Liverpool; M. Littledal, à Liscard, près Birkenhead; M. Huxtable, à Sutton-Waldron. Les moyennes, trouvées par l'ensemble de ces exploitations, ont donné à M. Hartstein les chiffres suivants par hectare : 131f.25 à 187f.50 pour le prix des tuyaux de fonte; 276f.70 pour la dépense d'installation; et enfin 37f.15 pour les dépenses annuelles.

Après un intervalle de quatre années, durant lequel les faits ont pu être observés attentivement, M. Moll s'exprime ainsi : « Depuis l'introduction du nouveau système de fumure, le rendement de toutes les récoltes s'est élevé d'une façon extraordinaire, surtout celui des fourrages, qui est aujourd'hui deux et trois fois plus fort qu'auparavant. M. Kennedy me donne, comme des moyennes, les chiffres suivants, dont l'aspect vraiment surprenant des récoltes suffisait, du reste, pour démontrer la réalité :

76,125 kilog. de turneps.	par hectare.
34 hect. 85 lit. de froment.	—
58 hect. 60 lit. d'avoine.	—
142,400 kilog. de fourrage vert, ray-grass.	—

« Mais ce qui frappe beaucoup plus que ces rendements, c'est l'énorme extension donnée au bétail et son alimentation abondante. On tient pendant toute l'année à Myer-Mill :

	Équivalents en têtes de gros bétail.
200 bœufs à l'engrais. . .	200
5 à 6 vaches laitières. . .	6
800 moutons.	80
165 porcs.	17
20 chevaux.	20
Total. . . .	323

« Ainsi, ajoute M. Moll, sur 202 hectares, on entretient et on alimente richement, pendant toute l'année, un nombre de bestiaux équivalant à 323 têtes de gros bétail, ou à peu près 1 tête 6/10e par hectare ; proportion énorme, et qu'aucune exploitation conduite par les procédés ordinaires ne paraît pas encore avoir atteinte.

« Si maintenant on jette un coup d'œil d'ensemble sur les diverses branches de l'exploitation et les résultats qu'elles fournissent, on ne saurait douter que, par suite de l'introduction du nouveau système, le produit net de cette propriété n'ait beaucoup plus que doublé. »

Avant de présenter les objections que peut soulever l'application de ce système, disons d'abord que nous déclinons toute compétence à l'égard de ces conclusions et de ces chiffres, que nous ne plaçons ici qu'à titre de renseignements utiles pour l'avenir, et parce que l'autorité de M. Moll est pour nous une garantie respectable. Les hommes spéciaux sauront bien juger sans nous ; mais pour conclure, à l'égard de ce qui est de notre compétence, épuisons d'abord les chiffres présentés à l'appui de ce système, et suivons toujours M. Moll :

« La ferme de Liscard, à M. Littledale, est de 162 hectares. Le ray-grass y donne, en fourrage vert, 25,375 kilog. par hectare. En ne supposant que quatre coupes et une réduction au cinquième par la dessiccation, on a encore un poids de 20,300 kilog.

de foin pour cette surface. C'est à ces rendements énormes en fourrages qu'est due la possibilité de tenir et de nourrir abondamment le bétail suivant :

	Équivalents en têtes de gros bétail.
90 vaches laitières et 2 taureaux. .	92
200 moutons.	20
100 porcs, la plupart à l'engrais. . .	20
12 chevaux.	12
Total en gros bétail. .	144 têtes.

M. Littledale assure que le revenu actuel de son exploitation s'est élevé à plus du double de ce qu'il était il y a dix ans. Le lait est vendu à raison de 27^{c}.5 le litre, et le beurre à raison de 3^{f}.20 le kilog. Ces chiffres, répartis sur le nombre de vaches, donne un produit annuel de 1,164 fr. par tête, ou 69,840 fr. pour la vacherie seulement, et sans compter les veaux.

Des résultats analogues ont été obtenus en Angleterre à la ferme de Clipestone comme à celles de Mairdrookwood, de Port-Kerry, de Clayton, de Halewood, de Canning-Park, et dans celle de M. Pusey.

M. Lecouteux, dont la compétence en pareille matière a été si souvent et si justement appréciée, constate que « ce sont là de « magnifiques résultats; mais on se demande quelle quantité « d'engrais résultera des fourrages obtenus, et quelle quantité « de ray-grass sera reproduit par cet engrais liquide? » Ce n'est pas tout : M. Moll, poursuivant l'examen du travail de M. Hartstein sur cette question, constate que ce sont particulièrement les plantes fourragères qui retirent le plus de profit de l'engrais liquide ; qu'au contraire celui-ci a une action beaucoup moindre sur les céréales ; qu'il en est à peu près de même dans toutes les exploitations qui ont adopté ce système, auquel on reproche de provoquer la *verse*.

Comme conclusion économique, basée sur des calculs faits par M. Hartstein et s'appliquant à l'Allemagne, il résulte que le chargement, le transport et l'épandage de 60 à 80 voitures de fumier, du poids de 850 kilog. chaque, oscille entre 47f.47 et 58f.96, pour une fumure de trois années, soit 17f.50 en moyenne et par an, tandis que, par l'emploi du système Chadwick, il en coûterait 17 fr. de plus par hectare et par an, mais que cette faible différence est compensée par le chiffre si élevé des augmentations de rendement en fourrages et en racines, augmentation telle, que ce système serait encore d'un avantage manifeste, dût cette différence être quatre fois plus forte[1].

A des chiffres on ne doit opposer que des chiffres, et nous en avons quelques-uns à présenter. Cette méthode, quelque bonne et lucrative qu'on la suppose, ne se propagera en France que très-difficilement, à cause du morcellement général de la très-grande majorité des fermes et de la dissémination des terres dans la plupart des communes. C'est là une première difficulté qu'il sera certainement impossible de vaincre; elle ne touche en rien sans doute à la méthode en elle-même, c'est-à-dire en ce qu'elle peut avoir d'applicable dans des conditions données; mais, même dans ce cas, il y a plus d'un côté du problème auquel il est bon de songer : à savoir, que le combustible, qui coûte à Myer-Mill 6f.15 les 1,000 kilog., coûterait plus de 30 fr. aux cultivateurs français, et que la dépense journalière, évaluée pour cet objet à 4f.62, coûterait en France 22f.50. C'est qu'en outre les machines à vapeur à basse pression, qui ne coûtent en Angleterre que 500 fr. par force de cheval, tout compris, ne coûtent guère moins de 1,000 fr. en France, et qu'il en serait à peu près de même pour les tôles employées à la confection des bassins et pour la fonte des tuyaux de conduite. Ces objections n'ont rien d'absolu, mais elles sont aussi sérieuses que fondées, et nous forcent à regretter que l'on n'ait pas présenté un état des dépenses et des frais annuels, calculé pour la France.

Bien des questions restent encore entières à l'égard de ce système. Sait-on bien quelle sera l'action de ces engrais sur les

[1] Pour l'exposition entière de ce système, voir *Journal d'agriculture pratique*, 2e semestre, 1857, pages 45 et 177; 2e semestre, 1856, pages 157-397 et 499; 1er semestre, 1857, pages 68-147 et 506.

organes extérieurs des végétaux et comment les feuilles de ceux-ci s'accommoderont du contact presque continuel des urines? Mais, ce qui est plus grave, c'est que l'on n'obtient ainsi que des engrais incomplets. Les résultats ne sauraient être douteux sur les terres riches en débris végétaux, en humus; mais chaque récolte en emportant des quantités considérables, ne faudra-t-il pas, dans dix ans, vingt ans, trente ans peut-être, refaire cette terre végétale qu'on aura imprudemment dévorée, et rendre ainsi au sol, en une seule fois, une masse effrayante d'engrais végétaux qu'il eût été bien plus facile de lui fournir par petites parties et d'année en année? Cette question doit être pesée, et mérite certainement d'être examinée attentivement. Est-ce là, de notre part, une crainte puérile ou un langage prudent; écoutons ce que dit M. Moll, ou plutôt ce que disent, en Angleterre, les non-partisans de ce système : « Leur *principal argument* est que ce « mode de fumure doit amener à la longue l'épuisement du « sol, parce que, suivant eux, cet engrais liquide est plutôt un « excitant qu'un aliment pour les plantes. Pour l'avenir, dit « M. Moll lui-même, il est probable que là où l'engrais ne con-« tiendra que les excréments liquides et solides du bétail, on « s'apercevra d'une diminution dans la fertilité du sol, parce « que les substances minérales contenues dans la paille feront « défaut. » Non-seulement les matières minérales, car on pourrait les ajouter en assez grand nombre dans les liquides et à l'état de dissolution, mais ce qui ferait principalement défaut, ce sont les matières végétales, l'humus, l'élément carboné enfin, et déjà il y a des indices, comme avec tous les engrais incomplets, tels que guanos, poudrettes et autres, dans lesquels le carbone manque, puisque ceux qui nous occupent provoquent également la *verse*, comme l'a constaté M. Hartstein.

Si, par un moyen quelconque, on parvenait à alimenter *économiquement* les plantes de tout le carbone dont elles ont absolument besoin, en dehors de celui qu'elles empruntent à l'atmosphère, le problème serait résolu; mais à coup sûr il ne l'est pas dans l'état où la question existe à cette heure. Que l'on dispose d'une source abondante et gratuite d'acide carbonique, que celui-ci circule lentement, mais d'une manière continue et mélangé d'air, dans ces mêmes tuyaux qui le distribueront dans le sol, comme le font les engrais végétaux, et la solution est trouvée, et le problème est résolu; mais, encore une fois, il ne l'est pas.

Voyons, en outre, quelle est la composition de ces liquides, car c'est encore l'un des éléments de la question. Il faut savoir si les matériaux apportés au sol existent dans des rapports suffisants pour satisfaire à tous les besoins de la végétation.

M. Hartstein déclare que l'engrais liquide de la ferme de Sutton-Waldron a été analysé par M. Way, chimiste de la Société royale d'agriculture d'Angleterre, l'un des hommes les plus compétents sur ce point. Il résulte de cette analyse que l'engrais liquide a la composition suivante :

1 Gallon, ou 4 litres 54 = { Eau. 3973gr727
{ Matières extractives. . . 78 273

Les 78g.973 de matières extractives sont composées de :

23gr 754 de matières organiques.
52 519 de cendres.

Donc, l'engrais contient, pour 1,000 gallons, ou 45h.43, savoir :

22k 865 de carbonate de potasse.
22 002 d'ammoniaque.
0 577 d'acide phosphorique.
0 614 de magnésie.

Ces chiffres nous donnent, par chaque hectolitre d'engrais :

503gr de carbonate de potasse.
485 d'ammoniaque.
14 9 d'acide phosphorique.

Les 485 grammes d'ammoniaque correspondent à 399g.59 d'azote ou, en nombres ronds, 400 grammes pour 100 kilog. de liquide. C'est exactement la richesse du fumier de ferme. Il faudra donc employer 100 hectolitres de ces engrais, par hectare et par an, pour fournir au sol les 40 kilog. d'azote absolument indispensables. Ces 100 hectolitres lui fourniront, en outre, 50k.300 de carbonate de potasse et 1k.490 d'acide phosphorique. C'est beaucoup pour la potasse, mais c'est trop peu pour l'acide phosphorique. La première venant du sol, elle doit y retourner, mais à l'égard du second, la proportion est tout à fait insignifiante, car 1k.490 d'acide phosphorique ne représente que 3k.228 de phosphate de chaux des os, ou moins de la vingtième partie de ce qui est nécessaire. C'est donc là un engrais incomplet au premier chef, et nous pensons nous être suffisamment expliqué à l'égard de ceux qui sont dans ce cas.

Mais si au lieu de 100 hectolitres représentant, par hectare, l'équivalent de 10,000 kil. de fumier, on en emploie, ainsi qu'on le déclare, 436 hectolitres, renfermant une richesse en azote quatre fois plus considérable que celle d'une fumure ordinaire, il n'y a plus lieu d'être surpris de ces résultats magnifiques, et on les obtiendrait à coup sûr en appliquant au sol 40,000 kilog. de fumier de ferme par hectare et par an, au lieu de 10,000 kilog. seulement; mais il nous semble que M. Hartstein a oublié de faire entrer en compte ce surcroît de dépense d'engrais, qui augmente nécessairement le prix de revient des produits obtenus.

C'est très-bien de produire des utilités, mais il faut savoir ce qu'il en coûte pour les obtenir. A l'égard de l'utilisation d'une foule de choses perdues, et de la production des engrais en particulier, nous pensons qu'on néglige un peu trop — beaucoup trop — le côté économique des questions, c'est-à-dire le plus important de tous, c'est-à-dire encore la conclusion générale qui résume toutes les applications, celle enfin qui explique pourquoi tels ou tels systèmes ont ou n'ont pas de raison d'être, et pourquoi telle doctrine, belle, judicieuse, séduisante dans la forme, serait ruineuse au fond. A nos yeux, il n'y a utilité, progrès, amélioration, qu'à la condition d'un profit légitime pour le producteur et d'un avantage réel pour le consommateur, c'est-à-dire à l'égard de ce dernier, qu'autant qu'il obtient une même quantité de choses utiles pour un prix moindre, ou une quantité plus considérable pour un prix égal. Hors de là, il n'y a pas de progrès, et tant qu'on n'a pas résumé en chiffres la valeur économique d'une idée ou d'une application, on n'a rien fait.

Nous avons cherché la vérité dans les faits et dans les chiffres, et voilà où nous a conduit un examen attentif de ce système. Chacun a les éléments nécessaires pour juger ; donc que chacun prononce au point de vue de son utilité particulière. Pour nous, nous ne voyons là d'application possible qu'à l'égard des eaux vannes de la vidange parisienne, et nous savons que M. Moll s'en occupe activement et avec un zèle fort louable ; mais tout en souhaitant ardemment que l'on fasse cesser au plus tôt le déplorable état de choses qui consiste à faire couler à la Seine et chaque nuit plusieurs centaines de mètres cubes de liquides urineux dont l'agriculture a tant besoin, nous doutons cependant de la réalisation *économique* de ce moyen, sur lequel pourtant des données bien certaines permettraient d'asseoir un jugement certain ; mais comme nous n'avons aucun chiffre exact sur les dépenses qu'entraînerait l'exécution de ce projet, nous faisons toute espèce de réserve pour l'avenir, car il est toujours téméraire de se prononcer avant d'avoir les éléments nécessaires pour se faire une opinion sérieuse [1].

[1] Depuis que nous avons terminé les lignes qui précèdent, des faits nouveaux se sont produits à l'égard de cette question. Constatons d'abord avec joie qu'une application de ce système va être faite à la ferme de Vaujours, d'une étendue de 92 hectares, située à 10 kilomètres des bassins de Bondy, où viennent se déverser une partie des liquides de la vidange de Paris.

Quatre-vingt-dix actions de la nouvelle entreprise étaient réservées au public et ont été placées rapidement. Grâce au concours éclairé de M. Dumas et à l'appui de M. le Préfet de la Seine, le conseil municipal de la ville de Paris, justement préoccupé du dommage que cause à l'agriculture la perte des liquides dont nous venons de parler, a voté à l'unanimité la subvention demandée par MM. Moll et Mille.

Au point de vue de l'utilisation des urines perdues, c'est là une bonne pensée à laquelle se rallieront certainement ceux qui aiment les applications utiles ; mais ce que nous savons de l'emploi *exclusif* des urines nous laisse

Un quatrième moyen, permettant d'extraire des urines pures une partie de l'ammoniaque et de l'acide phosphorique qu'elles

la certitude absolue que tôt ou tard il faudra épandre sur le sol des engrais végétaux, et faire, en définitive, ce que l'on fait tous les jours dans les fermes en épandant des fumiers pailleux.

Aujourd'hui, les questions agricoles marchent à l'égal des chemins de fer et de l'électricité. Quelques jours se sont à peine écoulés depuis le vote de la municipalité parisienne, qu'il nous arrive des révélations déplorables touchant l'emploi des engrais liquides par le système que nous venons d'examiner.

Lorsque nous avons visité les fermes à engrais liquide, dit M. Barral, au retour d'un voyage d'Angleterre, et que nous avons comparé ce que nous constations de nos yeux avec ce qu'on avait raconté, nous avons été profondément surpris de voir qu'on attribuait, dans les documents officiels, à l'engrais liquide, des effets qui ne lui appartenaient nullement... L'arrosage par l'engrais liquide n'a pour objet absolument que d'enterrer le guano. M. Telfer (propriétaire de la ferme de Cunning-Parke) ne lui attribue qu'une faible puissance fertilisante par lui-même. Ce n'est qu'un véhicule pour le guano; ce qui s'y trouve ne nuit pas, mais ce n'est presque rien. Telles sont les expressions de M. Telfer.

... Le système souterrain n'est appliqué que sur la moitié de la ferme, et les frais par hectare, par conséquent, sont précisément le double de ceux qui ont été accusés jusqu'à ce jour. On n'a tenu aucun compte des énormes fumures au guano dont se sert M. Telfer. On a attribué à l'engrais liquide seul les résultats produits par 1,000 et même par 2,000 kilog. de guano par hectare. Les calculs que l'on a faits sur les produits nets doivent être diminués simplement d'une somme d'environ 12,000 fr. pour achat de guano.

Quelle triste conclusion. Tout cela est réellement déplorable.

Un dernier mot sur ce point.

Les questions d'agriculture sont en ce moment tellement urgentes, qu'il est des enthousiasmes qu'on ne saurait comprimer. Nous l'avons dit, et il n'est personne au courant de la situation qui songe à nous le contester : Ce sont les hommes d'action qui nous manquent. Ceux que la prudence inspire ont raison de ne pas laisser l'opinion publique s'égarer dans des questions de cette nature, mais ceux qui agissent en vue des solutions agricoles, qui payent de leur personne et qui cherchent, comme M. Moll, la vérité dans les faits, méritent quelque chose de mieux que des critiques toujours faciles et souvent beaucoup trop passionnées.

Disons-le donc bien haut : dès à présent les amis de l'agriculture doivent de la reconnaissance à tous ces hommes de bien qui ont voulu seconder les efforts persévérants de M. Moll, et honorer en sa personne l'exemple qu'il donne à tous en agissant au lieu de parler, en montant courageusement à

du prix qu'on les paye. Il est beaucoup plus urgent qu'on ne pense d'opposer une barrière sérieuse à ces opinions.

De son côté, M. Girardin ne porte qu'à 25 fr. la valeur *réelle* de 100 kilog. « de bon guano du Pérou, dosant 12 p. 100 d'a« zote[1]. » Par conséquent, la valeur maximum du guano commercial, à 10 p. 100 d'azote, ne serait que de 20 fr. 90 par 100 kil. Voilà des chiffres dont la concordance ne manque pas d'une certaine signification. Allons plus loin. La commission des valeurs officielles de l'administration des douanes, établie, en 1847, au ministère de l'agriculture, afin de déterminer également la valeur réelle du guano péruvien, a fixé cette valeur à 20 fr. les 100 kilog.

Déjà, en 1852, alors que le guano du Pérou ne coûtait, en Angleterre, que 27f20 les 100 kilog., les agriculteurs anglais, trouvant que ce prix absorbait tous les bénéfices des cultures, et faisait ressortir le prix de revient des denrées alimentaires à des chiffres très-élevés, demandèrent à leur gouvernement, en février 1852, dans une réunion nombreuse composée des notabilités agricoles de la Grande-Bretagne, que d'actives démarches fussent faites auprès du gouvernement péruvien, afin d'obtenir une réduction de prix. Il a été fait droit à ces demandes en portant successivement le prix du guano à 40 fr. les 100 kilog., c'est-à-dire avec une augmentation de plus de 47 p. 100 sur les prix de 1852. Voilà de l'histoire qui est bonne à enregistrer. Tout ceci a fait dire à M. de Gasparin, et avec beaucoup de raison : « On voudrait forcer les importateurs à maintenir leurs « prix dans des limites *naturelles*. » Il est bien que chacun sache qu'il y a, dans le prix du guano du Pérou, des limites qui ne sont pas naturelles, et que « la question qui domine toutes les « autres, c'est le prix de revient de ce produit.... Il est fort « douteux que son prix soit assez bas pour qu'il devienne chez « nous un engrais *réellement économique*[2]. » Heureusement, l'agriculture commence à s'apercevoir qu'elle n'a jamais eu tant besoin de savoir compter.

[1] *Journal d'agriculture pratique*, 1er semestre 1853, p. 444.
[2] J. Girardin, *Mélanges d'agriculture*, t. I, p. 428.

Comme confirmation de ce qui précède, voici les chiffres d'un agriculteur praticien, M. de Delbrel, de Villeneuve, qui commence par déclarer, dans une lettre au *Moniteur des Comices*, portant la date du 7 janvier 1857, qu'ayant employé pendant quelque temps le guano du Pérou, il s'est vu forcé d'y renoncer, « parce que de 24 fr., prix auquel MM. Montané le vendaient à « Bordeaux, vers 1852, ils l'ont élevé, en 1854-1855, à 32 et « 34 fr. les 100 kilog. » Avant d'aller plus loin, disons, une fois pour toutes, que M. Montané personnellement ne saurait être mis en cause dans ce débat. Directeur d'une entreprise particulière à laquelle il se doit tout entier, M. Montané ne fait qu'exécuter les ordres qu'il reçoit et n'en est en aucune façon responsable. Il manquerait même à ses devoirs en n'usant pas de tous les moyens légaux dont il peut disposer, afin d'assurer la prospérité d'une entreprise qui lui a confié ses intérêts, et au triomphe desquels il se doit sans réserve. Quant à nous, nous n'avons vu et nous ne continuerons à voir dans les monopoleurs du guano que les spéculateurs ou banquiers anglais qui s'appellent Anthony Gibbs et Joseph Myers, parce que ce sont eux, eux seuls qui tiennent toute l'agriculture européenne sous leur dépendance. Ceci dit, poursuivons.

M. Delbrel continue ainsi : « Dans les produits obtenus com« parativement avec le fumier de ferme, vous dites, entre au« tres choses, que le guano ne donne en blé que 75 litres de plus « par hectare. Comment cet excédant de produit pourrait-il « couvrir la dépense de 3 à 400 kilog. de guano, c'est-à-dire de « 120 à 140 fr.?... Il faut donc conclure que l'agriculture doit « renoncer à son emploi. »

M. Delbrel a-t-il tort de conclure ainsi? Voyons à un point de vue plus général. Déjà l'agriculture anglaise est revenue des illusions trompeuses, ainsi que de la fécondité éphémère et ruineuse du guano; en voici la preuve : Les 236 millions de kilogrammes employés en Angleterre, en 1855, sont tombés à 166 millions en 1856; soit, en moins, 70 millions de kilogrammes, ou près de 30 p. 100. M. de la Tréhonnais, correspondant anglais du *Journal d'agriculture*, dit que « l'importation du guano « tend aussi à diminuer, mais qu'en revanche l'usage des en- « grais artificiels devient de plus en plus général ; d'où l'on peut « conclure que la fabrication indigène prend chaque année de « plus grandes proportions, et que le jour où l'agriculture le « voudra, l'industrie sera en mesure de lui donner des engrais « équivalents en quantités inépuisables. » Nous allons prouver bientôt la rigoureuse exactitude de cette dernière opinion.

Examinons d'autres faits. Est-ce qu'en proposant un prix de 25,000 fr. et la grande médaille d'or à quiconque trouverait le moyen de *remplacer* le guano du Pérou par un autre, la Société royale d'agriculture d'Angleterre, dont l'autorité relève des sommités anglaises, aurait voulu ruiner une entreprise qui fait réellement du bien à l'agriculture en lui prêtant un concours efficace? ou bien est-ce qu'elle n'a pas voulu affranchir l'agriculture anglaise des rançons que prélève sur elle cette coalition de spéculateurs dont la pression s'exerce partout en Europe, et parce qu'elle dispose, nous ne devons pas craindre de le dire ici, d'une organisation aussi formidable que celle des anciennes bandes noires?

Il n'y a qu'une voix en France sur le prix exorbitant de ces guanos, et chacun doit s'efforcer de mettre un terme à des prétentions qui, finalement, n'ont pas d'autre effet que de provoquer le renchérissement de toutes les denrées alimentaires ; et le résultat le moins contestable, produit par l'introduction du guano en France, a été d'élever de plus de 30 p. 100 le prix de tous les autres engrais, au grand détriment des intérêts généraux de l'agriculture et du pays. Il n'est peut-être pas un seul fabricant d'engrais qui ne se soit dit, depuis dix ans : mais puisque l'azote du guano se vend bien au-dessus de 3 fr. le kilogramme, pourquoi laisserais-je celui de mes engrais à 1 fr. 75 c.; et il l'a porté à 2 fr. 25 c., et même 2 fr. 50 c. C'est ainsi qu'un très-grand nombre d'engrais industriels vendus de 8 à 10 fr. les 100 kilog., il y a quelques années, sont cotés maintenant de 12 à 16 fr. Voilà le talent de la spéculation, dont l'effet, on le voit, équivaut absolument à l'effet des disettes. Posons des chiffres; nous verrons bien si les différentes commissions officielles qui ont été consultées sur la valeur du guano du Pérou se sont trompées, si nous avons tort d'être de leur avis, de partager à cet égard les idées des agronomes et des agriculteurs dont nous avons publié les chiffres ainsi que les opinions, et de conclure qu'en définitive l'emploi du guano du Pérou est ruineux pour l'agriculture, et qu'il n'a fallu rien moins qu'une organisation, disposant de bien des moyens, pour parvenir à égarer l'opinion publique sur ce point. Il faut plus d'efforts qu'on ne pense pour faire accepter aux masses des erreurs qui sont contraires à leurs véritables intérêts, et, malheureusement aussi, il n'existe que trop de gens qui disent encore : C'est cher, ça doit être bon.

Prenons encore pour étalon le fumier de ferme, comme nous l'avons toujours fait jusqu'ici; et bien qu'il résulte des évaluations de M. de Gasparin, ainsi que des vérifications *directes* de M. Bobierre, que le titre commercial *moyen* de la richesse des guanos exotiques n'est réellement que de 8 pour 100 d'azote, nous maintiendrons le chiffre de 10 pour 100, dont nous nous sommes déjà servi dans le cours de cet ouvrage, afin de n'être, dans aucun cas, suspecté de partialité. On a le droit d'être généreux, lorsqu'on est impartial.

Si nous rapportons la valeur agricole de l'azote et des phosphates du guano à celle du fumier de ferme, nous trouvons les résultats suivants :

10k	d'azote à 1 fr. 65 c. . . . . =	16f 50
25	phosphates à 15 fr. les 100 kilog. =	3 75
Valeur agricole des 100 kilog. de guano du Pérou.		20f 25

Les 40 kilog. d'azote apportés à un hectare de terre par 10,000 kilog. de fumier, renfermant en outre 43k350 de phosphates, sont donc contenus dans 400 kilog. de guano à 40 fr., donnant un premier total de 160 fr.; mais ces 400 kilog. fournissent encore une valeur supplémentaire de 56f650 de phosphates, qu'il est juste de déduire, comme nous l'avons toujours fait jusqu'ici, du prix brut de 160 fr., soit 8 fr. 50 c., qui établissent par conséquent le prix *net* de la fumure d'un hectare à 151 fr. 50 c. D'où il suit que le guano du Pérou coûte, *à richesse égale* :

24f 10	par hect.	de plus que	le guano Derrien, ou	près de 16 p. 100
54 00	—	—	le guano de poissons, ou	— 22 50 —
78 40	—	—	le guano urineux, ou	— 31 80 —

Y a-t-il là de quoi chanter tous les jours, et sur tous les diapasons, les louanges de l'engrais péruvien, et d'enrichir ainsi, à nos dépens, une coalition de banquiers étrangers? Il faut bien le reconnaître, nous ne sommes pas assez de notre pays.

Lorsqu'on traite des questions d'intérêt public, les enquêtes ne sont jamais trop complètes. Poursuivons donc, en attendant que chacun ait la preuve que la cause que nous défendons ici est réellement la cause de tout le monde. Avant tout, il faut vivre, et l'Europe entière commence à s'apercevoir qu'elle vit assez mal. Il est temps que la lumière se fasse sur toutes ces questions de subsistances qui, à un jour donné, pourraient bien bouleverser l'ordre social et nous jeter dans un inextricable chaos. On n'a que trop égaré les esprits sur l'emploi du guano du Pérou; il est juste que la question soit replacée sur son véritable terrain, et que chacun puisse prononcer désormais en toute connaissance de cause. On trompe les agriculteurs et le pays, et nous devons le *prouver*. Le véritable patriotisme n'est pas du côté de ceux qui exploitent l'agriculture et les misères du pays, mais avec ceux qui les servent et qui travaillent *seuls* à leur soulagement. Il n'y a pas deux manières d'exprimer certains faits: prêter la main à une coalition étrangère et user de son influence personnelle au détriment des intérêts de son pays, c'est une infâme trahison; et ici nous n'entendons parler que de ceux qui sont capables de se rendre un compte personnel de la valeur propre du guano, et qui ne sont ni les mandataires directs des accapareurs, ni intéressés ouvertement dans cette spéculation.

La valeur économique du guano du Pérou est non-seulement inférieure à celle de *tous* les guanos français que nous venons de voir, mais encore aux autres guanos étrangers, et en voici la preuve. M. Fichtner, de Vienne, et M. Abendroth, de Dresde, ont produit, à la dernière Exposition universelle de Paris, des guanos artificiels pour lesquels ils ont été récompensés par le jury d'examen. Des analyses complètes ont été faites au laboratoire de la Sorbonne et de l'École normale, et en voici les résultats :

	(Fichtner) Guano artificiel.	(Abendroth) Guano saxon.
Azote pour 100.	6 20	4 30
Phosphates pour 100	24 00	4 80
Prix de 100 kilog	17f 00	12f 50

En faisant les décomptes particuliers de chacun de ces guanos, comme nous l'avons toujours fait, à l'égard de tous les engrais et des guanos qui précèdent, on trouve que le prix *net* de la fumure d'un hectare de terre revient à 93 fr. 61 c. avec le guano Fichtner, et à 112 fr. 50 c. avec le guano Abendroth. D'où il suit que le guano du Pérou coûte, *à richesse égale* :

39f 00 par hect. de plus que le guano Abendroth, ou 25 85 p. 100
57 89 — — le guano Fichtner, ou 38 20 —

Si maintenant nous faisons la moyenne de tous ces chiffres, nous aurons :

	Prix de revient de la fumure d'un hectare.	
Guano Derrien.	127f 40	Total général, 524f 11
Guano de poissons.	117 50	
Guano Abendroth.	112 50	
Guano Fichtner.	93 61	
Guano urineux.	73 10	
Moyenne générale par hectare	104f 82	

Le guano du Pérou coûtant, à richesse égale, 151 fr. 50 c., il en résulte que son prix excède réellement de 46 fr. 68 c., par chaque hectare de terre, le prix moyen général des autres fumures, au moyen des guanos fabriqués par l'industrie; soit : 44.50 pour 100 de plus que ces derniers.

Au prix de 40 fr. les 100 kilog., et en comptant les phosphates comme nous l'avons toujours fait jusqu'ici, pour leur valeur ordinaire de 15 centimes le kilog., on trouvé encore que l'azote du guano du Pérou coûte aux cultivateurs 3 fr. 62 c. 50, ainsi que le prouvent les chiffres suivants :

25k	phosphates à 15 fr. les 100 kilog. =	3f 75
10	d'azote à 3 fr. 62 c. 50. . . . . =	36 25
	Total égal au prix d'achat. .	40f 00

Tandis que le même azote ne coûte que

2f 65	le kilog.	dans le guano	Derrien.
2 70	—	—	de poissons.
1 65	—	—	urineux.
2 18	—	—	Fichtner.
2 61	—	—	Abendroth.

D'où moyenne générale de 2 fr. 35 c., ou 1 fr. 27 c. au-dessous du prix de l'azote du guano du Pérou, soit encore 35 pour 100 de moins.

Il nous reste à déterminer le rapport qui existe entre la dépense en guano du Pérou et la valeur des produits moyens obtenus par chaque hectare de terre mis en culture. Nous savons déjà que ce produit *moyen* est de 197 fr. 33 c., et nous venons de voir que la dépense en guano était de 151 fr. 50 c.; par conséquent, le guano du Pérou entre pour près de 77 pour 100 dans la valeur des produits obtenus, tandis que les autres guanos nous offrent encore en leur faveur les différences suivantes :

Le guano	Derrien	entre pour	64 58	p. 100 dans la val.	des prod.	obten.
—	de poissons	—	59 50	—	—	—
—	urineux	—	37 00	—	—	—
—	Fichtner	—	47 50	—	—	—
—	Abendroth	—	57 00	—	—	—

D'où moyenne générale de 53.12 pour 100. Soit encore, en

excédant de dépense par le guano du Pérou, comparativement à la moyenne des guanos de l'industrie, *et à richesse égale*, 23.88 pour 100 de plus sur la valeur des produits obtenus.

Voyons maintenant à quel prix chacun de ces guanos *artificiels* fait ressortir le prix de revient de l'hectolitre de froment, et, pour en finir sur ce point, nous comparerons ensuite le prix de revient obtenu de l'emploi du guano du Pérou *naturel*, toujours à richesse égale bien entendu.

Nous venons de voir qu'une fumure de 10,000 kilog. de fumier de ferme, coûtant 66 fr., donnait au cultivateur 12 hectol. 45 de froment, dont le prix de revient était de 15 fr. 85 c.; par conséquent nous aurons :

1° *Guano Derrien* = 127f 40, prix *net* de la fumure d'un hect.
Fumier de ferme = 66 00 — — —

Excédant par le guano Derrien. 61f 40 par hectare, à répartir sur 12 hectol. 45. Soit, par chaque hectol. coûtant déjà 15f 85, une dépense supplémentaire de. . . . . 4 93, ou

Ensemb., prix de l'hect. de froment avec le *guano Derrien*. 20f 78

2° *Guano de poissons* = 117f 50, prix *net* de la fumure d'un hect.
Fumier de ferme = 66 00 — — —

Excéd. par le guano de poissons. 51f 50 par hectare, à répartir sur 12 hectol. 45. Soit, par chaque hectol. coûtant déjà 15f 85, une dépense supplémentaire de. . . . . 4 14, ou

Ensemb., prix de l'hect. de froment avec le *guano de poissons* 19f 99

3° *Guano urineux* = 73f 40, prix *net* de la fumure d'un hect.
Fumier de ferme = 66 00 — — —

Excédant par le guano urineux. 7f 40 par hectare, à répartir sur 12 hectol. 45. Soit, par chaque hectol. coûtant déjà 15f 85, une dépense supplémentaire de. . . . . 0 57, ou

Ensemb., prix de l'hect. de froment avec le *guano urineux*. 16f 42

4° *Guano Fichtner* = 93f 61, prix *net* de la fumure d'un hect.
Fumier de ferme = 66 00 — — —

Excéd. par le guano Fichtner. 27f 61 par hectare, à répartir sur

12 hectol. 45. Soit, par chaque hectol. coûtant déjà 15f 85, une dépense supplémentaire de. . . . . 2 22, ou

Ensemb., prix de l'hect. de froment avec le *guano Fichtner*. 18f 07

5° *Guano Abendroth* = 112f 50, prix *net* de la fumure d'un hect.
Fumier de ferme = 66 60 — — —

Exééd. par le guano Abendroth. 46f 50 par hectare, à répartir sur 12 hectol. 45. Soit, par chaque hectol. coûtant déjà 15f 85, une dépense supplémentaire de. . . . . 3 74, ou

Ensemb., prix de l'hect. de from. avec le *guano Abendroth*. 19f 59

La moyenne générale nous donne donc, pour prix de revient de l'hectolitre de froment, 18 fr. 97 c., tandis qu'en faisant le même décompte avec le guano du Pérou, on a :

6° *Guano du Pérou* = 151f 50, prix *net* de la fumure d'un hect.
Fumier de ferme = 66 60 — — —

Excéd. par le guano du Pérou. 85f 50 par hectare, à répartir sur 12 hectol. 45. Soit, par chaque hectol. coûtant déjà 15f 85, une dépense supplémentaire de. . . . . 6 87, ou

Ensemb., prix de revient de l'hect. de from. avec le *guano du Pérou*. 22f 72

Ce n'est pas nous qui parlons ici contre le guano du Pérou, ce sont les chiffres qui nous *prouvent*, en effet, que cet engrais tant vanté est la ruine de l'agriculture, qu'il ne sait produire l'hectolitre de froment qu'au prix de 22 fr. 72 c., tandis que ses concurrents, les guanos *artificiels*, produisent la même quantité de froment pour 18 fr. 97 c., c'est-à-dire avec une baisse de 3 fr. 75 c. par hectolitre, ou un avantage réel, pour l'agriculture et pour nous, consommateurs, de plus de 16.50 pour 100.

Mettrons-nous le guano du Pérou en parallèle, sur le même terrain, avec les engrais *complets* qui ont été et sont encore fabriqués aujourd'hui par les procédés décrits dans cet ouvrage? Comptons encore. Nous venons de voir que les engrais dont nous parlons font ressortir le prix de revient de l'hectolitre de froment à raison de 13 fr. 56 c. Le guano du Pérou ne pouvant le produire à moins de 22 fr. 72 c., il n'en résulte qu'une légère augmentation de 9 fr. 16 c. par chaque hectolitre de froment obtenu au moyen du guano péruvien, c'est-à-dire une dépense *perdue* qui excède de 67.68 pour 100 la somme que nous donne les engrais que nous pouvons produire nous-mêmes.

Ainsi, A AUCUN POINT DE VUE, le guano du Pérou ne peut supporter la comparaison avec les autres guanos de l'industrie, qui *tous* lui sont économiquement supérieurs. On comprend donc qu'en présence d'une question aussi importante et qui touche si directement aux intérêts généraux de l'agriculture, et aux intérêts particuliers de chacun des consommateurs, nous ayons pris bonne note de cette étrange affirmation de M. J. Barral, dans le rapport que lui avait confié la classe d'agriculture de l'Exposition universelle de 1855 : « Le guano du Pérou, *malgré la hausse* « *considérable qu'il a subie depuis quelques années*, est encore « l'engrais commercial qui fournit à l'agriculture, *au meilleur* « *marché*, l'azote, le phosphate de chaux et les alcalis [1]. » Les chiffres qui précèdent sont la seule réponse que nous puissions faire, quant à présent, à M. J. Barral; mais cette conclusion est d'autant plus inexplicable que, dans un rapport lu au *congrès des agriculteurs du Nord*, le 19 septembre 1852, rapport dont M. J. Barral est l'auteur, nous lisons : « Le prix actuel du guano devrait « être au moins diminué de moitié pour être, avec une véritable « utilité, une économie certaine, employé en agriculture [2]. » A ceci, nous ajouterons simplement qu'à l'époque où M. Barral signait cette dernière déclaration, le guano du Pérou ne coûtait encore à nos agriculteurs que 24 à 28 fr. les 100 kilog., tandis qu'aujourd'hui il en coûte 40.

Avant de résumer dans un tableau synoptique la valeur agricole et la valeur économique comparée des différents guanos, il ne sera pas sans utilité d'examiner aussi les guanos sardes, qui vont nous fournir, avec le guano du Pérou, le sujet de conclusions assez instructives.

[1] *Journal d'agriculture pratique*, 1er semestre 1857, p. 334.
[2] *Ibid.*, 2e semestre 1852, p. 445.

SECTION IV.

Des guanos sardes.

Ces guanos ne sont pas autre chose que les fientes de chauve-souris dont nous avons parlé (p. 399), et desquelles nous avons également donné la composition. Elles ont figuré à l'Exposition universelle de Paris, et c'est à ce titre que nous croyons devoir nous en occuper. Et puis, ce sont aussi des guanos *naturels*.

La société Vallero, Selmi et Cie, de Gênes, vend *ces* guanos à raison de 25 fr. les 100 kilog. Les chiffres que nous avons publiés à la page précitée résultent des analyses qui ont été faites à Paris, par ordre de la section d'agriculture, et les chiffres exprimant la composition de ces matières nous donnent la richesse moyenne suivante :

Azote total pour 100. . . .	5 12
Phosphates id. —	10 00

La valeur économique de ces guanos, déterminée de la même manière que pour chacun des autres guanos dont nous venons de nous occuper, nous donne les résultats que voici :

Prix du kilogramme d'azote, 4 fr. 59 c.;

Prix de revient de la fumure d'un hectare de terre, 190 fr. 28 c.;

Rapport de la dépense aux produits obtenus, 96.41 p. 100 ;

Prix de revient de l'hectolitre de froment, 25 fr. 84 c.

Nous allons conclure, à l'égard de ces guanos, dans la section suivante.

SECTION V.

Valeur agricole et économique comparée des différents guanos naturels et artificiels.

> « Une amélioration qui diminuerait le produit « serait un pas en arrière, lors même qu'elle « serait complètement logique pour d'autres « conditions que celles dans lesquelles elle serait « tentée. »
>
> J. Barral.

> « Que le produit diminue en quantité, ou qu'il « augmente de prix pour cette même quantité, « c'est tout un. Le résultat est absolument le « même. »
>
> L'Auteur.

Les chiffres que nous venons d'obtenir de l'examen attentif de chacun des guanos nous donnent, en résumé, le petit tableau qui suit, et que nous recommandons spécialement à l'attention des lecteurs. Il y a là plus d'un enseignement.

	Prix de revient		Rapport de la dépense aux produits obtenus.	Prix de revient de l'hectolitre de froment.
	Du kilog. d'azote.	De la fumure d'un hectare.		
Guano urineux. . .	1f 65	75f 40	37 p. 100	16f 42
— Fichtner. .	2 16	93 61	47 50 —	18 07
— Abendroth .	2 61	112 50	57 00 —	19 50
— Derrien. . .	2 65	127 40	64 58 —	20 78
— de poissons.	2 70	117 50	59 50 —	19 99

Voici maintenant les guanos *naturels*. Que chacun veuille bien comparer.

	Prix de revient		Rapport de la dépense aux produits obtenus.	Prix de revient de l'hectolitre de froment.
	Du kilog. d'azote.	De la fumure d'un hectare.		
Guano du Pérou.	3f 63	151f 50	77 p. 100	22f 72
— Sarde.	4 59	190 28	96 41 —	23 84

Pour compléter cet examen, mettons en parallèle les moyennes générales obtenues des deux côtés :

MOYENNES GÉNÉRALES	PRIX DE REVIENT Du kilog. d'azote.	De la fumure d'un hectare.	Rapport de la dépense aux produits obtenus.	Prix de revient de l'hectolitre de froment.
Des guanos *artificiels*. . .	2f 33	104f 82	53f 11 p. 100	18f 97
Des guanos *naturels*. . .	4 11	170 89	86 70 —	24 28

Voyons la conclusion. L'examen de ces questions est plus qu'utile aujourd'hui, car c'est une sauvegarde pour la vérité et pour les plus réels intérêts de l'agriculture et du pays. Et puis, chacun va comprendre, dans quelques instants, pourquoi il était *nécessaire* d'établir nettement ici, et avec les preuves à l'appui, la position des rivaux.

Ainsi, voilà deux concurrents en présence : l'un fait revenir la fumure du cultivateur à 104 fr. 82 c., et l'autre à 170 fr. 89 c., c'est-à-dire avec une perte *certaine* de 66 fr. par chaque hectare de terre mis en culture. Le premier, c'est *nous*, c'est l'industrie française ; le second s'appelle une coalition de banquiers, servie par de nombreux amis qui, malheureusement, ne sont pas tous des étrangers. Les produits du premier n'entrent guère que pour moitié dans la valeur totale des récoltes obtenues, et l'autre pour plus des 8/10es. Et enfin, le second nous fait produire *chaque hectolitre de froment* à 4 fr. 69 c. *au-dessus* du prix de ceux de nos concitoyens qui, heureusement, lui font concurrence.

Où est l'avantage, où est le *meilleur marché* pour l'agriculture? Où est l'intérêt réel pour nous tous? Que chacun réponde. Oui, l'agriculture fera sagement de se tenir en garde contre les affirmations trompeuses et les expressions de... « *miraculeux* » engrais dont on décore si complaisamment le guano du Pérou, au mépris de l'opinion contraire des *praticiens* les plus éclairés dont nous avons présenté les motifs, et qui sont unanimes pour déclarer que ce ruineux engrais épuise le sol, au lieu de l'améliorer, et qu'il ne sert, en réalité, qu'à tromper tout à la fois le propriétaire et le fermier. Oui, l'agriculture fera bien d'observer attentivement et de ne plus prendre au sérieux ces belles et patriotiques croisades contre tout ce qui ne s'appelle pas guano péruvien, et surtout contre des hommes qui ne se trompent pas et qui ne trompent personne lorsqu'ils disent à l'agriculture : l'espoir, c'est le pays ; l'avenir pour vous, c'est la France. Ce n'est pas au Pérou qu'il faut que vous alliez chercher des avantages réels, mais chez nous, mais en France, où l'industrie sait produire plus avantageusement pour vos intérêts que cette coalition de banquiers étrangers qui vous ruine et qui ruine aussi nos intérêts les plus chers. L'intérêt de l'agriculture est le même que celui de l'industrie : Obtenir, à dépense égale, un maximum de produits, ou produire plus sans dépenser davantage, voilà le but. Voilà où est la question, voilà où est l'avantage particulier de chacun, et nous sommes dans le vrai quand nous disons que lorsque le produit diminue en quantité, ou lorsqu'il augmente de prix pour cette même quantité, c'est tout un, et que le résultat économique est *absolument le même?* Oui, incontestablement, ici encore, la vérité est avec nous, parce que, dire que l'on ne gagne pas assez sur ce que l'on produit, c'est dire que l'on ne produit pas assez économiquement, et que les matières premières sont trop chères.

De grands enseignements ressortent également de ces chiffres ; c'est d'abord une preuve de plus que la centralisation, les monopoles ruinent les intérêts publics ; que ces derniers finissent *toujours* par être sacrifiés, non au début de l'exercice de ce monopole, mais tout doucement, petit à petit, tandis qu'au contraire l'intérêt général est tout entier dans la diffusion de chacune des branches de l'industrie ou du commerce. Ce qui ressort de ces faits, c'est aussi la puissance infinie des industries particulières, et leur suprématie incontestable sur les monopoleurs ; c'est, également, la honte de ces spéculateurs avides qui non-seulement ne produisent rien, qui ne créent aucune utilité sociale, comme nous allons le prouver, mais encore qui, disposant à leur gré de richesses immenses, *toutes formées* dans la nature, et pour lesquelles ils n'ont à faire aucun effort sérieux de travail, ni d'intelligence, sont battus par cette industrie qu'ils sont impuissants à vaincre, et qu'ils ne vainqueront pas, *quoi qu'ils fassent.* La sympathie générale et le dévouement *doivent* se porter là où l'on sait créer, avec des choses perdues, des valeurs nouvelles et des bénéfices nouveaux, parce que là est la base, la source de la fortune publique, parce que celle-ci ne peut s'accroître autrement, et que l'industrie, comme nous venons de le voir, peut *seule* permettre qu'il en soit ainsi. Au contraire, et nous en avons encore la *preuve* sous les yeux, la spéculation qui monopolise, qui accapare, ne sert pas l'agriculture, elle exploite, ou fait exploiter, son ignorance et sa misère; elle n'enrichit pas la société, elle la ruine; et, à aucun point de vue, elle ne mérite, nous allons le prouver également, ni considération ni pitié.

Maintenant que nous avons les éléments d'appréciation nécessaires, nous pouvons passer à deux questions d'un autre ordre, mais qui n'en appartiennent pas moins entièrement à l'économie générale des engrais.

SECTION VI.

Question du dégrèvement des droits d'entrée du guano du Pérou.

« La vérité ne s'établit solidement que sur les « ruines de l'erreur. » J.-B. Say.

On a eu recours à tous les moyens, à tous les expédients, pour obtenir du gouvernement actuel la suppression du droit d'entrée sur les guanos du Pérou. On aurait bien voulu faire agir l'agriculture en solliciteuse, mais elle s'est abstenue, et elle a bien fait; elle a parfaitement compris qu'on voulait lui faire jouer un rôle de dupe, en lui faisant tirer les marrons du feu au profit des banquiers anglais, et que, suivant l'expression bien véridique de M. le directeur général de l'agriculture et des membres de la commission chargés de l'examen de certaine demande en dégrèvement de droits, « la suppression ou la diminution de « ce droit ne profiterait pas à l'agriculture française, parce « que le gouvernement péruvien ne diminuerait pas le prix du

« guano. » Et, en effet, les détenteurs de guano [1], au lieu de répondre nettement, catégoriquement à la commission dont il s'agit, qu'ils s'engageaient, le cas échéant, à faire subir au guano une baisse proportionnelle à la réduction des droits *en France*, ont daigné répondre que le guano nous serait vendu au même prix proportionnel... *qu'en Angleterre* (le mot est superbe) aussitôt que notre gouvernement supprimerait ce droit.

Il est bien que chacun sache que le gouvernement français n'a rien cédé à ces sollicitations toutes personnelles, et qu'en France il n'est pas dans l'usage de faire les affaires du Pérou au détriment des intérêts français. Que les gens associés aux bénéfices de cette coalition de banquiers étrangers, ou intéressés à un titre quelconque à soutenir le contraire, poursuivent leurs déclamations calculées, mais personne, du moins, ne sera dupe de ces moyens honteux et de ces petits prétextes, car la vérité n'en sera pas moins évidente pour tout le monde.

Au fond, la question des droits d'entrée sur le guano se réduit à ceci : Les navires français sont exonérés de tout droit, et les navires étrangers *seuls* payent un droit de 3 fr. par 100 kilog. Où donc est le mal? Est-ce de favoriser notre marine? Est-ce de ne pas favoriser la marine étrangère au même titre que la nôtre? Il nous semble que la question est bien simple : Puisque ce droit pèse tant aux spéculateurs qui tiennent notre agriculture sous leur dépendance, et puisqu'ils ont pour elle une tendresse si véritable et une sollicitude si touchante, pourquoi ne s'adressent-ils pas à notre marine, et pourquoi donnent-ils la préférence à la leur.

Si le guano du Pérou était le *nec plus ultrà* des engrais, si c'était le plus avantageux, si réellement nous ne pouvions nous en passer, et surtout s'il était bien démontré, bien dûment

[1] Nous croyons devoir déclarer ici que le gouvernement péruvien n'est commerçant à aucun titre dans cette affaire. Il est concessionnaire des mines, voilà tout. Il prélève nécessairement un droit, mais ce n'est pas lui qui fixe les prix de vente ; ceux-ci sont exclusivement laissés à l'arbitraire et au bon plaisir de MM. les accapareurs.

prouvé, que la fabrication industrielle des engrais ne pourra jamais offrir les mêmes avantages, et s'il était clairement établi que toutes nos ressources en matières premières sont épuisées, on aurait raison de demander le dégrèvement des droits d'entrée ; mais alors qu'il est certain que l'emploi du guano du Pérou est ruineux pour l'agriculture, que son usage occasionne au pays des pertes sérieuses, comme nous allons le voir encore, même en admettant l'abolition *complète* des droits, et même en réduisant le prix d'une somme encore égale à ce droit, on a tort, puisque l'industrie française peut produire plus économiquement.

Le guano du Pérou coûtant plus cher à l'emploi que *tous* les autres agents fécondants que nous pouvons produire nous-mêmes, l'exemption du droit ne serait pas autre chose qu'une prime accordée à l'erreur, au détriment des intérêts les plus réels de l'agriculture, puisqu'elle peut trouver chez elle des produits similaires plus avantageux, et que nous *devons* protection aux intérêts généraux de l'industrie et de l'agriculture, qui sont les intérêts de tout le monde.

S'il existe réellement des masses considérables d'agents fécondants non employés, ainsi que nous l'avons vu, et ayant une grande valeur agricole, et s'il y a, dans la conversion de toutes ces non-valeurs en engrais, une source de richesse publique que l'ignorance des populations agricoles a pu seule laisser dans l'oubli, ce serait commettre une grande faute, une faute grave, que de ne pas mettre les agriculteurs dans l'obligation d'y recourir; or, plus le prix du guano du Pérou sera élevé, et plus l'agriculture fera d'efforts sérieux pour remplacer celui-ci, pour s'en passer complétement, et ce résultat est des plus désirables, car il n'y a aucune espèce de raison pour que nous restions éternellement à la merci de cette coalition de banquiers anglais, pour des produits que nous pouvons fabriquer nous-mêmes, et au-dessous du prix où on nous les livre.

Tous ces faits nous montrent que l'exemption des droits n'est pas même dans l'intérêt du moment, et que l'intérêt de l'avenir est tout entier dans la prohibition complète du guano du Pérou.

Sans doute, on nous objectera avec quelque raison qu'on ne transforme pas instantanément les situations, et que, privée subitement des ressources qu'elle trouve en ce moment dans l'emploi des guanos exotiques, l'agriculture pourrait bien en ressentir une perturbation dont nous éprouverions les tristes effets. Cela est vrai, et nous le reconnaissons; aussi, en parlons-nous, moins comme d'une mesure à prendre immédiatement que pour faire ressortir les avantages généraux qui résulteraient de l'abandon absolu du guano du Pérou et de son remplacement par d'autres engrais qui, en définitive, peuvent nous donner l'hectolitre de froment au prix de 13 à 18 fr., tandis que le guano du Pérou ne peut nous le fournir pour moins de 22 fr. 72 c.

Il faut bien le reconnaître, les hommes ne sont véritablement ingénieux qu'en présence de la nécessité. Cette maxime s'applique à tous les temps, et avec non moins de vérité à l'égard des besoins des nations. Qu'on veuille bien y réfléchir; la plupart de nos grandes industries sont nées de la nécessité. L'industrie soudière, créée par Leblanc, est sortie de la coalition européenne, comme l'industrie sucrière est sortie du blocus continental. Sans la nécessité créée par les événements, nous n'aurions joui que longtemps plus tard de ces deux grandes industries qui constituent aujourd'hui deux des branches les plus importantes de la production générale, c'est-à-dire de la richesse publique. L'élévation des droits d'entrée sur le guano du Pérou amènerait incontestablement les mêmes résultats. Tout prouve que la nécessité est le véhicule le plus puissant du progrès. Lors de l'impôt sur le sucre indigène, l'industrie sucrière s'est crue perdue; mais en faisant appel aux lumières de la science, au concours des arts chimiques et de la mécanique, elle a pu perfectionner ses moyens de production, les rendre plus économiques, et finalement elle a été sauvée. Ici encore, c'est aux nécessités résultant de cet impôt que nous devons d'obtenir aujourd'hui les sucres à si bas prix. A une époque plus rapprochée, l'impôt du sel destiné à la fabrication de la soude a pu s'effectuer sans que ce produit, ni aucun de ceux qui en dérivent, aient coûté pour cela plus cher aux consommateurs, et le trésor public y a gagné le payement de tous les droits perçus. C'est qu'en présence de cette autre nécessité créée également par l'impôt, l'industrie soudière a fait de nouveaux efforts, comme l'industrie sucrière. Le progrès a été la planche de salut pour tous[1].

Si l'industrie des engrais mettait le cultivateur dans l'obligation de produire les récoltes moins économiquement qu'en employant le guano du Pérou, l'abaissement des droits d'entrée aurait sa raison d'être, il répondrait à un besoin véritable en mettant les producteurs français dans la nécessité de produire leurs engrais à plus bas prix, et en donnant à l'agriculture les moyens de nous fournir du blé à meilleur compte; mais, ne l'oublions pas, c'est précisément le contraire qui existe, comme le montrent les chiffres que nous venons d'aligner et de passer en revue; c'est-à-dire qu'au point de vue de l'agriculture et du pays tout entier, *tout* l'avantage est en faveur des guanos et engrais artificiels, et *tout* proteste ici contre l'abaissement des droits d'entrée, et prononce pour leur élévation.

Allons au fond de la question.

L'intérêt de la France n'est pas dans *l'origine* des produits qu'elle emploie, mais dans leurs richesses, dans la quantité d'utilités qu'ils peuvent produire, dans la somme totale d'unités de valeur qu'ils représentent. C'est *là* qu'est la question; car si l'agriculture achète cher, il faut qu'elle vende cher ou qu'elle se ruine, voilà la conséquence. Quand on dépense plus (et nous venons de *prouver* qu'en employant le guano du Pérou on dépensait, *en pure perte*, 5 fr. *au moins*, par chaque hectolitre de froment obtenu) on diminue le revenu d'autant; et, au contraire, quand on dépense moins on l'augmente. Or, l'intérêt général est là où le producteur de denrées dépense moins, et où le consommateur de ces denrées dépense moins aussi pour se les procurer, parce que, dans l'un et l'autre cas, on augmente le

[1] Constatons, toutefois, qu'il est déplorable de songer qu'à cette heure encore un kilogramme de soude extrait de l'eau de la mer, nous coûte réellement plus cher qu'un kilogramme de sucre extrait de la betterave.

revenu de chacun, et par conséquent on accroît la richesse publique, tandis qu'en abaissant le revenu, par l'effet de l'augmentation des denrées, on amoindrit cette richesse.

Nous concevons les importations d'indigo, de coton, de cochenille, de bois d'Inde, de café, etc., parce que notre sol ne peut nous les fournir ou que nous ne saurions les produire aussi économiquement qu'en les important de l'étranger ; mais à l'égard du guano, c'est absurde, c'est de la déraison, c'est de la folie, tranchons le mot, c'est du gaspillage, car c'est ruiner les intérêts du pays au profit d'une coalition étrangère.

Quelques-uns des protecteurs et amis du guano du Pérou ont eu occasion de nous dire : Vous accordez au guano une importance qu'il n'a pas. C'est peut-être vrai, en raison des tristes conclusions que nous ont fournies les chiffres que nous venons de voir; mais puisque l'on prétend que ce n'est là qu'une piètre question d'intérêt public, comptons.

Les 20,000,000 de kilog. de guano exotique qui se consomment maintenant en France, apportent annuellement au trésor public, à raison de 30 fr. par tonne, 600,000 fr. Si le gouvernement français cédait aux sollicitations si humbles dont on l'assaille au sujet de l'exemption des droits du guano, il est vrai qu'il n'en résulterait qu'une chose toute simple, c'est que ces 600,000 fr. iraient arrondir la caisse des spéculateurs, au détriment de notre revenu public, voilà tout. Comptons encore.

Les 20,000,000 de kilog. de guano qui nous occupent représentent, à raison de 400 kilog. par hectare, la fumure de 50,000 hectares de terre. Nous venons de voir que le prix de la fumure, à l'aide du guano du Pérou, coûtait 151 fr. 50 c., tandis que la même fumure, au moyen des guanos artificiels, ne coûtait que 104 fr. 82. Si donc nous dépensons inutilement 46 fr. 68 c. par chacun des 50,000 hectares qui a reçu le guano du Pérou, c'est pour l'agriculture et pour le pays une perte réelle de 2,330,400 fr. tous les ans. Bagatelle! calcul de pauvres gens! Que les accapareurs empochent tous les ans, au détriment des intérêts français, 600,000 fr. de rente, ce n'est réellement pas trop, et pour de bons et véritables patriotes, c'est là qu'est l'urgence. Mais quand déjà l'agriculture et le pays ne perdent à ce commerce, bon an mal an, qu'une malheureuse somme de 2,330,400 fr., qui donc aurait l'audace de se plaindre? Les amis du guano peuvent trouver que 600,000 fr. c'est peu pour ceux qui reçoivent, mais, nous, nous trouvons que c'est beaucoup trop pour ceux qui donnent. Comptons toujours.

La fumure par le guano péruvien coûtant 151 fr. 50 c. par hectare, et la même fumure, à l'aide des engrais *complets* dont nous avons donné le mode de fabrication et les prix de revient, ne coûtant que 37 fr. 53 c., il en résulte que l'excédant de dépense occasionné par l'emploi du guano du Pérou est de 113 fr. 97 c. pour chacun des 50,000 hectares fumés au moyen de cette denrée. Cette petite différence nous donne, pour chaque année, la faible somme de *cinq millions six cent quatre-vingt-dix-huit mille cinq cents francs*. Est-ce là une piètre question qui ne vaut pas la peine qu'on s'y arrête, et qui ne mérite que l'indifférence générale? Vous voudriez bien le faire croire, mais vous n'y réussirez pas. Comptons encore. Voyons l'excédant de dépense à l'égard des produits obtenus, c'est-à-dire ce qui est prélevé directement par les accapareurs anglais, sur la subsistance de chacun de nous.

Les 50,000 hectares produisant, en moyenne, 12 hectol. 45, c'est, tous les ans, 622,500 hectolitres de froment. Les engrais dont nous venons de parler font ressortir le prix de revient de l'hectolitre à 12 fr. 56 c., tandis que le guano du Pérou ne peut nous le donner à moins de 22 fr. 72 c., c'est-à-dire avec une augmentation de 9 fr. 16 c. pour chaque hectolitre de froment obtenu. Soit, annuellement : *cinq millions sept cent deux mille cent francs* qui sont *pris*, nous le répétons, sur notre subsistance commune. Et voilà douze ou quinze ans que cela dure.

Tout cela, ce n'est que de l'arithmétique élémentaire, c'est vrai, mais elle a l'avantage d'être à la portée de tout le monde, et, véritablement, nous ne saurions mieux faire que d'engager les amis du guano à vouloir bien la méditer. C'est la seule réponse que nous leur ferons, quant à présent.

Revenons à notre point de départ. Non! il n'y a pas de petites utilités dans un État. Non! il n'y a pas de petites questions d'économie générale, *surtout* à l'égard de la production des subsistances, et « l'ignorance presque générale où l'on est encore par rapport à ce principe incontestable, fait que nous sommes ordinairement sacrifiés en notre qualité de consommateurs, c'est-à-dire dans la fonction que nous exerçons le plus généralement, le plus constamment, pendant tous les jours de l'année, pendant toutes les heures du jour, pendant notre sommeil même ; car les draps du lit dans lesquels nous sommes couchés, nos matelas, la couchette, nos rideaux, notre ameublement, notre appartement, l'ardoise ou la tuile qui nous couvre, sont des objets que nous consommons en dormant (à plus forte raison les aliments). « Nos revenus, à quelque somme qu'ils se montent, sont dans une lutte perpétuelle contre tous nos besoins. Ils sont diminués par chaque sous que l'on nous fait payer de plus, et que nous pourrions payer de moins. Calculez, si vous pouvez, ce que l'on fait payer de trop en renchérissement à une grande nation[1]. »

Non! nous ne devons pas laisser les millions de la France s'engloutir à l'étranger, pour n'en obtenir, en définitive, que des produits qui ruinent la fécondité du sol. Non! l'agriculture française ne doit pas être la proie des loups-cerviers de la Grande-Bretagne et de leurs complices, parce que cela n'est ni juste, ni moral. On a endormi la vérité dans l'étouffoir du mensonge, il faut que cette vérité se réveille et que le pays soit éclairé.

L'importation n'a de raison d'être qu'autant qu'elle est un moyen de produire plus économiquement. Si la production indigène coûtait plus cher, l'exemption des droits pourrait être utile ; mais lorsque cette production est plus économique, c'est la prohibition qui devient une nécessité, et dès lors le gouvernement a raison de maintenir les droits d'entrée sur le guano. Nous n'avons que faire de produits qui nous ruinent.

[1] J.-B. Say, *Cours complet d'économie politique*.

Ici la question est la même que pour le sucre de betteraves et le sucre des colonies. La production indigène étant plus favorable aux intérêts généraux du pays que la production exotique, elle devait nécessairement prévaloir, et elle a prévalu. A plus forte raison les guanos indigènes obtenus par l'industrie française doivent-ils prévaloir sur les guanos exotiques monopolisés par des agioteurs étrangers, qui ont exploité notre crédulité, qui ont escompté nos besoins et nos misères, et qui n'ont vu, dans les années de disette de la France, que des années d'abondance pour eux.

Non, il ne serait pas juste d'accorder à des produits étrangers qui nous ruinent une protection qui n'aurait lieu qu'aux dépens de l'industrie nationale qui nous enrichit. C'est à tous que cela s'adresse. Il faut savoir être de son pays, et l'aimer assez pour savoir préférer ses productions aux productions étrangères. Il n'y a, malheureusement, que trop de gens sans patriotisme réel et sans cœur, qui se consolent de n'être pas assez de leur pays, en voyant la facilité avec laquelle s'arrondit leur caisse en servant des intérêts étrangers au détriment des intérêts français.

Est-ce que la production des guanos français n'est pas grevée, comme tous les autres produits français, du montant des contributions que paye chaque industrie en particulier. Est-ce que cet impôt n'est pas l'équivalent du droit d'entrée que vous payez à la frontière? Comment, vous viendriez nous faire la concurrence; et parce que vous êtes étrangers, vous n'acquitteriez aucune des contributions que nous acquittons, et vous avez la prétention de faire prévaloir en votre faveur une pareille doctrine! Mais que diriez-vous donc d'un père qui sacrifierait à des intérêts étrangers les intérêts de ses enfants?

Qu'on accorde à la production des engrais industriels une immunité quelconque, nous le comprenons, c'est légal, c'est rationnel, c'est juste, parce qu'il s'agit de travail, et surtout de travail éminemment productif résultant de la création de valeurs agricoles à l'aide de non-valeurs commerciales et industrielles, et parce qu'il y a non-seulement création de richesses nouvelles pour celui qui les produit, mais encore pour la société qui en profitera. Mais la spéculation, l'agiotage, si rudement fustigés de nos jours par la morale publique, ne méritent d'autre privilége que celui de l'indifférence et du mépris ; la spéculation ne produit rien, absolument rien, et elle n'est en réalité qu'un parasite social, vivant de la substance de tous, sans jamais produire autre chose que la démoralisation.

« Le monopole qui fait simplement passer de l'argent, ou une valeur quelconque, d'une poche dans l'autre, est celui qui n'ajoute aucun degré d'utilité à une marchandise. Le spéculateur qui accapare tous les blés d'un canton, et qui se prévaut ensuite de la faculté qu'il a seul de vendre du blé, pour faire payer 25 fr. ce qui lui en a coûté 20, ne donne rien de plus à la société que ce qu'il en a tiré ; c'est-à-dire qu'il lui vend une marchandise absolument pareille à la marchandise qu'il lui a achetée. Seulement, à la suite de cette opération, il se trouve avoir fait passer de la poche du consommateur dans la sienne 5 fr., plus ou moins, par chaque hectolitre de froment[1]. » Ne dirait-on pas que cette opinion, exprimée par Say en 1828, a été faite tout exprès pour les monopoleurs de guano, avec cette seule différence que la somme que ces derniers empochent par chaque hectolitre de froment obtenu, varie de 3 fr. 75 c. à 9 fr. 16 c. Ce tableau nous donne bien la situation *vraie* à l'égard du guano du Pérou ; car il est bien certain que ce n'est pas la rareté du guano qui a fait passer son prix de 22 fr. 50 c. à 40 fr., mais *uniquement* l'accaparement de ce produit, qui n'est en réalité que du froment dans son état natif. Oui, il est également bien vrai qu'en passant par les mains des agioteurs, le guano n'acquiert aucun degré nouveau d'utilité, ni une qualité plus grande que celle qui est inhérente à sa nature, et que la marchandise que nous vendent les *Rizpainsels* anglais est absolument pareille à celle qu'ils ont achetée, et qu'en résumé ils ne donnent à la société rien de plus que ce qu'ils en ont tiré.

Écoutons la conclusion.

[1] J.-B. Say, *Cours complet d'économie politique*, p. 213-214.

« Si *Paul* vend pour 12 francs à *Thomas* ce qui ne vaut que 10 francs, il n'y a pas pour une obole de valeurs de plus qu'il n'y en avait auparavant dans le monde ; car la valeur courante de chacun des objets est restée la même en passant d'une main dans une autre. *Thomas* avait en sa possession une somme de 12 francs : il n'en a plus qu'une de 10 ; il a perdu 2 francs. *Paul* n'avait qu'une valeur de 10 francs ; il en possède maintenant une de 12. Il a gagné les 2 francs que Thomas a perdus. Deux francs ont passé d'une poche dans une autre : voilà tout l'effet obtenu... Je dois ajouter que ce cas, toutes les fois qu'il arrive, est fâcheux pour la morale, qui reçoit un double outrage par une perte qui n'est pas méritée, et par un gain qui ne l'est pas davantage[1]. »

Si l'augmentation de prix d'une matière première correspondait toujours à une augmentation de richesse, nous n'aurions rien à dire à l'égard de l'élévation indéfinie du prix du guano du Pérou. Qu'importe à un manufacturier français de payer les charbons de New-Castle 10 p. 100 plus cher que les charbons de Mons, ou de Saint-Étienne, ou de Charleroi, s'il en obtient 20 p. 100 de calorique de plus. Tout est dans le produit, c'est-à-dire dans la somme d'utilités obtenues pour un prix donné. Or, il en est du guano comme de *toutes* les matières sans exception ; sa valeur agricole se mesure avec une exactitude aussi rigoureuse que la valeur industrielle de la houille. Pour le premier, la valeur agricole réside dans l'azote, dans les phosphates et dans les alcalis, de même que dans la houille toute la valeur industrielle se mesure par le nombre d'unités de chaleur, et par la raison qu'il n'y a ni deux espèces d'azote, ni deux espèces d'unités de chaleur, et parce qu'en résumé la valeur d'une chose est une quantité réelle et positive, qu'il n'est au pouvoir de personne de changer.

Nous devons examiner maintenant, au point de vue de l'intérêt public, une question de droit toute nouvelle, soumise, il y a peu

[1] J.-B. Say, *Cours d'économie politique*, t. II, p. 37.

de temps aux tribunaux français, par les accapareurs de guano du Pérou, question qui appartient également à l'économie générale des engrais.

SECTION VII.

Du privilége exclusif de l'emploi du mot guano.

> Quelles questions peuvent donc provoquer plus de patriotisme et plus d'ardeur que celles qui touchent à la production des subsistances? Mais il ne suffit pas de faire des ruines, il faut être *bien certain* de ce que l'on mettra à la place.
>
> L'Auteur.

Un sieur Masselin fils, de Nantes, et son consignataire M. Lesénéchal, ont été cités récemment devant les tribunaux par M. Montané, représentant en France de la Compagnie du Guano péruvien, à raison de la publication d'un prospectus du sieur Masselin, présentant comme analyse *officielle* du guano du Pérou celle provenant d'un guano de qualité tout à fait inférieure, et n'indiquant en effet qu'une richesse de 4 p. 100 d'azote.

C'était là un fait mensonger, dont les conséquences étaient certainement de nature à égarer les cultivateurs sur la richesse *réelle* du guano péruvien et sur sa valeur agricole, et à causer aux vendeurs de guano un préjudice non moins réel. Nul n'a le droit de recourir aux artifices du mensonge pour tromper les uns au préjudice des autres. C'est à raison de ces faits que M. Montané réclamait 25,000 fr. de dommages-intérêts.

Dans des conclusions additionnelles, M. Montané demande au tribunal de déclarer que le nom de guano n'appartient qu'à l'engrais naturel et exotique livré comme tel au commerce. A l'égard de cette dernière prétention, le tribunal s'est montré aussi sage que bien inspiré en repoussant la demande additionnelle introduite dans le débat, et en se fondant sur les motifs suivants :

« Considérant que l'appellation de guano, s'appliquant à un

« engrais, n'appartient point exclusivement et particulièrement « à la maison Montané, puisqu'il est vrai que du guano est livré « au commerce français ayant une provenance autre que celle « du Pérou. Par ces motifs, les conclusions du demandeur ne « sauraient être accueillies, et le tribunal le déboute de ses « conclusions additionnelles. »

« Condamne Masselin fils et Lesénéchal à payer solidairement « au demandeur la somme de 1,500 fr., etc. »

Justice a été faite, et tous les amis de l'agriculture doivent s'en féliciter ; mais nous devons à la vérité de déclarer ici qu'il y aurait injustice à faire retomber sur M. Lesénéchal, mandataire pur et simple du sieur Masselin, la responsabilité morale du fait incriminé, et dont le sieur Masselin est l'unique auteur. Il en est ici de M. Lesénéchal, à l'égard du sieur Masselin, comme de M. Montané, à l'égard des sieurs Gibbs Myers. M. Montané et M. Lesénéchal ne sont que les représentants d'une entreprise qui peut bien compromettre sa considération sans que ses mandataires soient atteints par l'estime publique. Maintenant, poursuivons.

Nous avons eu sous les yeux un prospectus du sieur Masselin, déclarant qu'à la date du 24 décembre 1854, M. Bobierre avait signalé, dans un rapport à M. le ministre de l'agriculture et du commerce, la supériorité des engrais annoncés. Or, il a été établi aux débats que cette déclaration était fausse, et nous avons su que, précédemment, M. Bobierre avait dû protester deux fois, dans les journaux de Nantes, contre l'abus que l'on faisait de son nom, et particulièrement le sieur Masselin fils.

Il est rare que dans les affaires de cette nature l'ignorance ne soit pas la compagne de la mauvaise foi. L'une ne va pas sans l'autre. Le second chef a été nettement établi aux débats, et, en ce qui concerne le second, tout dénote, de la part du sieur Masselin, une ignorance profonde de sa profession, que révèlent les prospectus de sa fabrique, et notamment deux *analyses* dans lesquelles on trouve de l'urate d'*ammoniaque*, une substance terreuse ferrugineuse, et un chimiste (nous tairons son nom) qui a eu le talent de trouver du *sulfate d'hydroclorate de potasse*, etc., etc., etc. En nous communiquant ces détails, on nous a dit, avec beaucoup de raison, que « tout cela semblait vrai« ment émané des officines les plus impures, et que l'ortho« graphe et la science y marchaient de front, car elles étaient « aussi maltraitées l'une que l'autre. »

La vérité est que les manœuvres déloyales et les mensonges avérés du sieur Masselin contre le guano du Pérou, n'avaient pas d'autre but que de livrer à l'agriculture, moyennant la bagatelle de 15 fr. les 100 kilog., une chose appelée *guano-avino*, dosant 13 pour 100 de phosphate de chaux et... 30 *millièmes* d'azote. Le tout se résumant en une valeur agricole de 13 kilog. de phosphates à 15 centimes l'un, soit... 1 fr. 95 c. Nous ne regrettons qu'une chose, c'est que le sieur Masselin n'ait pas été condamné à une peine corporelle; car c'est là un métier infâme, et la justice ne sera jamais trop sévère contre des abus aussi honteux.

Comment la presse agricole tout entière ne publie-t-elle pas ces jugements? Comment ne dévoile-t-elle pas toutes ces turpitudes, afin de montrer aux agriculteurs les piéges ignobles qui leur sont tendus? Pourquoi ne pas marquer au fer rouge tous ces trafiquants de bas étage qui exploitent l'agriculture de toutes les manières, et ruinent à la fois l'honneur et les intérêts d'une industrie de laquelle dépend aujourd'hui la plus grave de toutes les questions, celle des subsistances? Si l'indépendance et le véritable patriotisme ne sont pas de vains mots, c'est par des actes qu'il faut qu'ils se traduisent, et non pas dans de stériles paroles. Il faut aujourd'hui que chacun paye de sa personne, et que chacun fasse pour le pays ce qui est dans la limite de ses forces, de sa compétence ou de son pouvoir. « C'est n'être bon « à rien de n'être bon qu'à soi. » Il ne suffit pas de gémir sur l'insuffisance de nos récoltes, il faut agir et aller vite. A cette heure, le premier de tous les intérêts publics, c'est l'intérêt de l'agriculture. Chacun se *doit* au salut de tous. Le temps presse plus que nous ne le pensons.

La justice est là, sans doute, pour réprimer les délits; mais vous voyez bien que cela ne suffit pas, et qu'à mesure que l'industrie des engrais se développe, par la force même des choses, et par des besoins de plus en plus impérieux, la fraude marche de front avec elle. Le mal est profond, et c'est par cette raison qu'il faut agir avec plus d'énergie; mais nous ne savons vouloir que comme des enfants. Il faut que l'industrie des engrais soit transformée, l'intérêt public l'exige, et pour cela rien ne doit être négligé. Il faut avoir raison de ce système sans nom pratiqué partout avec une rare impudence, au détriment des plus chers intérêts de l'agriculture.

Revenons à la question qui nous occupe.

Le jugement dont nous venons de parler a été confirmé depuis, à l'égard du sieur Masselin, par la Cour de Rennes, mais avec cette différence qu'elle a déclaré que l'emploi des mots *guanos artificiels* ne saurait être toléré. N'en soyons pas surpris. Les jugements des hommes sont tous sujets à erreur, mais aucun d'eux n'est sans appel. Lorsqu'un juge, ou un tribunal quelconque, consacre une opinion ou une doctrine contraire à la nôtre, nous n'en devons pas moins la respecter, et croire simplement que la question ne lui a pas été présentée sous son véritable point de vue, comme cela d'ailleurs arrive tous les jours, à l'égard des questions spéciales pour lesquelles les avocats les plus célèbres et les juges les plus éclairés ne possèdent pas toujours toutes les connaissances spéciales qui leur seraient nécessaires. Il n'y a pas d'homme universel. Voilà, trop souvent, d'où dépend l'issue heureuse ou malheureuse d'un procès.

La Cour de Rennes a vu un danger public dans les abus qui se commettent contre l'agriculture; elle s'en est vivement préoccupée, et elle a bien fait, et nous devons lui en savoir gré; seulement on ne lui a pas fait voir un danger bien plus imminent et bien plus réel. Les demandeurs ont habilement exploité la situation résultant de ces terreurs légitimes; c'était leur droit, comme c'est ici le nôtre de les discuter, et de montrer que si ce jugement consacre à un seul homme la propriété exclusive d'un mot, ce principe ne peut, dans l'espèce, recevoir son application, ainsi que nous allons essayer de le prouver.

Si un jugement a fait de cette ridicule prétention un droit exclusif, et de l'emploi de ce mot une propriété légale, qu'est-ce que deviendra cet autre droit exclusif et cette autre propriété non moins légale des inventeurs auxquels la *loi* a conféré également la propriété exclusive d'un *guano français*, ou d'un *guano Derrien*, ou d'un *guano poisson*, alors que ce droit aura été légalement conféré aux inventeurs plusieurs années avant l'instance introduite par les monopoleurs du guano péruvien? Est-ce le jugement rendu en faveur de ces derniers qui viendra se mettre au-dessus de la loi, ou est-ce la loi qui se mettra au-dessus de ce jugement? Voilà un premier côté de la question qui mérite la peine d'être examiné, et il y en a bien d'autres. Depuis longtemps, différents brevets ont été délivrés sous les noms de *guano français* ou autres, et il nous semble qu'en les délivrant sous ces dénominations diverses, M. le ministre de l'agriculture et du commerce n'a rien fait en dehors du droit, et rien de contraire à tout ce qui s'est fait jusqu'ici pour l'outremer, pour les fleurs, pour les eaux de seltz, pour les bougies, pour les nitrières, pour la soude, pour le sel ammoniac, pour les cachemires, etc.

Si les accapareurs de guano du Pérou ont seuls le privilége du mot guano, ils ont aussi le *droit* d'en disposer comme bon leur semblera, c'est-à-dire de vendre ce droit, de le transmettre, de le céder à des tiers qui eux-mêmes auront le *droit* d'en faire usage à leur gré, et même de l'appliquer à une chose qui n'aura véritablement du guano que le nom qu'on lui aura donné. Voilà où conduit cette étrange doctrine. Qui ne prévoit dès maintenant les déplorables abus qui peuvent en résulter? Ne savons-nous pas tout ce que l'on peut attendre des spéculateurs? Nous allons en juger.

Si vous êtes dans le vrai, c'est-à-dire si le droit qui vous est conféré (provisoirement) est bien un droit, voici l'une de nos sommités françaises, l'illustre fondateur de l'industrie des corps gras, convaincu d'abus pour avoir osé faire usage du nom de bougie s'appliquant originairement à une chose fabriquée avec de la cire, et non avec de l'acide stéarique.

Voilà les Espagnols fondés à traduire devant les tribunaux la mémoire de cet autre illustre citoyen qui s'appelle Leblanc, qui fut le fondateur de l'industrie soudière, auquel la France est prête à ériger une statue, pour avoir eu l'audace de nous apprendre à fabriquer de la soude *artificielle* avec l'eau de la mer, au lieu de l'acheter aux banquiers coalisés d'Alicante et de Carthagène.

Voilà la convention nationale mise en cause, et voilà Napoléon Ier, convaincu de fraude et d'abus pour avoir offert un million de récompense à celui qui trouverait le moyen de filer mécaniquement le coton, afin de le substituer au lin, et voilà Philippe de Girard et Arkwright à côté de Leblanc sur les bancs de la police correctionnelle.

Voilà l'un des plus habiles manufacturiers de France, M. Guimet, de Lyon, qui est encore dans le même cas, puisqu'il s'est permis 1o de fabriquer de l'outremer *artificiel*; 2o de livrer au commerce, à raison de 12 à 14 fr. le kilogramme, ce même produit que des accapareurs anglais avaient la bonté de nous vendre à raison de 120 fr. le kilogramme; 3o et enfin d'avoir ainsi causé un préjudice notable à l'industrie anglaise, en économisant à la France, depuis plusieurs années, des sommes s'élevant à plusieurs millions. D'où cette conclusion qu'en accordant à M. Guimet la plus haute récompense et la distinction la plus honorable à laquelle un homme utile puisse prétendre, le Jury de la grande Exposition universelle a fait un acte contraire à toute espèce de justice, de raison et d'équité, ou bien qu'il a été indignement trompé.

Voilà où cette absurde prétention nous conduit. Voilà Géhin et Rémy, les modestes pêcheurs envers lesquels nous sommes redevables de la fécondation *artificielle* des poissons, également convaincus de fraude et d'abus, comme l'auteur de la découverte des nitrières *artificielles*, ou de l'incubation *artificielle*, comme les fabricants de cachemires français en général, et comme le grand Ternaux en particulier. De même encore, pour les fabricants de sel ammoniac qui utilisent les urines, au lieu d'employer les fientes de chameaux, etc.

De l'absurde au ridicule, il n'y a qu'un pas. Voilà les prairies *artificielles*, mises en accusation par les prairies naturelles. Voilà aussi les jardiniers autorisés à faire le procès des fabricants de fleurs *artificielles*, puisque ceux-ci ont eu l'audace de donner le nom de fleurs à des chiffons de papier, et qu'ils se sont permis de créer annuellement, au profit de la richesse publique, des valeurs très-considérables, par le fait d'une industrie qui ose faire vivre des milliers de familles, au détriment des fleurs véritablement naturelles, et au préjudice de MM. les jardiniers. Ainsi, pour les eaux de seltz, les perles, l'écaille, la nacre, l'ambre, la bijouterie *artificielle*, les bronzes d'imitation, les dessins photographiques et les images daguerriennes, qui ne sont plus ni des dessins ni des images dans leur acception originaire.

Comment! quand les matières sont essentiellement de *même nature*, quand elles ne diffèrent que par leur origine, quand les éléments qui les composent sont absolument les *mêmes*, quand l'usage est le *même*, quand les effets sont les *mêmes*, et surtout quand les résultats sont les *mêmes*, nous n'aurions pas le droit, nous, Industrie, de vendre du guano artificiel, et vous, Potentats coalisés, vous auriez le droit de nous empêcher d'user d'une dénomination qui n'est pas la même que celle dont vous vous servez? Non, non, *cela ne sera pas*. Qu'un pareil système prévale, et c'est fini, vous n'avez plus de concurrence à craindre, c'est un monopole *à perpétuité*. Quelle aubaine! Comme vous devez être heureux; vous aurez encore des millions, toujours des millions; on ne compte pas à moins aujourd'hui, excepté l'agriculture. Combien cela va-t-il faire de millions, maintenant que la justice, ou plutôt un tribunal dont on a surpris la religion, a fait de vous les suprêmes dispensateurs de la production agricole en France? Si vous voulez bien le permettre, nous compterons un peu plus tard.

Comment! quand les princes de la science et les défenseurs de l'agriculture viennent déclarer que « il est facile de fabriquer « de toutes pièces, avec des produits de nos manufactures, un « *guano artificiel* tout aussi énergique et *bien moins coûteux* « que le guano naturel [1], » il serait possible d'empêcher l'agriculture de bénéficier dans l'avenir des découvertes de la science et de priver l'industrie des applications qu'elle pourrait en faire? La vérité est que la peur s'est emparée de la spéculation, parce qu'elle sait que ce *bien moins coûteux* dont parle M. Girardin est *vrai*; et l'industrie française saura bien le réaliser, elle saura bien délivrer l'agriculture de toutes ces étreintes, et renfermer d'insolentes prétentions et des prix exorbitants dans des limites un peu plus modestes. Contrairement à ce que font des concurrents dont vous jalousez les succès, et qui sont assez loyaux, assez honnêtes pour garantir, *sur analyse*, le titre *réel* de leurs marchandises, vous continuez à vendre, malgré le vœu contraire unanimement exprimé par tous les amis de l'agriculture, sous la seule garantie de vos ficelles plombées, et bien des gens sont encore assez simples pour prendre cela au sérieux, pour croire vos amis sur parole, pour plier, eux qui vous payent, devant vos façons autocratiques. Mais vous ne braverez pas impunément l'honnêteté d'un vœu que nos concitoyens ont respecté, au-devant duquel ils sont allés, parce qu'ils sont honnêtes, et vous ne vous rirez pas plus longtemps de tout un peuple auquel vos produits n'apportent que la ruine.

Convenez-en donc, vous avez voulu faire donner un démenti au jury de l'Exposition universelle, aux cinquante Sociétés d'agriculture, comices, sociétés savantes, agriculteurs et chefs d'écoles d'agriculture qui ont solennellement déclaré que le *guano* Derrien ou les autres guanos *artificiels* dont nous nous sommes occupés dans cet ouvrage remplaçaient « avec de réels « avantages et beaucoup d'économie » votre guano péruvien. Oui, vous avez voulu leur donner un démenti à tous, ou plutôt

[1] J. Girardin, *Traité des fumiers*, p. 18.

leur faire donner ce démenti, en faisant retirer, au nom de la justice dont vous avez surpris la religion, un mérite que *tous* se sont plu à leur reconnaître, et à anéantir une qualification écrite en toutes lettres sur le bronze et sur l'or, et que, ni vous ni personne n'effacerez jamais.

Finissons-en.

En droit rigoureux, nous concevons que l'on donne à un produit exotique le nom qui lui est propre dans son pays, et même qu'on lui conserve cette dénomination à l'exclusion de tous autres produits similaires; il n'y a là rien que de très-légitime et de parfaitement légal, mais faire d'un mot *français* un monopole, un privilége, une valeur négociable, transmissible, une propriété enfin, en faveur d'un produit étranger et pour le plus grand profit d'une coalition de banquiers étrangers qui exploite indignement nos besoins et qui ruine notre agriculture, voilà certainement qui dépasse les bornes du possible. Au fond, et en fait, le mot *huano* est le véritable nom employé par les Chiliens et les Péruviens. Que les accapareurs conservent ce nom, il est bien réellement à eux, mais le mot *guano* est français, et doit pouvoir servir à des Français, pour désigner des produits français.

C'est donc nous, industrie française, qui allons vous traduire devant les tribunaux, comme faisant usage illégal d'un nom français que vous avez usurpé, que vous nous avez pris, *qui ne vous appartient pas*, dont vous n'aurez pas le droit de vous servir désormais sans notre permission, et que vous ne réclamez qu'afin d'égarer, de surprendre les cultivateurs, et de leur faire croire que, comme nous, vous savez produire le blé à raison de 18 fr. 97 c. l'hectolitre, tandis que votre *huano* le fait revenir à 22 fr. 72 c., c'est-à-dire avec une perte *réelle* de 16.50 pour 100 pour le cultivateur, ou une hausse moyenne de 3 fr. 75 c. que supporte le pays (p. 641) et se traduisant pour nous en une perte de *cinq millions six cent quatre-vingt-dix-huit mille cinq cents francs* tous les ans.

Tant que vous avez pu vous faire illusion sur la valeur agricole et économique de votre ruineuse denrée, et rire des efforts de notre industrie, vous avez continué à vous appeler orgueilleusement *huano*, ainsi qu'en témoignent encore *toutes* les affiches des chemins de fer européens et la quatrième page des journaux que vous avez honorés de vos annonces; mais aujourd'hui que cette pauvre industrie, qui vous inspirait tant de pitié et des dédains si superbes, commence à ne plus vous faire rire, qu'elle a vaillamment conquis, dans l'esprit des hommes éclairés et dans l'opinion d'un très-grand nombre d'agriculteurs, une place de laquelle vous êtes fort éloigné, et qui est bien de nature, en effet, à vous inspirer de légitimes inquiétudes, vous avez la prétention de vous attribuer son nom, de vous approprier son avenir, de confisquer à votre profit une réputation qu'elle a su se faire malgré vous, malgré vos défenseurs et amis, et qu'elle saura se continuer *malgré vous?* Non, mille fois non, *cela ne sera pas;* et la justice que vous réclamez, ce n'est pas en France qu'il faut que vous la cherchiez, mais là où l'industrie n'a été ni assez intelligente ni assez forte pour imposer silence à votre orgueil et à vos prétentions, pour vous vaincre, en un mot, et pour affranchir le pays des millions de millions que vous avez indignement prélevés sur sa subsistance.

Ce n'était pas assez de demander à des tribunaux français un démenti que vous n'aviez pas le courage de donner personnellement, vous leur avez demandé de vous livrer notre industrie et notre agriculture. Ah! vous avez raison de vous appeler Myers-Gibbs, c'est là qu'est votre excuse; mais personne, du moins, ne sera dupe désormais de vos machinations et de vos calculs.

Non! nous ne vous céderons rien, parce que vous ne nous avez rien cédé, et parce que, comme nous vous l'avons déjà dit : à mesure que la France entière s'épuisait en sacrifices, pour adoucir les rigueurs de cinq années de disette sur vingt, vous faisiez *philanthropiquement* subir à vos produits une hausse de plus de 80 p. 100. C'est bien assez, c'est beaucoup trop déjà, que de nous avoir traités en peuple conquis, sans y ajouter l'audace de demander à nos tribunaux la condamnation présente de notre industrie, et la confiscation de son avenir. Vous avez été impitoyables envers l'agriculture de votre pays et envers la nôtre, à notre tour nous serons impitoyables envers vous ; et, quoique vous fassiez, cette industrie saura réaliser pour le guano ce qu'elle a su réaliser pour la soude des Espagnols, pour le sel ammoniac des Égyptiens, pour les étoffes de l'Inde, pour l'outremer de vos concitoyens, etc. ; mais avec cette différence que quand vous aurez disparus, il ne s'attachera à votre souvenir ni une bonne pensée, ni un seul regret, car vous n'aurez été pour nous que de bien durs spéculateurs.

SECTION VIII.

Composition. — Richesse agricole et valeur économique des principaux engrais du commerce. — Prix de revient de leur azote. — Prix de revient de la fumure par hectare.

---

§ I.

Des poudrettes.

> Plus on descend au fond des choses, et plus on s'aperçoit qu'il n'y a pas de petites questions ; que le mal n'est pas d'exagérer leur importance, mais bien de l'amoindrir.
>
> L'Auteur.

Nous croyons nous être suffisamment expliqué à l'égard de cette déplorable industrie. Le mot n'est pas trop dur. Il n'y a qu'une voix sur son compte. Nous n'avons été ni sévère, ni injuste envers elle. Ce n'est pas nous qui avons prononcé en dernier ressort contre son avenir, c'est la majorité des agriculteurs, c'est l'opinion générale, ce sont les faits, et surtout ce sont les chiffres. Voyons encore si nous nous sommes trompé.

Huit analyses de poudrettes, exécutées par M. Barral, en 1854, ont donné les résultats suivants :

	I.	II.	III.	IV.
Eau.	28 5	14 5	22 0	19 0
Matières organiques. . .	16 0	29 6	27 6	26 6
Matières minérales. . .	55 5	55 9	50 4	54 4
	100 0	100 0	100 0	100 0
Azote total, pour 100.	0 889	0 912	0 683	0 927
	V.	VI.	VII.	VIII.
Eau	17 5	15 2	16 0	34 06
Matières organiques. .	16 7	16 9	25 0	19 48
Matières minérales. . .	65 8	67 9	59 0	46 46
	100 0	100 0	100 0	100 00
Azote total, pour 100.	0 929	0 729	1 448	1 440

La plus riche (n° VII) est une poudrette de Bourges, achetée par M. de Tracy; le n° VIII est une poudrette de Bondy, prise sur le tas, par M. Barral.

Ces chiffres donnent une *richesse moyenne en azote* de. .	1.10 p. 100	
D'autres poudrettes d'origines différentes, ont donné :		
A MM. Boussingault et Payen (poudrettes de Montfaucon).	1.56	—
A M. Soubeiran — — .	1 67	—
— (poudrettes de Bercy). . .	1.98	—
Poudrettes de Caen (compagnie *la Fertilisante*).	1.60	—
D'où : *Richesse moyenne des poudrettes en azote*. . .	1.58 p. 100	

Le travail de M. E. Soubeiran, dont nous avons parlé spécialement (p. 143), donne les quantités suivantes de phosphate obtenues par l'analyse directe :

Poudrette de Montfaucon.	10.01 p. 100 de phosphates divers.	
— de Bercy. . . .	6.89 —	—
Richesse moyenne des poudrettes en phosphates.	8.45 p. 100	

Le rapport des phosphates à l'azote est bon ; cette richesse est même extrêmement élevée, puisque les phosphates sont dans le rapport de 535 p. 100 d'azote. Ce n'est pas la faute des fabricants, mais bien des pluies torrentielles qui, pendant deux années consécutives enlèvent à ces matières, durant leur dessiccation à l'air, la valeur des 9/10 de l'azote existant à l'état de sels ammoniacaux volatils ou solubles. Voilà pourquoi les phosphates, toujours non volatils, et peu solubles relativement aux sels ammoniacaux, finissent par prédominer. C'est à cette abondance de phosphates que les poudrettes doivent leur plus grand mérite.

Les poudrettes *pures* pèsent 78 kilog. l'hectolitre comble ; mais les poudrettes commerciales pèsent en moyenne 85 kilog., et sont généralement vendues 5 fr. 50 c. l'hectolitre, soit 6 fr. 50 c. les 100 kilog.

Si nous déterminons leur valeur agricole réelle, en continuant à prendre pour étalon le fumier de ferme, nous trouvons les chiffres suivants :

1k58 d'azote à 1f65.	2f60
8 45 de phosphates à 15 cent. l'un.	1 26
D'où : valeur agricole réelle des 100 kilog. de poudrette.	3 86

C'est donc, pour l'acheteur, une perte certaine de 2 fr. 64 c. par chaque 100 kilog. de poudrette qu'il achète. Ici nous sommes en présence du connu, c'est-à-dire d'une richesse déterminée, tandis qu'avec les poudrettes de Bondy, par exemple, c'est l'inconnu, car il nous a été répondu *verbalement*, en 1857, que l'on ne donnait pas de bulletin d'analyse, parce que... *cela ne signifiait rien.* Nous en avons pris bonne note, afin de constater en passant que les monopoleurs de guano du Pérou et de poudrettes de la forêt de Bondy avaient des raisons *particulières* pour refuser aux agriculteurs la richesse réelle de leur marchandise, à la place de laquelle ils peuvent mettre impunément des terreaux épuisés ou de la brique pilée, et tromper ainsi les paysans sur la nature des produits qu'ils leur livrent. Il est bien que chacun sache que ce mépris d'une garantie réclamée, au nom de la justice et de l'équité, par tous les défenseurs des intérêts agricoles, est particulièrement mis en pratique par les plus grandes entreprises qui devraient avoir à honneur de donner le bon exemple.

L'azote des poudrettes ne coûte pas moins de 3 fr. 32 c., le kilogramme, ainsi que nous le prouvons ici, et en comptant les phosphates, comme nous l'avons toujours fait, pour leur valeur ordinaire :

1k58 d'azote à 3f32.	5 24	Total égal au prix
8 45 de phosphates à 15 centimes l'un.	1 26	d'achat, 6 50.

Ainsi, c'est pour l'agriculture une augmentation de plus de 100 p. 100 sur le prix de chaque kilog. d'azote coûtant, dans le fumier de ferme, 1 fr. 65 c.

Voici maintenant ce que coûte la fumure d'un hectare de terre, au moyen des poudrettes :

Les 40 kilog. d'azote apportés à 1 hectare de terrain, par 10,000 kilog. de fumier ferme, sont contenus dans 2,535 kilog. de poudrettes ($2,535 \times 1,58 = 40$) coûtant 164 fr. 77 c., mais apportant au sol une valeur supplémentaire de 170k857 de phosphates, puisque la quantité de fumier de ferme dont nous parlons n'en fournit au sol que 43k350. Par conséquent, les 170k854 de phosphates à 15 fr. représentent une valeur de 25 fr. 62 c., que nous devons déduire de 164 fr. 77 c., et qui dès lors établissent le prix *net* de la fumure d'un hectare de terre, à raison de 139 fr. 15, c'est-à-dire avec une augmentation de près de 111 p. 100 sur le prix d'une fumure au moyen du fumier de ferme, coûtant 66 fr., et par conséquent une perte réelle de 73 fr. 15 c. par chaque hectare mis en culture. Les quantités que l'on *doit* employer ne sont pas toujours celles qu'on emploie; aussi reviendrons-nous sur ce point dans quelques instants.

Le rapport entre la dépense des poudrettes employées et la valeur des produits obtenus donne les résultats suivants : Le produit moyen à l'hectare étant de 12 hectol. 45 de froment, à 15 fr. 85, ou au total de 197 fr. 33 c., et la dépense en poudrette étant de 139 fr. 15 c., il en résulte que la fumure au moyen de ce prétendu engrais entre pour 70.50 p. 100 dans la valeur des produits obtenus.

Enfin, le prix de revient de l'hectolitre de froment s'établit ainsi :

Poudrettes . . . = 139f15, prix *net* de la fumure d'un hect.
Fumier de ferme. = 66.00 — — —

Excéd. de dép. par la poudrette. 73f15 par chaque hectare, à répartir sur 12h 48. Soit, par chaque hectolitre coûtant déjà. . . . . 15f85, une dépense supplémentaire de. . . . . 5.88, ou

Ensemble, prix de l'hectol. de froment, avec les poudrettes. 21f73

Quelle pauvre conclusion ! Quel triste résultat !

Dans son *Cours d'agriculture*, M. de Gasparin dit : « La poudrette est de moins en moins recherchée. » M. de Saint-Priest, propriétaire-exploitant aux Poulyux, dont l'indignation s'est élevée déjà, dans ce livre (p. 100), à la hauteur d'un véritable patriotisme, duquel nous sommes inspiré, dit, en parlant des poudrettes, dans un *remarquable* travail que nous ne saurions trop signaler aux méditations de chacun, et intitulé : *Des véritables engrais*[1]. « C'est assez justifier le mépris des cultivateurs pour « ces matières, et l'abandon dans lequel ils les laissent si vo« lontiers. »

Nous allons bientôt réunir en un seul tableau comparatif tous les chiffres que nous venons de produire partiellement, et nous verrons que ces opinions sont bien motivées ; que le guano du Pérou et la poudrette vont de pair, qu'ils se valent, qu'ils marchent de front ; qu'aucun autre engrais industriel n'est aussi dispendieux qu'eux, et qu'ils ont l'honneur de contribuer, chacun de leur côté, à la ruine de l'agriculture et aux intérêts du pays, aidés qu'ils sont par d'honnêtes gens qu'ils trompent, ou par des... complaisants que nous discuterons plus tard, si besoin est.

Nous savons que bien des agriculteurs disent : Mais je n'ai jamais employé la poudrette à raison de 2,535 kilog. à l'hectare, et *par conséquent* mes récoltes ne me coûtent pas ce prix-là. Ceux qui calculent ainsi se trompent : leurs récoltes leur coûtent précisément *ce prix-là*. Deux et deux ont toujours fait quatre, et quatre

[1] *Journal d'agriculture*, 2e semestre 1851, p. 294.

et quatre feront toujours huit. Disons donc une dernière fois que les végétaux ne créent pas la substance dont ils sont formés ; que s'ils prennent à l'atmosphère un peu de carbone et un peu d'eau, *tout le reste*, c'est-à-dire les 90/100 de la récolte, est pris au sol et aux engrais ; or, *tout* ce que vous ne fournissez pas en engrais est pris sur votre capital qui s'appelle la terre, parce que 20 ne peut pas être égal à 40, et que, quand vous donnez à un hectare de terre, au moyen des poudrettes, 20 kilog. d'azote seulement, et que la totalité de votre récolte en contient 40 kilog., vous en avez réellement pris 20 *au sol*, et sa richesse a été diminuée d'autant, parce que sa valeur échangeable est entièrement, absolument subordonnée à sa fertilité. Voilà où est la vérité, et tous ceux qui vous diront le contraire mentiront; ceux-là se trompent ou ils vous trompent, c'est à vous d'apprécier.

Voilà pourquoi nous n'avons cessé de tenir les agriculteurs en défiance contre cette tactique infernale et maudite dont *tout* le mobile repose *entièrement* sur l'ignorance beaucoup trop générale, et assurément fort regrettable, de la plupart des cultivateurs à l'égard de toutes ces questions. De son côté, le fabricant qui trompe sur les quantités à employer, ne fait que tenir ce raisonnement : Il faut d'abord que je m'assure de gros bénéfices, *primo mihi*, et il y a bien des gens qui ne sont pas fabricants qui en disent autant. Il ne dit pas, en manufacturier honnête : Il faut que je produise au plus bas prix possible, mais bien : Il faut que je vende le plus cher possible; mais au prix où je veux vendre, si le cultivateur sait faire le décompte des quantités qu'il *doit* employer par hectare, il s'apercevra bien vite que la fumure, au moyen de mes engrais, lui coûtera 60 ou 80 pour 100 plus cher que celle de son fumier ou de mon imbécile de concurrent qui croit qu'il va faire fortune en produisant à plus bas prix que moi. Eh bien ! je ruinerai l'un et l'autre; le paysan ne sait pas, je vais lui dire qu'il n'en faut que 600 kilog. à 10 fr., sa terre fera le reste, et mon concurrent fera comme il pourra. Voilà la vérité, la triste vérité prise sur le fait.

Il serait bien difficile de rester calme en présence de toutes ces infamies. Tout conspire pour ruiner les cultivateurs, pour ruiner les plus honnêtes d'entre ceux qui veulent faire de l'industrie honnêtement, et pour tarir jusque dans sa source l'un des plus grands éléments de la richesse publique, c'est-à-dire la fécondité du sol, auquel on donne 400 quand on devrait lui donner 10,000. Et l'Europe entière se demande depuis dix ans d'où vient la maladie des végétaux. Une enquête sérieuse sur le chiffre *reel* des quantités de fumiers et d'engrais employés en France, et sur les quantités *réelles* de récoltes obtenues, démontrerait, nous en sommes profondément convaincu, qu'on ne restitue peut-être pas à la terre la moitié de ce qu'on lui prend. Nous adjurons ici tous ceux qui aiment sincèrement l'agriculture de tenir constamment les esprits en éveil sur chacun de ces points. La question est extrêmement grave au fond, et le concours, le dévouement de tous ne seront jamais de trop pour triompher de ces scandales honteux et de ces dangereux abus. Ne l'oublions pas : l'indifférence n'est que le commencement d'un long suicide.

§ II.

Des engrais de Javel.

Les engrais de l'ancienne société de Javel sont aujourd'hui ceux de M. de Sussex personnellement, dont la fabrique est à Colombe.

Nous ne savons si quelqu'un a jamais connu, d'une manière bien exacte, la richesse réelle de ces engrais. Il nous a été déclaré *verbalement* en 1857, au siége de l'entreprise, que la teneur en azote était de 5 pour 100. Un prospectus, daté de juin 1856, indique la composition suivante :

Matières organiques (contenant en azote l'équivalent de 5.40 d'ammoniaque).	42.60
Phosphates, carbonates, chlorures alcalins. .	12.10
Matières minérales, silicates, silice, etc. . .	25.50
Humidité.	19.80
	100,00

Prenons la déclaration du propectus. C'est un engagement. 5.40 d'ammoniaque correspondent à 4.45 d'azote, puisque, comme nous l'avons vu page 132, l'ammoniaque renferme 82.39 d'azote pour 100. Cette manière d'indiquer la véritable richesse d'un engrais est conçue et exprimée ici d'une façon si singulière, que nous éprouvons un véritable embarras; car, qu'on veuille bien le remarquer, la richesse indiquée ne se rapporte pas au chiffre 100, mais au chiffre 42, ce qui est tout à fait différent, car si ce ne sont réellement que les 42.60 de matières organiques qui contiennent 4.45 d'azote, il s'ensuit que la richesse initiale de 100 n'est plus que 1.89 pour 100 d'azote.

Les prospectus feraient bien de s'observer un peu mieux. Quand on s'adresse à tout le monde, tout le monde doit y voir clair.

Dans le doute où nous laisse cette étrange manière de formuler, nous aurions le droit de prendre la dernière hypothèse, mais nous ne le ferons pas; seulement, nous espérons que dans l'avenir les prospectus auront de la mémoire, car nous en aurons aussi.

Nous ne comprenons pas davantage cette confusion de phosphates, de carbonates et de chlorures exprimant, par un seul et même nombre, des matières absolument dissemblables et ayant toutes, d'ailleurs, des valeurs complétement différentes. Combien y a-t-il de phosphates? combien y a-t-il de carbonates? combien y a-t-il de chlorures? Quels sont ces carbonates et ces chlorures? Nul ne le sait, et tout le monde *devrait* le savoir. S'ils sont à base de potasse, ils ont une valeur réelle; s'ils sont à base de magnésie, ils en ont une autre; et s'ils sont à base de soude, c'est bien différent, ils ne valent presque rien.

Comme ces trois corps représentent 12.10 de l'engrais, nous en sommes forcément réduit à répartir ce nombre sur chacun d'eux, et à compter les phosphates pour 4.30 pour 100.

Le prix des engrais Sussex est de 16 fr. les 100 kilog. Leur valeur économique, déterminée de la même manière que pour chacun des engrais que nous venons de passer en revue, nous donne les résultats suivants :

Prix du kilogramme d'azote, 3 fr. 45 c.

Prix de revient de la fumure d'un hectare, 144 fr. 70 c.

Rapport de la dépense aux produits obtenus, 73.32 pour 100.

Prix de revient de l'hectolitre de froment, 22 fr. 17 c.

§ III.

Engrais Fichtner, de Vienne (Autriche).

(POUDRE D'OS GUANISÉS.)

Ces engrais ont figuré à l'Exposition universelle de Paris. Nous ne les connaissons pas autrement que par leur richesse effective et leur prix, et si nous déterminons ici leur valeur économique, c'est afin de n'arriver à une conclusion générale qu'après avoir envisagé la question des engrais à un point de vue aussi large que possible, et en prenant de préférence ceux de ces produits que l'on peut considérer comme étant les plus justement renommés, ou capables au moins d'entrer en lice avec des concurrents sérieux.

Voici la composition de ces engrais :

Azote total, pour 100.	4.70
Phosphates.	27.30

Prix des 100 kilog., 12 fr. 50 c.

Leur valeur économique, déterminée aussi de la même manière qu'à l'égard des engrais dont nous venons de nous occuper, nous donne les résultats suivants :

Prix du kilogramme d'azote, 1 fr. 78 c.

Prix de revient de la fumure d'un hectare, 77 fr. 94 c.

Rapport de la dépense aux produits obtenus, 39.50 pour 100.

Prix de revient de l'hectolitre de froment, 16 fr. 81 c.

§ IV.

Engrais exposés au concours agricole universel de 1856.

Les raisons que nous venons de donner à l'égard des produits de M. Fichtner, nous auraient également déterminé à examiner les engrais exposés par la compagnie générale des engrais de Londres, et ceux de la compagnie de l'engrais de nitro-phosphate, dont le siége est également à Londres, sous la raison Jonas Webb, et qui a obtenu une médaille d'or au concours agricole universel de 1856, mais nous n'avons pu obtenir, sur ces engrais, aucune indication de richesse ni de prix. La même abstention nous est également imposée, par les mêmes motifs, à l'égard des engrais de M. Vandenghegn, de Gand; de MM. Hillel et Cie, de Bruxelles, et de M. Tétard-Ferri de la même ville, ainsi que pour M. Van Clemputt, de Gand.

Nous devions nous occuper aussi du guano indigène de M. Danse-Compagnon, de Marissel, annoncé comme livrant, au prix de 15 fr. les 100 kilog., 11.50 pour 100 d'azote et 15 pour 100 de phosphate de chaux. Les indications de richesse et de prix fournies par certains exposants aux membres des jurys d'examen n'étant pas toujours d'une exactitude bien rigoureuse (et nous pourrions en citer de nombreux exemples), nous avons préféré nous adresser directement, et sous la forme commerciale ordinaire, à M. Danse-Compagnon lui-même, en le priant de vouloir bien nous dire, par écrit, quel était le prix et surtout quelle était la richesse réelle de ses guanos; si enfin la marchandise livrée serait véritablement conforme à la richesse indiquée, et nous n'avons reçu... aucune réponse, bien qu'il fût question, disait la lettre, de 3,000 kilog. *au moins*, demandés comme échantillon, pour un agriculteur qui emploie annuellement des quantités considérables de guano péruvien.

Nous avons procédé exactement de la même manière, et le

même jour, à l'égard des engrais de M. Delmas, de Beauvais, et le même silence éloquent a été fidèlement observé. Il y a là deux utiles renseignements pour l'avenir, et nous ne pouvions guère nous dispenser de leur réserver ici la place d'honneur à laquelle ils ont réellement droit.

§ V.

Engrais Demolon (Zoofime).

La fabrication du zoofime a été fondée en Bretagne, en 1848, par M. Demolon. MM. Bobierre et Moride ont analysé cet engrais, auquel ils ont trouvé la composition suivante :

Matières organiques.	26.6
Sels solubles.	0.5
Phosphate de chaux.	20.4
Carbonate de chaux.	40.4
Fer et alumine.	0.3
Silice.	7.5
Magnésie et perte.	4.3
Total. . . .	100.0

Le prix de ces engrais est de 8 fr. l'hectolitre du poids de 95 kilog.; soit, 8 fr. 50 c. les 100 kilog., contenant par conséquent 2k67 d'azote et 20k40 de phosphate de chaux.

Ces données, ramenées, comme celles des engrais précédents, à la valeur économique réelle de ceux-ci, conduisent aux résultats que voici :

Prix du kilogramme d'azote, 2 fr. 04 c.

Prix de revient de la fumure d'un hectare, 88 fr. 11 c.

Rapport de la dépense aux produits obtenus, 44.65 pour 100.

Prix de revient de l'hectolitre de froment, 17 fr. 63 c.

§ VI.

Engrais Lainé (de M. Denis).

L'engrais Lainé est, après l'engrais Jauffret, le plus anciennement connu; mais il n'était, à proprement parler, qu'une modification de l'engrais Jauffret. Le seul reproche que l'on pouvait adresser à chacun d'eux, et il est capital, c'est que ceux-ci contenaient trop peu d'azote et trop peu de phosphates; mais la grande quantité d'humus soluble qu'ils renfermaient, en raison des matières végétales qui entraient dans leur fabrication, a réellement produit de bons résultats, de l'aveu même des cultivateurs qui en ont fait usage, mais seulement toutes les fois que ces engrais succédaient à d'autres engrais fortement azotés.

M. Denis est aujourd'hui le fabricant qui a remplacé M. Lainé, et il paraît devoir améliorer sa fabrication, ainsi que nous allons pouvoir en juger. Que M. Denis ne s'éloigne pas trop de l'idée mère de ses prédécesseurs, qu'il augmente surtout la richesse en azote, et il fera merveille. L'idée de Jauffret est bonne, judicieuse, rationnelle. Tout le monde y reviendra, et tout le monde en obtiendra de bons résultats en élevant notablement la teneur en azote et en phosphates.

Les engrais de M. Denis ont été analysés par M. Beaudrimont. Le savant professeur de chimie de la Faculté des sciences de Bordeaux leur a trouvé la composition suivante :

Humidité.	33.333
Matières organiques.	22.717
Sulfates et chlorures alcalins. .	00.550
Phosphates de chaux.	10.200
Carbonate de chaux.	17.600
Silice.	15.600
Total.	100.000

L'azote total est de 1.25 pour 100.

Ces engrais sont vendus à raison de 3 fr. 50 c. l'hectolitre, du poids moyen de 75 kilog, ou 4 fr. 70 c. les 100 kilog.

Envisagés au même point de vue et de la même manière qu'à l'égard de tous les engrais qui précèdent, ceux-ci nous donnent les résultats suivants :

Prix du kilogramme d'azote, 2 fr. 54 c.

Prix de revient de la fumure d'un hectare, 107 fr. 95 c.

Rapport de la dépense aux produits obtenus, 54.70 pour 100.

Prix de revient de l'hectolitre de froment, 19 fr. 22 c.

C'est là un assez bon résultat, mais ces engrais renferment 15 p. 100 de silice qu'il serait utile de réduire à 5 pour 100.

SECTION IX.

Valeur économique des différents guanos et engrais du commerce, comparés avec ceux obtenus par les procédés décrits dans cet ouvrage.

La question n'est pas française seulement, elle est européenne. L'Auteur.

Qu'il nous soit permis, avant de présenter les chiffres qui vont suivre, de déclarer que nous n'entendons en aucune façon faire ici le procès de qui que ce soit, et encore moins de faire de la vaine gloire en abaissant les mérites personnels d'autrui. Qu'on veuille bien ne pas nous faire une pareille injure, car ce serait bien mal reconnaître l'action d'un homme qui n'a pas cessé un seul instant d'envisager la question, non-seulement au point de vue de l'intérêt public, mais encore et surtout au point de vue de l'utilité *particulière* de chacun de ceux auxquels il s'adresse, et auxquels il vient dire : voilà ce que je sais, je vous le donne, faites-en votre profit.

Personne ne peut, ne *doit* se sentir blessé à raison de quelques différences de chiffres. Il n'y a pas ici d'individualités en cause, mais une question toute d'intérêt général, l'une des plus importantes assurément; car en elle se résume, en très-grande partie, la production des subsistances. Que chacun donc veuille bien laisser de côté des susceptibilités qui seraient peu dignes, n'envisager que le but à atteindre, et s'inspirer de sentiments véritablement patriotiques, en ne considérant ici que l'utilité commune, et l'espoir de quelques services à rendre au pays tout entier.

D'ailleurs, il faut *prouver*; or ce n'est pas nous qui concluons, ce sont les chiffres et les faits que nous avons promis, parce qu'eux *seuls* peuvent apporter à l'avenir de nouveaux moyens d'action, c'est-à-dire les éléments nécessaires pour produire plus économiquement désormais, et pour soutenir glorieusement, à la face du pays, la réputation de notre industrie, et pour seconder dignement les efforts de notre agriculture.

Voici maintenant le relevé général de tous les chiffres que nous venons de passer en revue.

TABLEAU

De la valeur économique des différents guanos et engrais du commerce comparés avec ceux obtenus par les procédés décrits dans cet ouvrage.

	Prix de revient du kilog. d'azote.	Prix de revient de la fumure d'un hectare.	Rapport de la dépense aux produits obtenus.	Prix de revient de l'hect. de froment.
Guano urineux.	1f05	75f10	37.00 p. %	16f42
Engrais Fichtner.	1.78	77.94	39.50 —	16.81
Engrais Demolon (Zoofime).	2.04	88.11	44.65 —	17.65
Guano Fichtner.	2.16	93.61	47.50 —	18.07
Engrais Lainé (de M. Denis).	2.34	107.95	54.70 —	19.22
Guano Abendroth.	2.61	112.50	57.00 —	19.59
Guano Derrien.	2.65	127.40	64.58 —	20.78
Guano de poissons.	2.70	117.50	59.50 —	19.99
Poudrettes.	3.32	139.15	70.50 —	21.75
Engrais Sussex.	3.43	144.70	73.32 —	22.17
Guano du Pérou.	3.65	151.30	77.00 —	22.72
Guano sarde.	4.59	190.28	96.41 —	25.84
Moyennes générales des engrais du commerce. . .	2f76	118f64	60.14 —	20f08
Moyennes générales des engrais obtenus par les procédés décrits dans cet ouvrage. . .	1f00	37f53	19.04 —	15f56
Différences en faveur des derniers.	1f76 ou 64 p. %	81f11 ou 69 p. %	41.10 ou 69 p. %	6f52 ou 32 p. %

En présence de ces résultats, on peut se demander si l'industrie des engrais doit rester plus longtemps dans la voie où elle est engagée? Nous ne le pensons pas. Les faits dont nous avons régulièrement fourni la preuve, les chiffres qui en sont résultés, et qui portent avec eux leur moyen de contrôle, ne peuvent, il nous semble, laisser la moindre incertitude. Il n'est pas douteux, qu'au point de vue général, l'industrie des engrais peut et doit produire plus économiquement désormais.

Une grande et sérieuse objection est toujours restée entière, jusqu'ici, à l'égard des fabricants qui ont pu se dire, avec quelque raison, qu'il ne suffisait pas d'envisager la question au point de vue des cultivateurs seulement, mais qu'il fallait voir aussi si un industriel qui entrerait dans cette voie y trouverait des résultats avantageux. La réponse est bien simple : chaque fabricant peut voir de suite s'il produit véritablement à meilleur marché, et si la vente de ses engrais lui procure actuellement plus de bénéfices que ceux-ci ne pourraient lui en procurer dans l'avenir. D'ailleurs, puisque nous avons maintenant le prix de revient *moyen* de ces engrais et le prix de vente *moyen* des engrais du commerce, rien n'est plus facile que de compter.

Nous avons vu, pages 613 et 614, que le prix de revient des engrais qui nous occupent était de 3 fr. 76 c. les 100 kilog., dosant 2.80 pour 100 d'azote, et 10.60 de phosphates. Nous venons de voir que le prix moyen de l'azote des principaux engrais était de 2 fr. 76 c. le kilogramme, et que, dans toutes les évaluations précédentes concernant ces mêmes engrais, nous avions compté les phosphates au prix uniforme de 15 francs les 100 kilogrammes; par conséquent nous obtiendrons, au cours actuel des engrais, un prix de vente de 9 fr. 31 c. par 100 kilogrammes, ainsi que l'établissent les chiffres suivants :

2k800 d'azote à 2f 76 l'un.	= 7f 72	Prix de vente
10 600 de phosphates à 0f 15 l'un. . . .	= 1 59	des 100k. . 9f 31

Vendre 9 fr. 31 c. des engrais qui coûtent 3 fr. 76 c., cela fait, il nous semble, un bénéfice de près de 300 pour 100; or, nous ne pensons pas que les moyens employés jusqu'ici par l'industrie des engrais lui aient jamais offert de pareils avantages.

A ceux donc qui voudront sérieusement se fixer à cet égard, afin d'entrer résolûment ensuite dans cette voie, notre concours leur est acquis, dès maintenant, pour les renseignements ou les conseils qui pourraient leur être utiles.

Si ces chiffres devaient soulever la moindre incrédulité, nous répondrions que les analyses de MM. J. Girardin et G. Brunswick, ainsi que celles de M. Alf. Riche, ont été régulièrement enregistrées, que nous avons conservé chacun des engrais analysés, que la fabrique de Vernon fonctionne toujours, et que nous sommes par conséquent en mesure de fournir *toutes* les preuves qui pourraient nous être demandées au nom de l'intérêt public.

Sans doute, ce sont là des résultats qui sortent un peu de ceux obtenus ordinairement; mais quiconque y réfléchira attentivement s'apercevra bien vite que les engrais liquides, à peu près perdus partout, sont utilisés là *sans dépense*, puisque la vaporisation de l'eau s'obtient en partie par l'effet de la combustion lente des matières végétales destinées à fournir aux engrais l'humus soluble dont ceux-ci ne sauraient se passer; et qu'en réalité la richesse des engrais liquides a toujours été signalée par la science, et par chacun des grands maîtres, comme extrêmement importante, eu égard à la valeur agricole des matières organiques et des phosphates que ces liquides tiennent en dissolution. Aussi, sommes-nous bien persuadé maintenant que les eaux-vannes de la vidange parisienne, dont l'emploi préoccupe si justement les défenseurs des intérêts agricoles, pourraient être également vaporisées, en grande partie du moins, en mettant à profit les sources *gratuites* de chaleur que donne la décomposition des boues des villes, riches elles-mêmes en débris végétaux, et auxquelles, d'ailleurs, on pourrait ajouter très-utilement les tourbes de Mennecy, dosant, dans leur état normal, 2.40 p. 100 d'azote (p. 318). Dans ce cas, et pour réunir un ensemble de fabrication véritablement sérieux, il faudrait y adjoindre l'emploi des dépouilles de tous les animaux d'abatage, et *toutes* les matières animales pouvant être fournies économiquement par la ville de Paris, afin de se placer, autant que possible, dans les conditions qui viennent de faire le sujet de cet ouvrage.

Nous avons eu occasion de dire que pour faire le bien il suffisait de vouloir, et dans l'avenir nous saurons vouloir, toutes les fois qu'il s'agira véritablement d'un intérêt public [1]. Nous en prenons ici l'engagement. En ce qui concerne les intérêts particuliers, nous serons toujours prêt à seconder les efforts individuels dont la loyauté sera le mobile principal, ce qui veut dire qu'en aucune circonstance nous n'agirons qu'autant qu'il sera question de coopérer à la réalisation d'un véritable progrès, et pour éviter toute équivoque, nous rappelons que par le mot progrès nous entendons formellement « le perfectionnement moral et maté-« riel; or à l'égard de la question qui nous occupe, le perfec-« tionnement moral est dans la loyauté des transactions et dans « la garantie offerte *sérieusement* à l'acheteur par le vendeur. « Quant au perfectionnement matériel, il est dans le respect dû

[1] La question des engrais touche en ce moment à des intérêts trop considérables, et répond à des besoins trop réels et trop directs pour que nous ne continuions pas dans l'avenir ce que nous venons de commencer ici.

A partir de la fin de 1858, nous publierons, chaque année, un petit *annuaire des engrais*.

L'industrie qui vient de nous occuper est naissante; c'est faire une chose utile que d'aider son développement, que de lui frayer le chemin, afin de la placer dans une voie où l'avenir l'appelle, et de lui indiquer des ressources nouvelles et des moyens nouveaux. Des tentatives se font de tous les côtés, il faut les éclairer, afin qu'elles évitent les écueils, et afin que, tous, nous puissions en recueillir les fruits promptement ; car le temps presse, les besoins s'accroissent de jour en jour, et la fécondité s'en va.

La pensée sous l'inspiration de laquelle nous venons d'agir ne se démentira pas. Nous continuerons à traiter spécialement, au point de vue des intérêts généraux du pays et de l'agriculture, toutes les questions d'engrais qui auront un caractère sérieux d'utilité. Nous passerons en revue les engrais nouveaux, les méthodes mises en pratique, les succès ou les insuccès bien constatés, les abus commis, les falsifications et les fraudes qui déshonorent l'industrie et ruinent l'agriculture ; et surtout nous signalerons les erreurs propagées au

« aux lois de l'hygiène et dans l'art de produire économique-
« ment, c'est-à-dire en donnant une plus grande somme de
« valeur pour le même prix, ou une valeur égale pour un prix
« moindre, tout en se réservant un bénéfice honnête. »

détriment de tous et pour le profit particulier de quelques uns, mais sans jamais perdre de vue le côté économique de toutes ces questions.

Il n'y a pas de petits dévouements quand l'intérêt public est en cause, et nous ne connaissons pas d'intérêt plus grand que celui qui touche à la production des subsistances. Hier, il y avait utilité, aujourd'hui il y a urgence; demain peut-être ce sera une question de sécurité générale.

Nous accueillerons donc avec reconnaissance tout ce qui pourra contribuer, pour une part quelconque, à nous aider dans l'accomplissement de cette tâche.

M. Lacroix-Comon, directeur de la librairie industrielle et agricole, quai Malaquais, 15, veut bien se charger de recevoir, et de nous faire parvenir, toutes les communications et demandes de renseignements qui nous seraient adressées.

CONCLUSIONS.

« Les biens que donne la terre sont les seules
« richesses inépuisables, et tout fleurit dans un État
« où fleurit l'agriculture. » SULLY.

PREMIÈRE PARTIE.

Statistique et production générale des subsistances.

Il résulte des faits dont nous avons régulièrement fourni la preuve dans cet ouvrage, ainsi que des chiffres qui en sont résultés et qui portent avec eux leur moyen de contrôle :

1° Que de l'aveu unanime des agronomes et des agriculteurs de tous les pays, les engrais manquent généralement partout, et qu'il y a *urgence* à indiquer à l'agriculture les moyens d'en produire abondamment et à bas prix. (Pages 11 à 22.)

2° Qu'en effet, et en admettant même la conversion de la *totalité* des pailles en fumiers, l'agriculture française se trouve encore chaque année en présence d'un déficit de plus de *quinze cents millions* de quintaux métriques, représentant l'équivalent des produits ou denrées et consommations de toute nature nécessaires à la subsistance de 20 millions d'habitants. (Page 28.)

3° Que, par suite de cette insuffisance de moyens de production, la France vient d'être forcée d'acheter à l'étranger, durant *chacune* des dix dernières années qui viennent de s'écouler, pour près de 100 millions de francs, tant en grains, farineux, denrées alimentaires, qu'en engrais de toute nature. (Page 30.)

4° Que ce chiffre va sans cesse en augmentant, et que la période décennale de 1846 à 1856 offre, sur la période précédente, une augmentation de plus de 92 pour 100. (Page 34.)

5° Qu'en ajoutant aux chiffres ci-dessus l'excédant de dépense occasionné par le seul renchérissement du prix du pain, comparativement à la moyenne que donne le demi-siècle qui vient de s'écouler, on trouve, pour la période de 1846 à 1856 seulement, une perte de *deux milliards sept cent vingt-six millions huit cent soixante-quatre mille quatre cent deux francs*. (Page 36.)

6° Que de l'insuffisance de la production générale des subsistances et des prix élevés de celles-ci, il est en outre résulté, pour la seule année de 1846-47, une *diminution des naissances*, s'élevant à 73,252 têtes, et une *augmentation des décès* de 91,325 individus!!! Qu'une telle situation est ruineuse pour le pays, qu'elle engendre une misère et occasionne des malheurs à jamais déplorables, outre qu'elle peut, à un moment donné, devenir dangereuse pour la sécurité publique. (Page 23.)

7° Qu'il est néanmoins établi que les fortes fumures peuvent permettre d'élever de plus de 60 pour 100 le produit moyen de chaque hectare, évalué à 12 hectolitres 45, et porter ainsi la moyenne générale à 20 hectolitres, avec laquelle la France pourrait nourrir, dans les années abondantes, jusqu'à 100 millions d'habitants. (Page 41.)

8° Que dans ce cas, et dans les conditions culturales ordinaires, le chiffre de la fumure annuelle au moyen de 10,000 kilog. de fumier de ferme devrait être porté à 15,000 kilog., mais qu'alors le déficit annuel en fumiers de bestiaux s'élèverait à près de *trois milliards* de quintaux métriques. (Page 46.)

9° Que, pour suppléer à ce déficit immense, l'agriculture est forcément obligée de recourir à l'emploi d'engrais exotiques ou indigènes, comme le guano ou les poudrettes, qui, à richesse égale seulement, augmentent le prix de la fumure de près de 130 pour 100 pour le guano du Pérou, et de 111 pour 100 pour la poudrette. (Page 47.)

10° Que, malgré ces prix ruineux, l'agriculture n'obtient encore de ces engrais, même en les supposant parfaitement purs, que les plus déplorables résultats, puisque, de l'aveu des agronomes les plus éclairés et des agriculteurs praticiens les plus capables, ces engrais épuisent la fécondité naturelle du sol. (Pages 94 et suivantes.)

11° Que néanmoins, et malgré des conditions aussi désastreuses pour l'agriculture, celle-ci n'en a pas moins réalisé d'immenses progrès, puisqu'en moins d'un siècle et demi, ne représentant guère que cinq générations, elle a élevé de 77 fr. à 224 fr. le chiffre moyen de la production agricole rapporté à chaque habitant, et réalisé ainsi une augmentation de produit s'élevant au chiffre de *six milliards deux millions neuf cent quatre mille quatre cent cinquante francs*, ou un accroissement moyen annuel de *quarante-deux millions huit cent soixante-dix-sept mille huit cent quatre-vingt-neuf francs*. (Page 60.)

12° Que dès lors, il y aurait injustice à faire peser entièrement la responsabilité morale de l'insuffisance de la production agricole sur l'agriculture elle-même, puisque celle-ci a certainement réalisé tout ce qui était compatible avec sa situation économique, et que nos déficit tiennent *exclusivement* à l'insuffisance des fumiers de ferme et aux prix beaucoup trop élevés des engrais auxquels les agriculteurs sont forcément obligés de recourir. (Page 63.)

DEUXIÈME PARTIE.

Théorie générale des engrais et économie agricole.

Il résulte également de tout ce qui précède :

1° Que, pour être rationnelle, la fabrication des engrais doit avoir *principalement* en vue la composition du fumier de ferme, puisque celui-ci est l'engrais-type par excellence et le seul véritablement complet. (Page 70.)

2° Que dès lors, le producteur d'engrais *doit* chercher à

grouper le plus économiquement possible les mêmes éléments que ceux qui composent le fumier de ferme, et à les réunir en un tout qui puisse convenir à toutes les terres et à toutes les cultures. (Page 74.)

3° Qu'il est d'une bonne et sage économie agricole de n'employer que des engrais *complets*, attendu que les végétaux ne créent pas les substances dont ils sont formés, mais qu'ils en prennent au sol la plus grande partie, et notamment celles qui ont le plus de valeur. (Pages 86 à 93.)

4° Que dès lors la terre n'est pas seulement un instrument, mais un capital éminemment productif, dont la valeur échangeable s'accroît ou s'amoindrit, selon que la fertilité augmente ou diminue, et qu'il est *indispensable*, pour éviter cet amoindrissement de la valeur *réelle* du fonds de terre, de fournir aux récoltes *tous* les éléments nécessaires pour que ces mêmes récoltes ne s'attaquent pas à la richesse naturelle du sol, c'est-à-dire au capital du cultivateur. (Pages 86 à 93.)

5° Que la plupart des engrais actuellement en usage, et particulièrement le guano et les poudrettes, sont spécialement dans le cas des engrais incomplets qui offrent le très-grave inconvénient de n'apporter au sol que moins de la vingtième partie de ce que lui fournit le fumier des bestiaux, et d'amener ainsi, de l'aveu même des praticiens les plus éclairés, l'épuisement de la terre. (Pages 93 à 106.)

6° Que néanmoins l'industrie des engrais peut, en s'inspirant des données actuelles de la science et en prenant pour guides les principes généraux qu'elle a formulés et qui sont universellement reconnus aujourd'hui, arriver à produire de toutes pièces, et très-économiquement pour l'agriculture, des engrais mixtes et complets qui ne sont, à proprement parler, que du fumier de ferme sous une autre forme, et pouvant suffire, par conséquent, à toutes les phases de la végétation et à tous les besoins des récoltes.

7° Que pour se conformer à ces principes, le producteur d'engrais et le cultivateur ne *doivent* considérer les engrais incomplets, *quels qu'ils soient*, que comme des matières premières utiles à la fabrication, et non comme des engrais proprement dits, attendu que dans les conditions culturales ordinaires on n'obtient pas des récoltes avec de l'humus, ou de l'azote, ou des phosphates, ou des alcalis seulement, mais bien avec le concours *réuni* de tous, et dans des conditions de texture, de volume, de diffusion, et de solubilité qui *doivent* être observées. (Pages 246 à 262.)

TROISIÈME PARTIE.

Fabrication économique des engrais et hygiène publique.

Il résulte encore de chacun des faits énoncés :

1° Que les engrais liquides ont généralement une valeur agricole considérable, mais que l'énorme proportion d'eau qu'ils renferment rend leur emploi à peu près impossible dans les établissements qui en produisent beaucoup ou qui les obtiennent en grandes masses, et que dès lors il y a eu trop souvent obligation de les perdre, au détriment de l'agriculture qui en a tant besoin, et au détriment même de la richesse et du prix des engrais obtenus sans eux, attendu que ce qui est utilisable et qui n'est pas utilisé, grève d'autant le prix de revient des produits obtenus, au double détriment du fabricant et du consommateur, c'est-à-dire de tout le monde. (Pages 264 à 280.)

2° Que le système général de fabrication décrit dans cet ouvrage permet de vaporiser, *sans dépense de combustible*, les 97 pour 100 d'eau contenus dans les engrais liquides, en mettant à profit les sources *gratuites* de chaleur que donne la combustion lente résultant de la transformation, en grandes masses, du ligneux des matières végétales en humus soluble destiné à la fabrication des engrais ; et que ce moyen donne ainsi la possibilité d'utiliser désormais *tous* les liquides ayant une valeur agricole sérieuse, et notamment les vidanges liquides, les bouillons gélatineux de la cuisson des os et des animaux d'équarrissage, ainsi que les eaux ammoniacales des usines à schiste et à gaz, et les vases des égouts. (Pages 319 à 325.)

3° Qu'en ce qui concerne les urines pures, elles peuvent être desséchées par les moyens ordinaires de l'industrie, c'est-à-dire à feu nu, et avec de réels avantages, comme M. de Gasparin l'avait annoncé, et que le guano urineux qu'on en obtient est infiniment plus riche que le guano du Pérou, et coûterait aux consommateurs 27.50 pour 100 de moins, tout en laissant au fabricant un bénéfice certain de plus de 31 pour 100, ou 180 fr. par jour en produisant seulement 2,000 kilog. de guano urineux. (Pages 280 à 288.)

4° Que les opérations de vidange, encore si défectueuses et si malproprement pratiquées partout, peuvent être singulièrement améliorées, puisque la désinfection de ces matières est réellement possible, *économiquement*, et que, sur ce point encore, des résultats sérieux et des opérations nombreuses établissent nettement que les données de la science sont rigoureusement exactes; que leur application aux travaux de cette nature ne peut plus permettre le moindre doute et aurait certainement l'avantage de rendre les plus grands services à l'hygiène publique, si outrageusement offensée tous les jours par les entrepreneurs de vidange. (Pages 339 à 353.)

5° Que l'industrie des poudrettes est défectueuse à tous les points de vue et qu'elle n'a plus aucune espèce de raison d'être. (Pages 353 à 365.)

6° Que les vidanges ne constituent, *en fait*, qu'une matière première des engrais, et non un engrais véritable, attendu que leur composition les rend absolument impropres à pourvoir à toutes les phases de la végétation et à tous les besoins des récoltes, qui ne sont obtenues alors qu'au détriment de la richesse accumulée du sol, dont on épuise ainsi la fertilité; et que la *seule* solution à l'égard du traitement industriel de ces matières réside dans leur solidification immédiate au moyen d'autres matières premières leur apportant chacun des éléments qui leur manquent pour constituer de véritables engrais complets. (Pages 366 à 407.)

7° Qu'en procédant ainsi, le producteur est *forcément* obligé d'utiliser des non-valeurs commerciales qui ont une valeur agricole sérieuse, utile, et qui, malheureusement, restent à peu près perdues pour l'agriculture, et au détriment des intérêts généraux du pays.

8° Que parmi les richesses minéralogiques pouvant être utilisées désormais au profit de l'agriculture, il convient de placer en première ligne les phosphates fossiles, récemment mis en exploitation, comme étant appelés à donner, dans un avenir prochain, un immense développement aux défrichements entrepris dans la Sologne et la Vendée, et devant également fournir à l'industrie des engrais le phosphate de chaux dont elle n'a que trop besoin, et qu'il devient d'ailleurs de plus en plus difficile d'obtenir économiquement avec les os et les débris en provenant. (Pages 208 à 246.)

9° Que dans l'état actuel, la découverte de ces précieux gisements a, en réalité, une importance plus directe et plus certaine pour l'intérêt général que la découverte d'une mine d'or, avec laquelle on ne ferait certainement pas pousser des céréales, et qu'il faudrait d'ailleurs donner en détail à l'étranger pour subvenir à l'insuffisance croissante des récoltes, tandis qu'en élevant simplement de 5 kilogrammes le poids de chaque hectolitre de froment récolté, on crée ainsi, chaque année, une valeur nouvelle de 77,193,763 fr. qui reste acquise au pays. (Pages 209 et 244.)

10° Que le prix de revient *net* du phosphate de chaux des nodules coprolythiques ressort en fabrique, à Paris, à 6 fr. 72 c. les 100 kilog., et que, par suite de la puissance et de l'étendue de ces gisements dans un très-grand nombre de départements, il y a là *certainement*, pour l'avenir, tous les éléments d'une nouvelle industrie agricole sur laquelle on ne saurait trop appeler l'attention de tout le monde, puisque l'exploitation du nouveau minerai est maintenant tombée dans le domaine public. (Pages 420 et 430.)

11° Que non-seulement la solidification immédiate des vidanges permet l'emploi de ces matières minérales si nécessaires à la fécondité du sol, et toujours si favorables à la qualité des engrais, mais encore l'aménagement *forcé* de toutes les matières animales laissées jusqu'ici à l'abandon, et pouvant permettre d'augmenter la production générale des engrais, dans le rapport de 10 à 146, puisque 100 de vidanges ne peuvent rendre *honnêtement* que 10 de poudrettes pures, dosant 1.58 d'azote p. 100; tandis que la même quantité de vidanges produit 146 d'engrais dosant 2.50 p. 100 d'azote. (Pages 471 et 601.)

12° Que ce mode de fabrication éloigne les motifs si légitimes de répulsion et de dégoût qu'inspire l'utilisation des vidanges par les moyens *barbares* actuellement en usage, puisque la désinfection, la saturation et l'emploi des excipients leur font perdre *complètement* leur aspect primitif et leur enlèvent jusqu'à la moindre trace d'odeur. (Page 501.)

13° Que l'emploi de ces moyens rend possible désormais l'utilisation directe et immédiate de toutes les dépouilles d'animaux morts et de tous les détritus des tanneries et abattoirs, sans nécessiter aucune dépense d'ustensiles ou d'appareils spéciaux, et, par conséquent, est applicable partout. (Page 506).

14° Que sous ce rapport, la plus large satisfaction est encore donnée à l'hygiène publique, puisque des faits régulièrement constatés établissent l'innocuité complète, *absolue*, de ces moyens, même en opérant sur plusieurs millions de kilogrammes. (Pages 510 à 513.)

15° Que les clos d'équarrissage en général, et envisagés dans l'état où ils existent, ne satisfont à aucune des conditions d'économie et d'hygiène publique, attendu qu'à défaut d'aménager convenablement les matières premières dont ils disposent, ils privent non-seulement l'agriculture d'une partie des richesses dont celle-ci et le pays tout entier ont besoin, mais encore que le peu d'engrais en provenant se distingue aussi par tous les défauts des engrais incomplets, n'apportant au sol que des matières qui offrent le grave inconvénient d'attirer les rongeurs et les oiseaux de proie, au détriment des récoltes elles-mêmes, et qu'enfin ces tristes résultats ne sont obtenus qu'aux dépens de la salubrité générale, de laquelle on n'a généralement que fort peu de soucis. (Pages 549 à 560.)

16° Que trop souvent on accuse la science de fournir à l'industrie des moyens de production que celle-ci n'obtient qu'aux dépens de la santé publique, mais que cette accusation est injuste, ainsi qu'il résulte encore des *preuves* contraires régulièrement établies ; et que non-seulement l'application des principes formulés par la science a pu faire disparaître *entièrement* des causes d'infection extrêmement graves, et sauvé ainsi des établissements dont l'existence était en péril, mais encore que ces mêmes moyens ont en outre permis de *tripler* le chiffre de la production des engrais obtenus originairement sans abaisser leur prix de revient ni leur richesse primitive. (Pages 549 à 560.)

17° Et qu'enfin, l'emploi de ces mêmes moyens rend possible *partout* l'industrie des engrais, aussi bien pour chaque cultivateur en particulier que pour *tous* les établissements industriels disposant de matières premières utiles, pouvant concourir efficacement et économiquement à la fécondité du sol ainsi qu'à l'abondance et au bas prix des récoltes. (Pages 560 à 571.)

QUATRIÈME PARTIE.

Économie générale des engrais du commerce et de ceux obtenus par les procédés décrits dans cet ouvrage.

Il résulte enfin de tout ce qui précède.

1° Que, si les différentes formules d'engrais et de composts mises en pratique jusqu'ici ont pu rendre quelques services à l'agriculture, il n'en est pas moins démontré que la plus grande incertitude règne encore à l'égard des avantages économiques qui peuvent en résulter pour chacun, attendu que rien n'établit le rapport de l'utilité à la dépense. (Pages 576 à 585.)

2° Que le même reproche est également fondé à l'égard des recettes proprement dites; que celles-ci, d'ailleurs, ne constituent, en fait, que des *mélanges* purs et simples dont l'usage peut donner des résultats à peu près négatifs, attendu que l'arrangement et l'état moléculaire des corps qui les composent n'est pas et ne saurait être le même que lorsqu'une fermentation naturelle a déterminé des *combinaisons* qu'il est impossible d'effectuer sans son concours; et qu'en outre, la propagation de ces recettes offre le très-grave inconvénient de persuader à des ignorants qu'ils peuvent se passer de savoir, en même temps que celles-ci deviennent presque *toujours* une arme dangereuse aux mains des droguistes sans scrupules et des charlatans éhontés. (Pages 571 à 575.)

3° Qu'envisagées sous ces divers points de vue, mais principalement dans la plupart des brevets relatifs aux engrais, ces questions n'offrent que les plus déplorables exemples de désordre et de confusion, c'est-à-dire la preuve que cette industrie, considérée à un point de vue général, manque et a toujours manqué de méthode et d'unité; que ses moyens d'action n'ont d'autre fondement que ceux d'un empirisme aveugle, dépourvu par conséquent des principes scientifiques et économiques sur lesquels repose l'existence de toutes les autres industries, et qui peuvent *seuls* assurer dans l'avenir la force et la prospérité de celle-ci. (Pages 588 à 598.)

4° Que, parmi les plus graves abus pratiqués par le commerce des engrais, il faut mettre en première ligne le *droit* que possède le vendeur de fixer arbitrairement les quantités d'engrais à employer par hectare, sans nul souci de la somme d'unités de valeurs nécessaires aux récoltes, ni de celle qui leur est réellement fournie. Que journellement les cultivateurs les moins éclairés, c'est-à-dire ceux qui sont précisément les plus dignes de la sollicitude de tous, sont ainsi ruinés ou se ruinent, sans s'en apercevoir, parce qu'alors ils produisent des récoltes, non pas seulement avec le capital engrais qu'ils ont dépensé, et comme ils le croient généralement, mais avec le capital que représente la valeur du fonds de terre, qui passe ainsi petit à petit, tous les jours, dans les récoltes, et qui continuera à y passer en détail, jusqu'au jour où l'on s'apercevra enfin que la ruine est consommée, qu'il n'y a plus à compter désormais sur une fécondité de laquelle on a abusé, que l'on a imprudemment dévorée; et que, sous ce rapport aussi, l'agriculture n'a pas de pire ennemi que l'ignorance dans laquelle elle vit à l'égard de toutes ces questions, car cette ignorance a ici toute l'importance d'une véritable calamité, puisqu'elle a pour effet d'épuiser de plus en plus ce grenier d'abondance de l'avenir qui s'appelle la richesse naturelle du sol, c'est-à-dire la plus précieuse d'entre toutes les richesses publiques, et peut-être de contribuer puissamment à la maladie des végétaux; car une enquête sérieuse établirait certainement qu'on ne restitue peut-être pas à la terre la moitié de ce qu'on lui prend. (Pages 198 à 601, et 673.)

5° Que, partant de ces données, toutes fondamentales en économie agricole, il est absolument indispensable de fournir *au moins*, à chaque hectare de terre mis en culture, autant d'azote et de phosphates que ceux apportés annuellement par 10,000 kilog. de fumier.

6° Qu'en procédant ainsi à l'égard de la moyenne générale indiquée par la richesse des engrais fabriqués au moyen des méthodes qui viennent d'être décrites, on trouve que, moyennant une dépense *totale* de 3 fr. 76 c., représentant le prix de revient de 100 kilog. d'engrais, on crée ainsi une valeur agricole *certaine* de 7 fr. 21 c., c'est-à-dire en prenant pour base la valeur agricole de l'azote et des phosphates des fumiers, calculée sur le prix de revient de celui-ci, ou une valeur commerciale de 9 fr. 31 c., en prenant pour base le prix moyen général des autres engrais du commerce. Qu'en outre, le kilogramme d'azote est obtenu à raison de 1 fr., et le kilogramme de phosphates à raison de 9 centimes, d'où résulte également, sur le prix de revient des mêmes agents dans le fumier des bestiaux, une baisse de plus de 39 pour 100 à l'égard de l'azote, et de 40 pour 100 à l'égard des phosphates. (Pages 601 à 615.)

7° Que le prix de revient de la fumure d'un hectare de terre, au moyen de 10,000 kilog. de fumier, ne coûte pas moins de 66 fr. au cultivateur, et qu'à richesse *égale*, ces engrais établissent le prix de revient de la fumure à raison de 37 fr. 53 c., c'est-à-dire avec une baisse de plus de 43 pour 100 ou une économie de 28 fr. 47 c. par chaque hectare de terre mis en culture. (Page 615.)

8° Qu'à ce prix encore, chaque hectolitre moyen de froment obtenu ne dépense que 3 fr. 13 c. d'engrais, tandis que dans les conditions culturales ordinaires il n'en coûte pas moins de 5 fr. 50 c. de fumier par chaque hectolitre de froment. C'est-à-dire encore, que ces engrais n'entrent que pour 19.04 pour 100 dans la valeur des produits obtenus, tandis qu'à richesse *égale*, le fumier des bestiaux y entre pour 33.48 pour 100. Et qu'enfin, chaque hectolitre de froment revenant au cultivateur à raison de 15 fr. 85, les engrais qui nous occupent l'obtiennent pour 13 fr. 56 c.; soit avec une économie de près de 15 pour 100, ou un bénéfice *certain* de 2 fr. 29 c. par chaque hectolitre de froment obtenu. (Pages 615-616.)

9° Qu'en ce qui concerne les principaux engrais industriels, le guano Derrien et le guano de poissons de la compagnie maritime méritent la mention la plus honorable, eu égard aux avantages économiques que présente leur emploi, comparativement au guano du Pérou, et particulièrement en considérant la sévère loyauté avec laquelle il est procédé pour toutes les ventes et envers tous les cultivateurs. (Pages 621 à 626.)

10° Qu'en ce qui concerne le guano du Pérou, il est bien certain, bien démontré, qu'il épuise la fécondité du sol au détriment des plus chers intérêts de l'agriculture et du pays; que ramené à sa valeur agricole *réelle*, le guano péruvien ne vaut véritablement que 20 fr. 25 c. par 100 kilog., ainsi que l'ont établi d'ailleurs, avec la plus grande impartialité, les chambres consultatives d'agriculture, les agronomes les plus éclairés et les plus dévoués aux intérêts agricoles, ainsi que les membres de la commission des valeurs officielles de l'administration des douanes. (Pages 627 à 635.)

11° Qu'au prix de 40 fr. les 100 kilog., le guano du Pérou coûte, à richesse *égale*, et par chaque hectare, de 24 fr. 10 c. à 78 fr. 40 c. de plus que le guano Derrien, le guano de poissons et le guano urineux ; et que, comparativement à ces derniers, il constitue le cultivateur en perte, depuis 16 jusqu'à 51.80 pour 100, et qu'il en est encore de même à l'égard des autres guanos artificiels préparés par l'industrie étrangère. Qu'en outre, ces guanos artificiels livrent le kilogramme d'azote à raison de 2 fr. 35 c., tandis que le guano du Pérou le fait payer 3 fr. 62 c., c'est-à-dire avec une augmentation de 35 pour 100. Que ces mêmes guanos de l'industrie font revenir le prix moyen de la fumure à raison de 104 fr. 82 c., tandis qu'avec le guano du Pérou, il en coûte, à richesse égale, 151 fr. 50 c., ou 44.50 pour 100 de plus. Que le guano du Pérou entre pour 77 pour 100 dans la valeur des produits obtenus par la culture, tandis que ses concurrents, les guanos artificiels, n'y entrent que pour 53.12 pour 100. Et qu'enfin, la moyenne des guanos de l'industrie fait ressortir le prix de revient de l'hectolitre de froment à raison de 18 fr. 97 c., tandis que le guano du Pérou le fait revenir, à richesse égale, à 22 fr. 72 c., c'est-à-dire avec une augmentation réelle de plus de 16.50 pour 100, et une perte *certaine* de 3 fr. 75 c. par chaque hectolitre de froment obtenu. Qu'il est certain dès lors, que le guano du Pérou est encore l'engrais commercial qui fournit à l'agriculture, au prix le plus élevé, l'azote, le phosphate de chaux et les alcalis, et que, suivant l'expression bien fondée d'un agriculteur praticien qui a pu observer et se rendre un compte parfaitement exact de la valeur économique de ce guano, « il faut conclure que l'agriculture « doit renoncer à son emploi. » (Pages 627 à 647.)

12° Que, puisqu'il est nettement établi par les témoignages les plus sérieux et les plus authentiques, ainsi que par des chiffres et des faits hors de toute contestation, que l'emploi du guano péruvien est doublement ruineux pour l'agriculture, outre qu'il occasionne au pays des pertes très-sérieuses, qu'il faut nécessairement conclure aussi que l'exemption de droits réclamée en faveur de ce produit exotique est contraire aux véritables intérêts de la France, puisqu'il est prouvé aujourd'hui que l'agriculture peut trouver chez elle des produits similaires plus avantageux, et qu'il n'y a aucune espèce de raison pour que nous restions indéfiniment tributaires d'une coalition d'agioteurs pour des produits que nous pouvons fabriquer nous-mêmes, et de beaucoup au-dessous du prix où on nous les livre. Que, par conséquent, le gouvernement a agi sagement en refusant l'exemption réclamée en faveur de cette denrée. (Pages 647 à 653.)

13° Qu'au contraire, c'est la prohibition qui serait véritablement d'utilité publique, et réellement favorable à nos intérêts, attendu que la fumure des 50,000 hectares de terres que représente l'emploi annuel de 20,000,000 de kilog. de guano du Pérou, nous occasionne, en fait, une dépense absolument inutile, et, par conséquent, tout à fait perdue, de *cinq millions six cent quatre-vingt-dix-huit mille cinq cents francs*, puisque le guano péruvien nous coûte, comparativement aux engrais dont nous nous occupons, 113 fr. 97 c. de plus que chaque hectare mis en culture ; ou, si l'on veut : les 622,500 hectolitres de froment obtenus sur 50,000 hectares nous coûtent, avec le guano, 9 fr. 16 c. de plus qu'en employant les engrais dont il est ici question ; c'est donc annuellement, une perte *certaine* de *cinq millions sept cent deux mille cent francs*, occasionnée à la France par l'emploi du guano du Pérou. (Pages 547 à 654.)

14° Qu'à l'égard du privilége de l'emploi du mot guano, au profit exclusif des accapareurs de ce produit, il n'y a certainement ni mensonge, ni surprise, ni abus de la part des fabricants français qui font suivre l'emploi du mot guano d'une qualification adjective ne permettant ni doute, ni erreur, ni confusion sur l'origine du produit qu'ils annoncent ; que, d'ailleurs, les matières sont essentiellement de *même nature*, que les éléments qui les composent sont les *mêmes*, que l'usage est le *même*, que les effets sont les *mêmes*, et que, surtout, ils sont doués des *mêmes* propriétés, qu'ils ont la *même* destination, et qu'ils produisent les *mêmes* résultats. Que l'application de cette mesure porterait plus d'atteinte aux intérêts généraux de l'agriculture et du pays que l'abus qui pourrait être fait du mot guano, attendu que, dans l'avenir, elle aurait principalement pour effet d'empêcher l'agriculture de bénéficier des découvertes de la science, et de priver l'industrie des applications qu'elle pourrait en faire. Qu'en outre, le mot guano est français, et qu'il doit pouvoir servir à des Français pour désigner des produits français, comme cela d'ailleurs a été consacré, au nom de la loi, dans des brevets délivrés à des Français, ou dans des récompenses accordées aux différentes expositions des produits de l'industrie. Et qu'enfin le mot *huano*, dont les accapareurs se sont seuls servis jusqu'ici, est le véritable mot péruvien qui doit être imposé à des produits péruviens. (Pages 658 à 669.)

15° Qu'en ce qui concerne les poudrettes, leur valeur agricole *réelle* n'est que de 3 fr. 86 c. les 100 kilog., tandis que leur prix commercial ordinaire est de 6 fr. 50 c., ce qui constitue, relativement au prix ordinaire des fumiers, une perte *certaine* de plus de 40 pour 100, ou 2 fr. 64 c. par 100 kilog. ; que l'azote de ces matières coûte au cultivateur jusqu'à 3 fr. 32 c. le kilog., c'est-à-dire plus de 100 pour 100 au-dessus de l'azote du fumier de ferme ; que la fumure d'un hectare coûte également, à richesse *égale*, avec les fumiers, 111 pour 100 de plus que ces derniers, soit une perte *réelle* de 73 fr. 15 c. par chaque hectare de terre mis en culture ; et qu'enfin ces matières, bien que constituant aussi des engrais très-incomplets, entrent en outre pour 70.50 pour 100 dans la valeur des produits obtenus, et font également revenir l'hectolitre de froment à raison de 21 fr. 73 c., tandis que le fumier de ferme n'entre que pour 33.48 pour 100 dans la valeur des produits, et ne fait ressortir le prix de l'hectolitre de froment qu'à raison de 15 fr. 85 c. (Pages 668 à 675.)

16° Que pour nous résumer et éviter de revenir sur chaque

engrais en particulier, il résulte enfin du *tableau de la valeur économique des différents guanos et engrais du commerce, comparés avec ceux obtenus par les procédés décrits dans cet ouvrage*, que la moyenne générale des premiers fait ressortir le prix moyen du kilog. d'azote à raison de 2 fr. 76 c., tandis qu'il peut être obtenu pour 1 fr., en suivant les méthodes que nous venons d'indiquer, et procurer ainsi une baisse de 1 fr. 76 c., ou une économie certaine de 64 pour 100. Que la différence sur le prix de revient de la fumure est, à richesse *égale*, de près de 69 pour 100 au-dessous de la moyenne générale des engrais du commerce, et qu'il en résulte une économie de 81 fr. 11 c. par chaque hectare de terre mis en culture, c'est-à-dire une somme plus que suffisante pour fumer deux autres hectares au moyen des mêmes engrais. Que le rapport de la dépense aux produits obtenus n'est que de 19.04 pour 100 avec ces engrais, tandis que la moyenne générale des autres engrais est de 60.14 pour 100. Et qu'enfin, la moyenne générale des engrais du commerce fait également ressortir le prix de revient de l'hectolitre de froment à raison de 20 fr. 08 c., tandis qu'il peut être obtenu pour 13 fr. 56 c., c'est-à-dire avec une économie de plus de 32 pour 100, ou une baisse certaine de 6 fr. 52 c. par chaque hectolitre de froment obtenu. (Page 682.)

17° Que la preuve des avantages économiques résultant du mode de fabrication indiqué dans cet ouvrage réside dans chacun de ces chiffres, en même temps que la preuve que l'industrie des engrais a tout avantage à entrer dans cette voie, puisqu'en mettant en parallèle les chiffres moyens que donnent les prix de vente des engrais livrés actuellement à l'agriculture, comparativement aux prix de revient des engrais obtenus par les procédés dont il vient d'être question, on trouve un prix de revient de 3 fr. 76 c. et un prix de vente de 9 fr. 31 c., et que, dès lors, l'industrie des engrais n'a aucune espèce de raison pour rester dans une voie où elle s'est engagée au hasard, sans guide, sans méthode, et sans tenir compte, jusqu'ici, des moyens si puissants que la science peut *seule* lui offrir désormais, au profit de sa propre sécurité, de sa fortune et de son avenir, tout en contribuant à un bienfait immense, celui de l'utilité générale. (Page 683.)

Un dernier mot.

Quelque grande que soit la volonté d'un homme, et quel que soit son désir ardent de faire le bien, son action personnelle a nécessairement des limites fort restreintes. L'isolement, c'est l'impuissance, et une idée utile, féconde, peut rester à peu près perdue pour tous, si le concours de tous fait défaut, ou simplement si quelques hommes de cœur ne viennent en aide à des efforts qui ont trouvé leurs plus ardentes inspirations à la vue des souffrances beaucoup trop réelles du pays.

L'utilité peut-elle être douteuse lorsque la salubrité générale est en cause, c'est-à-dire la jouissance d'un air pur pour tous, et surtout lorsqu'il n'est rien moins question que d'obtenir chaque hectolitre de froment à raison de 6 fr. 52 c. au-dessous de son prix de revient actuel, et de fumer trois hectares de terre au lieu d'un, *sans dépenser davantage*?

Ne l'oublions pas : « Tant que la culture *haletante* pourra « nous suivre, nous ne brillerons que d'un éclat factice ; le jour « où elle s'arrêtera épuisée, le jour où le pain manquera, nos « capitaux, seuls, n'auront pu créer que des haillons et des « ruines, nos intelligences n'auront produit que le vide, et il ne « nous restera de réels que la faim et ses désespoirs. »

Laisserons-nous dire encore avec raison, et suivant la belle et patriotique expression d'un homme de bien, d'un véritable et sincère ami de l'agriculture que la France vient de perdre [1], que « les champs n'attirent plus ce regard d'amour qui à lui seul est « une vertu, et qui, en grandissant, devient l'amour de la « patrie? »

Oui, sans doute, nous avons parlé au nom des intérêts matériels, et nous avons fait des chiffres ; mais ici ce n'est plus l'esprit qui doit parler, c'est le cœur, et nous manquerions à un

[1] M. Aug. de Gasparin.

bien pieux devoir si, après avoir vu passer sous nos yeux tout ce lugubre cortége des misères muettes amassées par les années calamiteuses, nous ne parlions aussi au nom de ceux auxquels l'insuffisance toujours croissante de nos moyens de production occasionne les plus cruelles souffrances, que la solution tant désirée de toutes ces questions intéresse si vivement, qui attendent en silence et que l'espoir seul soutient.

Jamais, peut-être, la charité et le patriotisme, ces deux saintes choses qui n'en font qu'une, ces deux sœurs bénies du ciel, n'ont plus vivement sollicité l'amour et le dévouement de chacun en faveur des pauvres. Non, ce ne sera pas en vain que, dans sa froide arithmétique, la France aura compté une à une le nombre des victimes; elle voudra désormais mettre un terme à des misères déchirantes, desquelles peuvent dépendre son repos, sa sécurité et le bien-être de tous; car si « l'on frémit en pensant « à la possibilité de voir cette population, dont les rangs se pres- « sent tous les jours, livrée aux horreurs de la faim, » il est du moins permis d'espérer, lorsqu'on sait se souvenir, que « les « biens que donne la terre sont les seules richesses inépuisables, « et que tout fleurit dans un État où fleurit l'agriculture. »

FIN.

INDEX

DU GUIDE DE LA FABRICATION DES ENGRAIS.

A

B

C

D

E

F

G.

H

I

J

K

L

M

N

O

P

Q

R

S

T

U

V

Y Z

FIN DE L'INDEX.

TABLE DES MATIÈRES.

TROISIÈME PARTIE.

CHAPITRE I.

Des engrais liquides.

CHAPITRE II.

Des opérations de vidange au point de vue de la salubrité publique. — Désinfection des matières animales, solides et liquides. — Fixation de l'ammoniaque.

CHAPITRE III.

Choix et préparation des matières animales.

CHAPITRE IV.

Conversion des matières premières en engrais.

CHAPITRE V.

Fabrication économique des engrais à l'aide des dépouilles d'animaux morts, et exploitation industrielle des valeurs diverses provenant de l'abatage des chevaux.

CHAPITRE VI.

Fabrication économique des engrais à l'aide des déchets des fabriques de gélatine.

CHAPITRE VII.

Différentes formules d'engrais et de composts.

RÉSUMÉ ET ÉCONOMIE GÉNÉRALE DES ENGRAIS.

CONCLUSIONS.

FIN DE LA TABLE DES MATIÈRES.

Paris. — Imprimerie de P. A. Bourdier et Cie, 30, rue Mazarine.

www.ingramcontent.com/pod-product-compliance
Lightning Source LLC
LaVergne TN
LVHW020931050726
842519LV00001B/14

* 9 7 8 2 3 2 9 2 1 4 5 4 2 *